高等学校计算机应用规划教材

Access 2010 数据库应用技术
案例教程学习指导

主　编　刘　垣

副主编　林铭德　　连贻捷　　林敦欣

　　　　张波尔　　刘　琰

清华大学出版社

北　京

内 容 简 介

本书是《Access 2010 数据库应用技术案例教程》(ISBN：978-7-302-49212-2)一书的配套学习指导。全书以 "教务管理" 数据库为基础，将设计和创建 "教务管理" 数据库各对象贯穿于各章节。全书共 11 章，第 1 章～第 9 章分别主要介绍了数据库系统基础知识、Access 2010 基础、数据库和表、查询、窗体、报表、宏、VBA 程序设计与 ADO 数据库编程。第 10 章是数据库应用系统开发案例，给出了数据库综合操作和数据库应用程序开发的 11 个实验案例。第 11 章提供了福建省高校计算机应用水平等级考试和全国计算机等级考试二级 Access 的模拟试卷。

本书既可作为高等院校数据库应用技术课程的学习指导，也可作为全国计算机等级考试和福建省高校计算机应用水平二级 Access 考试的培训实验教材或参考用书。

本书各章对应的素材可以通过 http://www.tupwk.com.cn/downpage 下载。

图书在版编目(CIP)数据

Access 2010 数据库应用技术案例教程学习指导 / 刘垣　主编. —北京：清华大学出版社，2018(2024.1 重印)
(高等学校计算机应用规划教材)
ISBN 978-7-302-49443-0

Ⅰ.①A… Ⅱ.①刘… Ⅲ.①关系数据库系统－高等学校－教学参考资料 Ⅳ.①TP311.138

中国版本图书馆 CIP 数据核字(2018)第 017611 号

责任编辑：王　定
版式设计：思创景点
封面设计：孔祥峰
责任校对：曹　阳
责任印制：沈　露

出版发行：清华大学出版社
　　　　网　　　址：https://www.tup.com.cn, https://www.wqxuetang.com
　　　　地　　　址：北京清华大学学研大厦 A 座　　　　邮　　编：100084
　　　　社 总 机：010-83470000　　　　　　　　　邮　　购：010-62786544
　　　　投稿与读者服务：010-62776969，c-service@tup.tsinghua.edu.cn
　　　　质 量 反 馈：010-62772015，zhiliang@tup.tsinghua.edu.cn
印 装 者：涿州市般润文化传播有限公司
经　　销：全国新华书店
开　　本：185mm×260mm　　　印　　张：17　　　字　　数：393 千字
版　　次：2018 年 2 月第 1 版　　　印　　次：2024 年 1 月第 5 次印刷
定　　价：69.80 元

产品编号：078465-02

前　言

作为一种桌面关系型数据库管理系统，Access 为数据管理提供简单实用的操作环境。无论是有经验的数据库设计人员，还是数据库初学者，都会发现 Access 提供的各种工具不仅方便实用，易于开发中小型应用系统，而且用户能高效地提升数据处理能力。

伴随着经济社会发展进入"新常态"，我国大学生就业、创业呈现出个性化、多元化的新时代特点。Access 适合辅助大学生创新创业管理，是广大非计算机专业学生开发数据库应用程序的有效工具。本书是《Access 2010 数据库应用技术案例教程》(ISBN：978-7-302-49212-2)的配套学习指导，由 11 章正文和 6 个附录构成，标题带"*"的部分为选学内容。第 1 章～第 9 章分别是数据库系统基础知识、Access 2010 基础、数据库和表、查询、窗体、报表、宏、VBA 程序设计与 ADO 数据库编程，各章均以大学教务管理数据库为基础。第 10 章是数据库应用系统开发案例，实验案例的前 5 个是综合操作训练，后 6 个是数据库应用程序的开发。第 11 章提供了 5 套模拟试卷，其中前 4 套模拟试卷涵盖《福建省高校计算机应用水平二级数据库应用技术 Access 2010 关系数据库考试大纲(2017版)》，第 5 套模拟试卷涵盖《全国计算机等级考试二级 Access 数据库程序设计考试大纲(2016版)》。附录 A 是教务管理数据库的各个表的结构及记录，附录 B 是 ASCII 码表，附录 C 是常用宏操作命令，附录 D 是 VBA 常用内部函数，附录 E 是各章思考与练习的参考答案，附录 F 是模拟试卷参考答案。

本书每一章的末尾附有多个实验案例，这些实验案例既有基础验证型和综合设计型案例，也有需要调研、团队合作才能完成的创新研究型案例。学习者通过这些案例的学习，举一反三加以迁移，就能解决实际生活中的许多问题。

目前国内市场存在多种基于 Access 的数据库应用系统高效开发平台，上海盟威 Access 软件快速开发平台和 Office 中国 Access 通用平台比较活跃，也提供免费开发平台。学习者可以下载这些平台完成第 10 章的实验案例。

本书编写人员都是高校计算机教学一线教师，实验案例中的许多内容依据多年实践总结而形成。其中，刘垣编写第 1 章、第 2 章、第 10 章和第 11 章的 11.5 节，林铭德编写第 6 章、第 7 章和第 11 章的 11.1～11.4 节，连贻捷编写第 8 章和第 9 章，林敦欣编写第 5 章，张波尔编写第 4 章，刘琰编写第 3 章。刘垣审改和统稿。此外，参与本书编写的还有许锐、邝凌宏、郭李华、肖琳、王晨阳、林好、徐沛然、温馨和苏备迎等人，在此一并表示衷心感谢！

由于作者水平有限，书中难免存在疏漏和不足，敬请各位读者提出宝贵意见和建议。联系方式：hnwangd@163.com，010-62294504。

作　者
2017 年 10 月于榕城

目　　录

第1章 数据库系统概述

1.1 知识要点

1.1.1 数据管理技术的产生与发展

数据管理是指对数据进行分类、组织、编码、存储、检索、维护和应用，它是数据处理的中心问题。随着应用需求的推动和计算机硬软件的发展，数据管理技术经历了人工管理、文件系统和数据库系统三个阶段(后又发展为分布式数据库系统和面向对象数据库系统等)。

1. 人工管理阶段

此阶段主要是指 20 世纪 50 年代中期以前，数据需要由应用程序定义和管理，一个数据集只能对应一个应用程序。数据无共享，冗余度极大；数据不独立，完全依赖于程序。这个阶段的计算机很简陋，主要应用于科学计算。

2. 文件系统阶段

此阶段主要是指 20 世纪 50 年代末到 20 世纪 60 年代中期。有专门的数据管理软件(即文件系统)管理数据。对于一个特定的应用，数据被集中组织存放在多个数据文件或文件组中，并针对该文件组开发特定的应用程序。数据的共享性差，冗余度大；数据独立性差。计算机除了应用于科学计算，也开始应用于数据管理。

3. 数据库系统阶段

自 20 世纪 60 年代末期以来都属于此阶段。有专门的数据管理软件(DBMS)，对数据库提供安全性、完整性、并发控制等支持。数据共享性高，冗余度小；数据具有高度的物理独立性和一定的逻辑独立性；数据整体结构化，用数据模型描述。

伴随着应用需求的推动和计算机硬软件技术的发展，数据库系统阶段出现了多种数据库：关系数据库、并行数据库、分布式数据库、对象-关系数据库、面向对象数据库、以互联网大数据应用为背景发展起来的分布式非关系型的数据库管理系统(NoSQL)等。分布式数据库系统由数据库技术与网络通信技术相结合而产生，面向对象的数据库系统由数据库技术与面向对象程序设计技术相结合而产生。

1.1.2 数据库技术的基本术语

1. 数据(Data)

数据是数据库中存储的基本对象，是描述事物的符号记录。数据通常分为数值型数据和非数值型数据两种形式。每个数据都有其语义。用表格描述的数据称为结构化数据。

信息以数据为载体，是具有一定含义的经过加工处理的数据，是客观事物存在方式和运动状态的反映，对人类决策有帮助和有价值的数据。例如，气象台依据事先勘测采集的气压、云层、温度、湿度、风力等数据，经过整理加工和综合分析得出的天气预报即为信息。

2. 数据库(DataBase，DB)

数据库是长期存储在计算机内，有组织且可共享的大量数据的集合。数据库中不仅存放数据，而且存放数据与数据之间的联系。

随着数据库的发展，出现了数据仓库。数据仓库是一个面向主题、集成、非易失性和随时间变化的集合，用于支持管理层的决策。

3. 数据库管理系统(DataBase Management System，DBMS)

DBMS 是数据库系统的核心组成部分，是位于用户与操作系统之间的一层数据管理软件，是用于描述、管理和维护数据库的软件系统。

DBMS 的主要功能：数据定义、组织、存储和管理，数据操纵，数据库的建立和维护。当今主流的数据库管理系统是关系数据库管理系统(RDBMS)。

4. 数据库系统(DataBase System，DBS)

DBS 是由数据库、数据库管理系统、数据库应用系统和用户组成的存储、管理、处理和维护数据的系统，其中用户又分为终端用户、应用程序员、系统分析员、数据库设计人员和数据库管理员 DBA 等多种。

数据库管理员负责全面管理和控制数据库系统，其主要工作是：数据库设计、数据库维护、改善系统性能、提高系统效率。

DBS 对数据有安全性保护和完整性检查措施，能进行并发控制和数据库恢复，数据具有共享性高、冗余度低、独立性高的特点。数据独立性一般分为逻辑独立性和物理独立性两种。逻辑独立性是指用户的应用程序与数据库的逻辑结构相互独立；物理独立性是指用户的应用程序与数据库中数据的物理存储相互独立。

1.1.3 数据库系统的三级模式结构

从数据库应用开发者角度看，数据库系统通常采用"外模式-模式-内模式"三级模式结构，相邻两级结构之间的两层映像是外模式/模式映像、模式/内模式映像。这两层映像保证了数据库系统中的数据能够具有较高的逻辑独立性和物理独立性。

数据库系统的三级模式是对数据的三个抽象级别，它把数据的具体组织留给 DBMS 管理，使用户能逻辑地、抽象地处理数据，从而实现了数据的独立性，即当数据的结构和存储方式发生变化时，应用程序不受影响。

1. 外模式(external schema)

外模式又称用户模式或子模式，是数据库用户能够看见并使用的局部数据的逻辑结构和特征的描述，是与某一应用有关的数据的逻辑表示。

外模式是各个用户的数据视图，如果不同的用户在应用需求、看待数据的方式、对数据保密的要求等方面存在差异，则其外模式的描述就不同。一个数据库可以有多个外模式。

2. 模式(schema)

模式又称逻辑模式或概念模式，是数据库中全体数据的逻辑结构和特征的描述，是所有用户的公共数据视图。一个数据库只有一个模式。

3. 内模式(internal schema)

内模式又称存储模式，是数据物理结构和存储方式的描述，是数据在数据库内部的组织方式。一个数据库只有一个内模式。

1.1.4　由现实世界到数据世界

获得一个 DBMS 所支持的数据模型的过程，是一个从现实世界的事物出发，经过人们的抽象，以获得人们所需要的概念模型和数据模型的过程。信息在这个过程中经历了三个不同世界：现实世界、概念世界和数据世界。

1. 现实世界

现实世界是人们通常所指的客观世界，事物及其联系就处在这个世界中。一个实际存在并且可以识别的事物称为个体，个体可以是一个具体的事物，如一个学生、一所学校，也可以是一个抽象的概念，如某位学生的特长与爱好。通常把具有相同特征个体的集合称为全体。

2. 概念世界

概念世界又称为信息世界，是指现实世界的客观事物经人们综合分析后，在头脑中形成的印象与概念。现实世界中的个体和全体在概念世界中分别称为实体和实体集。概念世界不是现实世界在人脑中的简单主观反映，而是经过选择、命名、分类等抽象过程产生的概念模型。

3. 数据世界

数据世界又称为机器世界或计算机世界。进入计算机的信息必须是数字化的。当信息由概念世界进入数据世界后，概念世界的实体和属性等在数据世界中要进行数字化的表示，每个实体和实体集在数据世界中分别称为记录和文件。

1.1.5　数据模型的分层

数据库的类型依据数据模型来划分，数据模型是数据库系统的基础。数据模型由数据结构、数据操作与数据的约束条件三部分组成。根据数据抽象的不同级别，可以将数据模型分为：概念数据模型、逻辑数据模型和物理数据模型。

1. 概念数据模型(Conceptual Data Model，CDM)

概念数据模型简称为概念模型或信息模型，是按用户的观点或认识对现实世界的数据和信息进行建模，主要用于数据库设计。常用的概念模型表示方法是 E-R 图。

2. 逻辑数据模型(Logical Data Model，LDM)

逻辑层是数据抽象的第二层抽象，用于描述数据库数据的整体逻辑结构。该层的数据抽象称为逻辑数据模型，简称逻辑模型，也可以称为数据模型。

不同的 DBMS 提供不同的逻辑数据模型，例如层次模型、网状模型、关系模型、面向对象模型、对象关系模型、半结构化模型等，其中层次模型和网状模型统称为格式化模型。

- **层次模型**：最早出现的数据模型，用树状结构来表示各类实体以及实体之间的联系。
- **网状模型**：用网状结构来表示各类实体以及实体之间的联系。
- **关系模型**：用规范化的二维表来表示各类实体以及实体之间的联系。
- **半结构化模型**：随着互联网的迅速发展，Web 上各种半结构化、非结构化数据源已成为重要的信息来源，产生了以 XML 为代表的半结构化数据模型和非结构化数据模型。

3. 物理数据模型(Physical Data Model，PDM)

物理层的数据抽象称为物理数据模型，简称物理模型，它不但由 DBMS 的设计决定，而且与操作系统、计算机硬件密切相关。

1.1.6 概念模型和 E-R 图

概念模型是对信息世界建模，是现实世界到概念世界的第一层抽象。最常用的概念模型表示方法是实体-联系方法，又称 E-R 图、E-R 方法或 E-R 模型。E-R 图是一种语义模型，是现实世界到信息世界的事物及事物之间关系的抽象表示。

E-R 图是不受任何 DBMS 约束的面向用户的表达方法，能够直观表示现实世界中的客观实体、属性以及实体之间的联系。构成 E-R 图的基本要素是实体型、属性和联系。相关术语如下。

- **实体**：客观世界中可区别于其他事物的"事物"或"对象"。
- **实体集**：指具有相同类型及相同性质或属性的实体集合。
- **实体型**：用实体名及其属性名集合来抽象和刻画同类实体。
- **属性**：是实体集中每个实体都具有的特征描述。
- **码**：又称键，能唯一标识实体的属性或属性集。
- **域**：一个属性所允许的取值范围或集合称为该属性的域。
- **实体之间的联系**：实体之间的对应关系称为联系，它反映了现实世界中事物之间的相互关联。联系分为一对一联系(1:1)、一对多联系(1:n)和多对多联系(m:n)。

1.1.7　关系模型

关系数据库系统采用关系模型作为数据的组织方式。关系模型于 1970 年由 Edgar F. Codd 首次提出，它是一种用二维表表示实体集、用主码标识实体、用外码表示实体间联系的数据模型。

1. 基本术语

- **关系**：对应通常所说的二维表，它由行和列组成，还必须满足一定的规范条件。
- **关系名**：每个关系的名称。
- **元组**：二维表中的每一行称为关系的一个元组，它对应于实体集中的一个实体。
- **属性**：二维表中的每一列对应于实体的一个属性，每个属性要有一个属性名。
- **值域**：每个属性的取值范围。
- **分量**：元组中的一个属性值。
- **候选码**：若关系中的某一属性组的值能唯一标识一个元组，则称该属性组为候选码。
- **主码**：也称主键或关键字。如果一个关系有多个候选码，则选定其中一个为主码。
- **外码**：也称外键或外部关键字。为了实现表与表之间的联系，通常将一个表的主码作为数据之间联系的纽带放到另一个表中，这个起联系作用的属性称为外码。
- **关系模式**：对关系的描述，一般表示为关系名(属性 1，属性 2，…，属性 n)。

2. 关系模型的性质

关系是建立在严格数学理论基础之上的二维表。一张二维表中的元组和属性的个数都是有限的，且与次序无关；元组具有唯一性，属性名也是唯一的；元组分量具有原子性，分量的值取自同一个域。

1.1.8　关系运算

关系运算是对关系数据库的数据操纵。关系模型中常用的关系操作包括查询、插入、删除、修改。查询是关系操作中最主要的部分。查询操作可分为并、差、交、广义笛卡尔积、选择、投影、连接、除等。

关系代数用对关系的运算来表达查询。关系代数的运算对象是关系，运算结果也是关系。根据运算符的不同，关系代数的运算分为：传统的集合运算和专门的关系运算。

1. 传统的集合运算

设关系 R 和关系 S 具有相同的目 n(即两个关系都有 n 个属性)，且相应的属性取自同一个域，t 是元组变量，t∈R 表示 t 是 R 的一个元组。

- **并**：关系 R 和关系 S 的并记作 R∪S={t|t∈R∨t∈S}。其结果仍为 n 目关系，由属于 R 或属于 S 的元组组成。
- **差**：关系 R 和关系 S 的差记作 R-S={t|t∈R∧t∉S}。其结果仍为 n 目关系，由属于

R 但不属于 S 的所有元组组成。

- **交**：关系 R 和关系 S 的交记作 R∩S={t|t∈R∧t∈S}。其结果仍为 n 目关系，由既属于 R 又属于 S 的元组组成。关系的交可以用差来表示，即 R∩S=R-(R-S)。
- **广义笛卡尔积**：两个分别为 n 目和 m 目的关系 R 和关系 S 的笛卡尔积是一个(n+m) 列的元组的集合。元组的前 n 列是关系 R 的一个元组，后 m 列是关系 S 的一个元组。若 R 有 k_1 个元组，S 有 k_2 个元组，则关系 R 和关系 S 的笛卡尔积有 $k_1 \times k_2$ 个元组。记作 R×S={$t_r t_S$ | t_r∈R∧t_S∈S}。

2. 专门的关系运算

- **选择**：根据给定的条件，从一个关系中选出一个或多个元组，即二维表中的行。
- **投影**：从一个关系中选择某些特定的属性(表中的列)，重新排列后组成一个新的关系。
- **连接**：从两个或多个关系中选取属性间满足一定条件的元组，组成一个新的关系。

1.1.9 关系的完整性

关系模型的完整性规则是为保证数据库中数据的正确性和相容性，对关系模型提出的某种约束条件或规则。完整性通常包括实体完整性、参照完整性和用户自定义完整性，其中实体完整性和参照完整性是关系模型必须满足的完整性约束条件。

1. 实体完整性(entity integrity)

实体完整性是指关系的主码不能重复，也不能取空值 null。

2. 参照完整性(referential integrity)

参照完整性是定义建立关系之间联系的主码与外码引用的约束条件。

3. 用户自定义完整性(user-defined integrity)

用户自定义完整性是针对不同应用领域的语义，由用户自己定义的一些完整性约束条件。

1.1.10 数据库设计

数据库设计是数据库及其应用系统的设计，它是一项软件工程，开发过程遵循软件工程的一般原理和方法。数据库设计目前一般采用生命周期法，将整个数据库应用系统的开发分解成目标独立的 6 个阶段：需求分析阶段、概念结构设计阶段、逻辑结构设计阶段、物理结构设计阶段、数据库实施阶段、数据库运行和维护阶段。设计一个完善的数据库应用系统往往是这 6 个阶段的不断反复。

1. 需求分析

需求分析是整个数据库设计过程的基础，需要与用户有效交流，这是最困难和最耗时的一步。需求分析的结果是否准确反映用户的实际要求，将直接影响数据库应用系统的质量。

2. 概念结构设计

概念结构设计是将需求分析得到的用户需求抽象为概念模型的过程。E-R 图是此阶段数据库设计中广泛使用的数据建模工具。

3. 逻辑结构设计

逻辑结构设计的任务是把概念结构设计阶段得到的 E-R 图转换为逻辑结构，这个逻辑结构要与选用的 DBMS 产品的数据模型相符合。当前的数据库应用系统大都采用支持关系数据模型的 RDBMS。

E-R 图向关系模型转换遵循的原则：一个实体型转换为一个关系模式；一个 1:1 联系可以转换为一个独立的关系模式，也可以与任意一端对应的关系模式合并；一个 1:n 联系可以转换为一个独立的关系模式，也可以与 n 端对应的关系模式合并；一个 m:n 联系转换为一个关系模式，与该联系相连的各实体的码以及联系本身的属性均转换为关系的属性；三个或三个以上实体间的一个多元联系可以转换为一个关系模式；具有相同码的关系模式可以合并。

4. 物理结构设计

数据库在物理设备上的存储结构与存取方法称为数据库的物理结构，它依赖于选定的 DBMS。数据库的物理结构设计是为一个给定的逻辑数据模型选取一个最适合应用要求的物理结构的过程。

5. 数据库实施

完成物理结构设计之后，数据库设计人员要用 RDBMS 提供的数据定义语言和其他实用程序将数据库逻辑设计和物理设计结果严格描述出来，成为 RDBMS 可以接受的源代码，再经过调试产生目标模式，然后组织数据入库，并进行试运行。

6. 数据库运行和维护

数据库应用系统经过试运行合格后，就可以投入正式运行了。由于应用环境在不断变化，数据库运行过程中物理存储也会不断变化，对数据库设计进行评价、调整、修改等维护工作是一个长期的任务，也是数据库设计工作的继续和提高。

1.2　思考与练习

1.2.1　选择题

1. 下列是关于数据库系统的叙述，正确的是(　　　)。

　　A. 数据库管理系统由数据库系统、用户、数据库和数据库应用系统组成

    B. 数据库管理系统是用户与数据库之间的接口

    C. 采用数据库技术完全消除了数据冗余

    D. 采用数据库技术降低了数据共享性和独立性

2. 下列不属于数据库系统三级模式结构的是(　　　)。

    A. 外模式　　　　　　　B. 模式　　　　　　　C. 内模式　　　　　　　D. 关系模式

3. 按照数据的组织形式，逻辑数据模型可分为三种模型，它们是(　　　)。

    A. 独享、共享和实时模型　　　　　　　　B. 网状、环状和链状模型

    C. 层次、网状和关系模型　　　　　　　　D. 概念、逻辑和物理模型

4. 下列有关数据库的叙述，正确的是(　　　)。

    A. 在数据库系统中，数据的物理结构必须与逻辑结构一致

    B. 数据库设计是指对数据库系统基础的数据模型的设计

    C. 数据库是存储在计算机存储设备中的、结构化的相关数据的集合

    D. 数据库系统不需要操作系统支持也可以使用

5. 下列有关数据库的叙述，正确的是(　　　)。

    A. 数据库是一个关系

    B. 数据库是一组文件

    C. 数据处理是将信息转换为数据的过程

    D. 如果一个关系中的属性或属性组不是本关系的主码，但它是另一个关系的主码，则称其为本关系的外码

6. 关系数据库管理系统能实现的专门关系运算包括(　　　)。

    A. 增加、删除、更新　　　　　　　　　　B. 选择、投影、连接

    C. 关联、更新、排序　　　　　　　　　　D. 索引、统计、汇总

7. 关系数据库中所谓的"关系"是指(　　　)。

    A. 表中的两个字段有一定的关系

    B. 某两个数据库文件之间有一定的关系

    C. 记录中的数据彼此之间有一定的关联关系

    D. 数据模型符合满足一定条件的二维表格式

8. 数据模型的三要素不包括(　　　)。

    A. 数据查询　　　　B. 数据结构　　　　C. 数据操作　　　　D. 数据约束

9. 现实世界中的事物个体在概念世界中称为(　　　)。

    A. 记录　　　　　　B. 实体　　　　　　C. 实体集　　　　　　D. 元组

10. 关系数据库的数据和更新操作必须遵循的完整性规则是(　　　)。

    A. 实体完整性和参照完整性

    B. 参照完整性和用户自定义完整性

    C. 实体完整性和用户自定义完整性

    D. 实体完整性、参照完整性和用户定义的完整性

11. 设有如下关系表 R、S 和 T：

R

A	B	C
1	1	2
2	2	3

S

A	B	C
3	2	1

T

A	B	C
1	1	2
2	2	3
3	2	1

则下列操作正确的是(　　　)。

    A. T=R∩S　　　　　B. T=R∪S　　　　　C. T=R-S　　　　　D. T=R×S

12. 应用数据库的主要目的是解决(　　　)。

    A. 数据的保密问题　　　　　　　　　B. 数据完整性问题

    C. 数据量大的问题　　　　　　　　　D. 数据共享问题

13. 一家书店的店主想将 Book 表的"书名"设为主键，考虑到有重名的书，但相同书名的作者都不同。若按照店主的需求定义 Book 表的主键，可以选择(　　　)。

    A. 不定义主键

    B. 定义自动编号主键

    C. 将书名和作者组合定义多字段主键

    D. 再增加一个内容无重复的字段，定义为单字段主键

14. 下列关于关系数据库文件中各条记录顺序的叙述，正确的是(　　　)。

    A. 前后顺序不能任意改变，一定要按照关键字段值的顺序排列

    B. 前后顺序不能任意改变，一定要按照输入的顺序排列

    C. 前后顺序可以任意改变，不影响数据库中数据的数据关系

    D. 前后顺序可以任意改变，但排列顺序不同，统计处理的结果有可能不同

15. 一支球队由一名主教练、一名队医和若干球员组成，则球队和主教练是(　　　)联系。

    A. 一对一　　　　　B. 一对多　　　　　C. 多对一　　　　　D. 多对多

16. 在关系数据库中，主码标识元组通过(　　　)实现。

    A. 用户自定义完整性　　　　　　　　B. 参照完整性

    C. 实体完整性　　　　　　　　　　　D. 值域完整性

17. 反映主键与外键之间引用规则的是(　　　)。

    A. 用户自定义完整性　　　　　　　　B. 参照完整性

    C. 实体完整性　　　　　　　　　　　D. 关系模型

18. 下列是关系模型的性质描述，错误的是(　　　)。

    A. 关系中不允许存在两条完全相同的记录

    B. 任意的一张二维表就是一个关系

    C. 关系中元组的顺序无关紧要

    D. 关系中列的次序可以任意交换

19. 在关系模型中，主码可由(　　　)。

    A. 至多一个属性组成

　　　　B. 一个或多个其值能唯一标识该关系模型中任何元组的属性组成

　　　　C. 多个任意属性组成

　　　　D. 一个或多个任意属性组成

20. 有一张学生表：学生(学号，姓名，性别，年龄，身份证号)，则此学生表的候选码是(　　)。

　　　　A. 学号，身份证号　　　　　　　　B. 学号，姓名

　　　　C. 学号，性别　　　　　　　　　　D. 姓名，身份证号

21. 若有表示学生选课的三张表：学生(学号，姓名，性别，年龄，身份证号)，课程(课号，课名)，选课(学号，课号，成绩)，则选课表的关键字(也称键或码)是(　　)。

　　　　A. 课号，成绩　　　　　　　　　　B. 学号，成绩

　　　　C. 学号，课号　　　　　　　　　　D. 学号，姓名，成绩

22. 要显示 Stu 表中学生姓名和性别的信息，应采用的关系运算是(　　)。

　　　　A. 选择　　　　　B. 投影　　　　　C. 连接　　　　　D. 交叉

23. 要显示 Stu 表中所有女学生的信息，应采用的关系运算是(　　)。

　　　　A. 选择　　　　　B. 投影　　　　　C. 连接　　　　　D. 交叉

24. 将两个关系拼接成一个新的关系，生成的新关系中包含满足条件的元组，这种操作称为(　　)。

　　　　A. 选择　　　　　B. 投影　　　　　C. 连接　　　　　D. 笛卡尔积

25. 在数据库应用系统开发过程中，需求分析阶段的主要任务是确定系统的(　　)。

　　　　A. 系统功能　　　B. 数据模型　　　C. 开发费用　　　D. 开发技术

26. 在数据库设计中，将 E-R 图转换成关系数据模型的过程属于(　　)阶段。

　　　　A. 需求分析　　　B. 概念设计　　　C. 逻辑设计　　　D. 物理设计

27. 数据库与文件系统的根本区别是(　　)。

　　　　A. 提高了系统效率　　　　　　　　B. 数据的结构化与共享

　　　　C. 节省了存储空间　　　　　　　　D. 方便了用户使用

28. 在开发企业进销存管理系统过程中到企业调研,属于数据库应用系统设计中(　　)阶段的任务。

　　　　A. 物理设计　　　B. 概念设计　　　C. 逻辑设计　　　D. 需求分析

29. 数据库系统的数据独立性体现在不会因为(　　)。

　　　　A. 数据的变化而影响到应用程序

　　　　B. 系统数据存储结构与数据逻辑结构的变化而影响应用程序

　　　　C. 存储策略的变化而影响存储结构

　　　　D. 某些存储结构的变化而影响其他的存储结构

30. 关系数据规范化的意义是(　　)。

　　　　A. 保证数据的安全性和完整性

　　　　B. 提高查询速度

　　　　C. 减少数据操作的复杂性

1.2.2 填空题

1. _____是数据库中存储的基本对象，是描述事物的符号记录。

2. 依据_____来划分数据库的类型。数据库的性质由其采用的_____决定。

3. 若有如下两个关系：

患者(患者编号，患者姓名，性别，出生日期，职业，既往病史)

医疗(患者编号，医生编号，医生姓名，诊断日期，诊断结果)

其中，医疗关系的主码是_____，外码是_____。

4. 如果一个护士管理多个病房，一个病房只被一个护士管理，则病房与护士之间存在_____联系。

5. 数据独立性高是数据库系统的特点之一，数据独立性包括_____和_____两种。当数据的逻辑结构改变时，用户的应用程序可以不改变，即指数据具有_____独立性。

6. 在数据库设计过程中，_____和_____阶段的设计与选用的数据库管理系统密切相关。

7. 一个工人可以加工多种零件，每一种零件可以由不同的工人来加工，工人和零件之间为_____联系。

8. 关系中的属性或属性组合，其值能够唯一标识一个元组，该属性或属性组合可选作_____。

9. 在数据库的概念结构设计中，常用的描述工具是_____。

10. 数据库管理系统是位于_____之间的软件系统。

11. 关系运算是对关系数据库的数据操纵，主要用于关系数据库的_____操作。

12. 按照运算符的不同，关系代数的运算可分为_____和_____两类。

1.2.3 简答题

1. 数据管理技术经历了哪三个阶段？请简述各阶段的特点。

2. 数据库系统具有哪些特点？

3. 数据冗余可能引起哪些问题？

4. 数据库管理系统有哪些主要功能？请列举几个常见的数据库管理系统。

5. 什么是数据模型？数据模型应满足哪些要求？数据模型按不同的应用层次分为哪三种类型？

6. 层次模型、网状模型和关系模型的数据结构是什么？请简述它们的优缺点。

7. 关系模型有什么特点？请简述关系模型的主要术语。

8. 超市每个时段要安排一个班组上岗值班，每个收银口要配备两名收银员配合工作，共同使用一套收银设备为顾客服务。请分析"顾客"与"收银口"、"班组"与"收银员"、"收银口"与"收银设备"、"收银口"与"收银员"的关系。

9. 图 1-1 中 E-R 模型有哪几个实体？每个实体的候选码是什么？码是什么？实体之间

有哪几种联系？此 E-R 图反映的课程编排规则是什么？

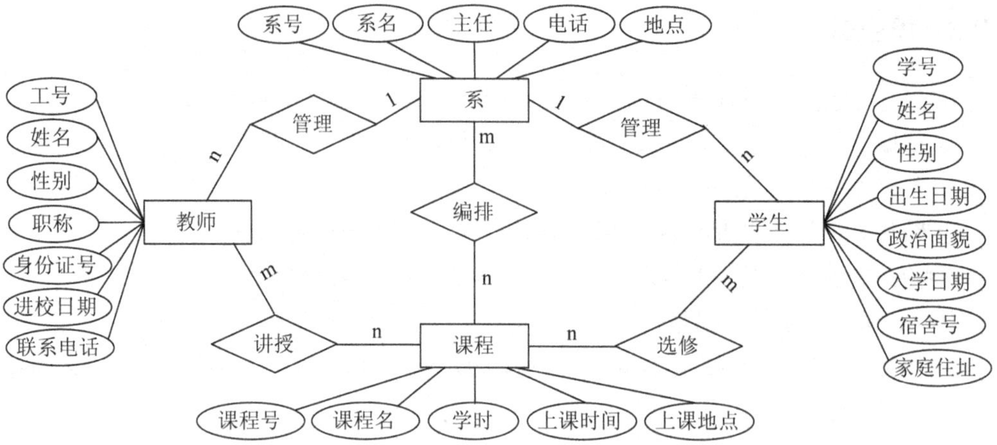

图 1-1　系部排课 E-R 图

10. 请举例说明关系的两个不变性(实体完整性和参照完整性是所有关系模型必须满足的数据完整性约束，被称作是关系的两个不变性)。

11. 传统的集合运算包括哪些？如何用差运算来实现交运算？

*12. 等值连接和自然连接有什么不同？

13. 数据库设计过程依次分为哪 6 个阶段？前 4 个阶段的成果分别是什么？

14. 在数据库设计的逻辑结构设计阶段，E-R 图向关系模型转换应遵循什么原则？

*15. 试用关系模式的规范化理论分析表 1-1 存在的问题，并手工分解成符合范式要求的关系模式。

表 1-1　机动车驾驶证申请条件汇总表

准驾车型	是否初学	身体条件		年龄条件		增驾条件	可否在暂住地申请
		身高(cm)	视力	申请年龄	允许年龄	驾驶经历及记分情况	
A1	否	155	5.0	26～50	26～60	B1、B2 五年以上且前三个周期内无满分记录；A2 两年以上且前一个周期内无满分记录；无死亡事故中负主要以上责任的记录	不可
…	…	…	…	…	…	…	…

1.3　实验案例

实验案例 1

案例名称：创建高校教学系统的实体-联系模型

【实验目的】

掌握用 E-R 图方法表示概念模型。

【实验内容】

本实验完成以下两项任务：

(1) 依据所述情况创建概念模型。某高校有若干个学院，每个学院有若干专业和教研室，每个教研室有若干教员，其中有教授或副教授职称的教员可带若干研究生。每个专业有若干班级，每个班级有若干学生，每个学生选修若干课程，每门课可由若干名学生选修。

(2) 请到教务处调研高校教学排课管理业务，设计排课概念模型。参考实体：学生、课程、教师、教室。

请在 Microsoft Office Visio 中画出概念模型的 E-R 图。

实验案例 2

案例名称：创建大学生创新创业训练计划的概念模型

【实验目的】

掌握用 E-R 图或 UML 方法创建概念模型以解决实际问题。

【实验内容】

国家级大学生创新创业训练计划内容包括创新训练项目、创业训练项目和创业实践项目三类。

创新训练项目是本科生个人或团队，在导师指导下，自主完成创新性研究项目设计、研究条件准备和项目实施、研究报告撰写、成果(学术)交流等工作。

创业训练项目是本科生团队中的每个成员，在导师指导下，在项目实施过程中扮演一个或多个具体的角色，参与编制商业计划书、开展可行性研究、模拟企业运行、参加企业实践、撰写创业报告等工作。

创业实践项目是学生团队，在学校导师和企业导师共同指导下，采用前期创新训练项目(或创新性实验)的成果，提出一项具有市场前景的创新性产品或服务，以此为基础开展创业实践活动。

请从三类创新创业训练计划中任意选取一种，确定实体、实体的属性以及实体间的联系，建立概念模型。

实验案例 3

案例名称：创建图书管理数据库的关系模式

【实验目的】

掌握由 E-R 图向关系模型的转换规则，尝试以规范化理论为指导对关系模型进行优化。

【实验内容】

设计一个图书管理数据库，用 E-R 图画出它的概念模型，再将其用关系模式表示。此图书管理数据库中，每本图书的信息包括：书号、书名、作者、出版社和出版日期；每本被借图书的信息包括：读者编号、借出日期和应还日期；每位借阅者的信息包括：读者编号、姓名、性别、单位、已借阅数、最大可借阅数和违规记录。

为了显示更加直观，关系模式中的主键名请用下画线标出，外键名请用斜体表示。

实验案例 4

案例名称：大学生竞赛管理系统的逻辑数据模型设计

【实验目的】

联系实际，通过调查分析，设计逻辑数据模型，为在 Access 2010 中实现数据库应用系统做准备。

【实验内容】

大学生竞赛管理系统主要包括组织学生报名参赛、设置竞赛场地和场次、聘请评审专家、设计赛事议程和评审指标、设置奖项与奖品颁发等活动。请围绕这些活动，依据关系数据库理论设计逻辑数据模型。

大学生竞赛是通过各高校组队报名的形式组织学生参赛，一所院校可报多个团队，一个团队限报一件作品；一个学生可以参加多个团队，一个团队可由不超过 3 个学生组成；一件作品由多个专家评审，一个专家可以评审多件作品。由此可以设计：参赛学生应有学号、姓名、报名号、专业、年级、所属团队等属性；作品有作品编号、作品名称、作品类别、制作日期、作品简介、作品效果图、指导老师、参赛人数、报名号、赛场 ID 等属性；报名表有报名号、院校名、所属地区、组队、缴纳报名费等属性；赛场有赛场 ID、赛场名称、赛场地点、竞赛时间等属性；专家有专家号、专家姓名、职务职称、专业、单位、联系电话等属性。

请进一步细化以上各实体的属性，确定主码和外码。参赛作品与参赛学生、评审专家之间都有联系，如何建立这些联系，以构成一个较完整的竞赛管理逻辑数据模型？请按数据库设计流程完成设计。

实验案例 5

案例名称：高校学生社团管理系统的逻辑数据模型设计

【实验目的】

联系实际，通过调查分析，设计逻辑数据模型，为在 Access 2010 中实现数据库应用系统做准备。

【实验内容】

大学生校园文化丰富多彩，校方鼓励在校学生创办、参加各类社团。为加强社团管理，校团委会成立社团联合会(社联)对学生社团进行管理。高校学生社团管理系统的使用者主要是大学生、社团、社联以及校团委。

大学生通过社团管理系统浏览社团简介、社团活动信息以及一些通知公告或者招募信息，在社团/社联纳新时可以申请加入社团/社联，在达到一定的条件之后可以申请成立新社团。

社团的主要职能是申请活动、举办活动、管理学生的进团和退团。社团有负责人、社团成员和社团部门。

社联的主要职能是管理各个学生社团，审批社团的活动申请，组织社联活动，对学生进出社联进行管理等。社联有负责人、社联成员和社联部门。

校团委要对社联/社团进行工作指导和监管，一些大型的社联/社团活动需要校团委审批。

请结合自身加入社团/社联的经历，设计高校学生社团管理系统的逻辑模型。

实验案例 6

案例名称：基础电信业务逻辑数据模型设计

【实验目的】

通过调查分析，设计基础电信业务逻辑数据模型。

【实验内容】

电信业务是指电信网向公众提供的业务。电信业务根据业务类型分为基础电信业务和增值电信业务。基础电信业务又分为第一类、第二类两种。第一类基础电信业务是指固定通信、移动通信、卫星通信和数据通信；第二类基础电信业务是指集群通信、无线寻呼、卫星通信、数据通信、网络接入、设施服务和网络托管。

固定通信是指通信终端设备与网络设备之间主要通过电缆或光缆等线路固定连接，进而实现用户间相互通信，其主要特征是终端的不可移动性或有限移动性，如普通电话机、IP 电话终端、传真机、无绳电话机、联网计算机等电话网和数据网终端设备。固定通信业务包括：固定网本地电话业务、固定网国内长途电话业务、固定网国际长途电话业务、IP电话业务和国际通信设施服务业务等。

下面分别给出电信业务的客户资料表和客户出账表的常用字段。客户资料表：客户标识、客户类别、客户姓名、电话号码、证件类型、客户证件号码、付费方式、入网日期等。客户出账表：客户标识、基本月租费、增值服务费、本地通话费、长途通话费、总费用等。

请以第一类或第二类基础电信业务为建模对象，构建电信业务逻辑模型。

实验案例 7

案例名称：旅游管理信息系统模型设计

【实验目的】

通过调查分析，设计旅游管理信息系统数据模型。

【实验内容】

旅游管理信息系统中与业务有关的信息应包含：旅游线路、旅游班次、旅游团、游客、保险、导游、宾馆、交通工具等。"旅游线路"包括线路号、起点和终点等属性；"旅游班次"包括班次号、出发日期、天数和报价等属性；"旅游团"包括团号、团名、人数、联系人等属性；"游客"包括身份证号、姓名、性别、年龄、电话等属性；保险包括保单号、保险费、投保日期等属性；"导游"包括导游证号、姓名、性别、电话、等级等属性；"宾馆"包括宾馆编号、宾馆名称、星级、房价、电话等属性；"交通工具"包括车次、车型、座位数、司机姓名等属性。

请到所在地的旅游机构进行调研，完善以上内容，画出旅游管理信息系统 E-R 图，并将其转换为关系模式。若两实体之间是多对多联系，请将其转换成两个关系模式。

实验案例 8

案例名称：汽车运输公司运营模型设计

【实验目的】

通过调查分析，设计汽车运输公司运营数据模型。

【实验内容】

汽车运输公司运营数据库中有 3 个实体集："车队"实体集有车队编号、车队名称、车队负责人等属性；"司机"实体集有司机工号、姓名、性别、年龄、电话等属性；"车辆"实体集有牌照号、车型、出厂日期等属性。规则：车队与司机之间存在"聘用"联系，每个车队可聘用若干司机，但每个司机只能被一个车队聘用，车队聘用司机有聘期；车队与车辆之间存在"拥有"联系，每个车队可拥有若干车辆，但每辆车只能归属一个车队；司机与车辆之间存在"驾驶"联系，司机驾驶车辆有驾驶日期、公里数、违章记录等属性，每个司机可以使用多辆汽车，每辆汽车可被多个司机使用。

请到所在地的汽车运输公司进行调研，完善以上内容，画出注明属性、联系类型和实体的 E-R 图，并将其转换为关系模式，标注主键和外键。若两实体之间是多对多联系，请将其转换成两个关系模式。

实验案例 9

案例名称：商业集团数据库管理系统模型设计

【实验目的】

依据关系数据库理论，设计商业集团数据库管理系统数据模型。

【实验内容】

某商业集团数据库有 5 个实体集："公司"实体集有公司编号、公司名、法定代表人、注册资金、地址等属性；"职工"实体集有职工编号、姓名、性别等属性；"仓库"实体集有仓库编号、仓库名、地址等属性；"商店"实体集有商店号、商店名、店长、地址等属性；"商品"实体集有商品号、商品名、单价等属性。

公司与仓库之间存在"隶属"联系，每个公司管辖若干仓库，每个仓库只能被一个公司管辖；仓库与职工之间存在"聘用"联系，每个仓库可聘用多个职工，每个职工只能在一个仓库工作，仓库聘用职工有聘期和工资；仓库与商品之间存在"库存"联系，每个仓库可存储若干种商品，每种商品存储在若干仓库中，每个仓库在存储一种商品时登记存储日期和存储数量；商店与商品之间存在"销售"联系，每个商店可销售若干种商品，每种商品可在若干商店里销售，每个商店在销售一种商品时登记月份和月销量；仓库、商店、商品之间存在"供应"联系，有月份和月供应量两个属性。

请画出商业集团数据库管理系统 E-R 图，在图上注明属性和联系的类型；将 E-R 图转换成关系模型，并注明主码和外码。

【请思考】

大型连锁超市信息管理系统的关系模型如何设计？

实验案例 10

案例名称：关于电影的数据库模式分析

【实验目的】

依据关系数据库理论，对给出的 5 个关系模式进行分析。

【实验内容】

电影 Movies(title,year,length,genre,studioName,producer#)

电影明星 MovieStar(name,address,gender,birthdate)

演出 StarsIn(movieTitle,movieYear,starName)

电影制片 MovieExec(name,address,cert#,netWorth)

电影公司 Studio(name,address,presC#)

试分析：各关系模式中属性的含义,各关系的主键是什么？各关系之间存在怎样的联系？

*实验案例 11

案例名称：XML 模型应用

【实验目的】

加深理解 XML 模型的特点，学会用以树型结构展示 XML 文档信息。

【实验内容】

(1) 在记事本中录入以下 XML 代码，分别以文件名 XMLcase.txt 和 XMLcase.html 保存。注意文件扩展名。

```xml
<? xml version="1.0" encoding="UTF-8" standalone="yes"?>
<!-- This is an experimental case -->
<bookstore>
<book category=" FICTION">
  <title lang="en">Harry Potter</title>
  <author>J K. Rowling</author>
  <year>2005</year>
  <price>28.99</price>
</book>
<book category="DATABASE">
  <title lang="en">Database System Concepts</title>
  <author>Abraham Silberschatz</author>
  <year>2012</year>
  <price>90.00</price>
</book>
<book category="DATAWAREHOUSE">
  <title lang="en">Building the Data Warehouse</title>
```

```
        <author>William H.Inmon</author>
        <year>2005</year>
        <price>35.10</price>
    </book>
</bookstore>
```

(2) 打开 XMLcase.html 文件，默认打开的应用程序是什么？显示的信息是什么？为什么？

(3) 打开 XMLcase.txt 文件，默认打开的应用程序是什么？显示的信息是什么？

(4) 分析此 XML 文档结构，画一张根元素在顶端的树型图，表示书名为 *Harry Potter* 的书籍。

树型图可以参照图 1-2。

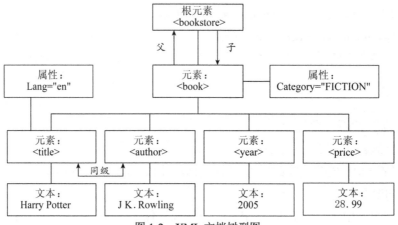

图 1-2　XML 文档树型图

根元素是<bookstore>，文档中的所有<book>元素都被包含在<bookstore>中。<book>元素有<title>、< author>、<year>和<price>四个子元素。

第2章　走进Access

2.1　知识要点

2.1.1　Access 的发展及优点

Access 是由微软公司发布的一个桌面关系数据库管理系统，是 Microsoft Office 套装软件的一个重要组成部分。微软公司自 1992 年 11 月首次推出 Access，已经过了 11 个版本的变迁。每个版本在公布之后一般都有相继的补丁程序推出。从 Access 2007 开始，数据库文件由.mdb 升级为.accdb 格式。

Access 有较强的数据处理和统计分析能力，数据查询操作简单快捷；利用 Access 可以快速开发出实用的小型数据库应用软件；Access 配有丰富的在线数据库模板和微软在线帮助，利于学习者快速入门；Access 2010 符合开放数据库连接 (Open DataBase Connectivity，ODBC)标准，通过 ODBC 驱动程序可以与其他数据库相连，还能够与 Excel、Word、Outlook、XML、SharePoint 等其他软件进行数据交互和共享。

2.1.2　Access 的安装、启动与退出

1. 安装

微软公司允许一台计算机安装多个不同版本的 Office，只不过要先安装低版本，再安装高版本；不同版本的安装目录不同。同一台计算机安装的 Office 位数要相同，即 32 位与 64 位的 Office 不能同时安装。

打开安装了多个版本的 Access 时，切换需要等待比较长的时间。建议安装虚拟机后再安装各版本的 Access。

2. 启动

Access 2010 可以通过"开始"菜单启动；通过快捷方式启动；通过打开以.accdb 或.accde 或.accdc 为扩展名的文件启动；还可以通过运行 MSACCESS.EXE 程序文件启动。

3. 退出

退出 Access 2010 的常用方法有 8 种：直接单击 Access 2010 窗口右上角的关闭按钮 ⊠ ；按 Alt+F4 组合键；依次按 Alt、F 和 X 键；按 Alt+Space 组合键打开控制菜单(也称程序图标菜单)，再选择"关闭(C)"命令；双击 Access 2010 窗口左上角的控制菜单图标 A ；用鼠标在 Access 2010 标题栏的空白处右击，在弹出的快捷菜单中选择"关闭(C)"命令； 在任

务栏的 Access 2010 程序按钮上右击，在弹出的快捷菜单中选择"关闭窗口"；单击"文件"选项卡，在 Backstage 视图中选择"退出"命令。

2.1.3 Access 2010 的主窗口

    Access 2010 的主窗口由功能区、Backstage 视图和导航窗格 3 个主要部分组成。功能区是一个包含多组命令且横跨程序窗口顶部的带状选项卡区域；Backstage 视图是功能区的"文件"选项卡上显示的命令集合；导航窗格是 Access 主窗口左侧的窗格，可以在其中使用数据库对象。

    Access 2010 的主窗口包括标题栏、快速访问工具栏、功能区(包括选项卡)、导航窗格、对象编辑区和状态栏等组成部分，如图 2-1 所示。

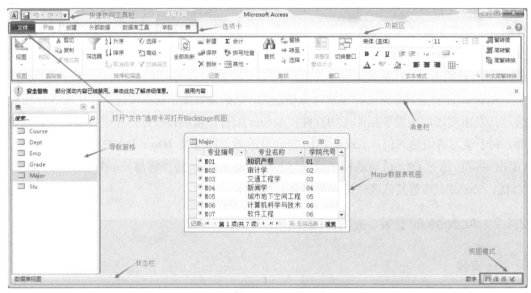

图 2-1　Access 2010 的主窗口

1. 快速访问工具栏

    通过快速访问工具栏，只需单击一次即可访问命令。用户可以自定义快速访问工具栏，将常用的其他命令放在其中；还可以修改快速访问工具栏的位置，将其从默认的小尺寸更改为大尺寸。

2. 功能区

    功能区(ribbon)由选项卡(tab)、命令组(group)和命令按钮 3 部分组成。Access 2010 默认有"文件""开始""创建""外部数据"和"数据库工具"5 个标准选项卡，每个选项卡包含多组相关的命令按钮。用户可以自定义功能区。

    在 Access 2010 中，执行命令的方法有多种。一般可以单击功能区的选项卡，再找相关的命令组中的相关命令按钮；也可以使用与命令关联的键盘快捷方式；按下并释放 Alt 键或 F10 键，功能区将显示相关操作的访问键，此时按下所提示的键就可以执行相应的操作。

3. 导航窗格

导航窗格可以帮助组织数据库对象，是打开或更改数据库对象设计的主要方式。导航窗格中显示当前数据库的各种数据库对象：表、查询、窗体、报表、宏、模块等。若要将导航窗格与 Web 数据库一起使用，可以先用 Access 打开该数据库。

4. 对象编辑区

对象编辑区是用来设计、编辑、修改和显示表、查询、窗体、报表和宏等数据库对象的区域。通过折叠导航窗格或功能区，可以扩大对象编辑区的范围。

在 Access 2010 中，对象编辑区的数据库对象默认以"选项卡式文档"方式显示，还可以设置为"重叠窗口"显示。

5. 状态栏

Access 2010 的状态栏有视图/窗口切换和缩放功能。用户可以使用状态栏上的可用控件，在可用视图之间快速切换活动窗口。如果要查看支持可变缩放的对象，则可以使用状态栏上的滑块，调整缩放比例以放大或缩小对象。状态栏可以禁用，也可以启用。

6. Access 帮助

使用 Access 时，可以随时打开"Access 帮助"对话框，获取本地或在线帮助信息。打开 Access 帮助的常用方法有：在 Backstage 视图中选择"帮助"命令；单击窗口右上角的 ⌕ 按钮；按 F1 功能键等。

2.1.4　Access 2010 的数据库对象

Access 将数据库定义为一个扩展名为.accdb 的文件，数据库中可以包含 6 种不同的对象：表、查询、窗体、报表、宏和模块。

每种数据库对象在数据库中起着不同的作用，其中表是数据库的核心与基础，存放数据库中的全部数据；查询、窗体和报表都是从数据库中获得数据信息，以实现用户特定的需求。

1. 表(Table)

表是数据库中最基本的对象，是关于特定实体的数据集合。它以二维表格的形式组织、保存待管理的原始数据，并描述关系数据库中数据的属性和关系，可以作为其他数据库对象的数据源。

2. 查询(Query)

查询是根据给定的条件从数据库的一个或多个数据源中筛选出符合条件的记录，构成一个动态的数据记录集。它包括选择查询、交叉表查询、参数查询、操作查询和 SQL 查询等。

3. 窗体(Form)

窗体也称表单，可用于为数据库应用系统创建用户界面。窗体是数据库中信息的主要展示窗口，是用户与数据库之间的人机交互界面。用户通过使用窗体来实现数据维护、控制应用程序流程等人机交互功能。

4. 报表(Report)

报表用于将选定的数据以特定的表格、图表等格式显示或打印，是表现用户数据的一种有效方式。

5. 宏(Macro)

宏是 Access 一系列操作命令的组合。

6. 模块(Module)

模块是 Access 数据库 VBA 程序代码的集合。对于较复杂的数据库应用系统，只靠 Access 的向导和宏已不能解决现实生活和工作中的问题，需要编写 VBA 语言程序，以完成较为复杂或高级的系统设计和数据库操作。

2.1.5　Access 数据对象的导入

通过导入(import)的方式，可以在 Access 数据库中使用其他种类数据库或其他格式文档中的数据。Access 可以导入和链接的数据库和文件格式有 Access、ODBC(如 SQL Server)、dBASE 数据库、SharePoint 列表、Excel、Outlook、HTML、XML 和文本文件等。

将另一个 Access 数据库中的表全部导入到当前数据库时，表间的关系会一并导入。

2.1.6　Access 数据对象的导出

通过导出(export)方式，可以将 Access 数据库中的表、查询、报表等复制到其他关系数据库或 Excel、Word、PDF，或 XPS、HTML、XML、SharePoint 列表，或 TXT、RTF 等其他格式的数据文件中。

2.1.7　信任中心

Access 安全体系结构的核心是信任中心。信任中心包含安全设置和隐私设置，这些设置有助于保持文档和计算机的安全。使用信任中心，可以为 Access 数据库创建或更改受信任位置并设置安全选项，这些设置将决定如何打开数据库。信任中心包含的逻辑还可以评估数据库中的组件，判断数据库是否安全，是否应禁用或启用它。

Access 数据库是一组对象(表、查询、窗体、报表、宏、模块)，这些对象通过相互配合才能发挥作用。有些 Access 组件会造成安全风险，不受信任的数据库中将禁用这些组件：用于插入、删除或更改数据的动作查询；宏；返回单个值函数表达式；VBA 代码。

2.1.8　禁用模式

用户打开数据库时，如果信任中心将之评估为受信任的，则会在打开数据库的同时启用文件中的可执行组件。如果打开的数据库没有放在受信任的位置，或包含无效的数字签名，或来自不可靠的发布者，或包含可执行组件，信任中心会将之评估为不受信任，Access 将在禁用模式下打开该数据库。禁用模式即关闭所有可执行的组件，禁用有可能引发安全风险的组件。

2.1.9　数据库的打包、签名和分发

数据库开发者将数据库分发给不同的用户使用，或是在网络中使用，这时需要考虑数据库分发的安全问题。将数据库打包并对包进行签名是一种传达信任的方式。对数据库打包并签名后，数字签名会确认在创建该包之后数据库未进行过更改。签名包的扩展名为.accdc。

2.1.10　数据库的压缩和修复

Access 数据库文件在使用过程中可能会迅速增大，有时会影响其性能，有时也可能被损坏，在 Access 2010 中可以使用“压缩和修复数据库”的方法来解决这些问题。

压缩数据库并不是压缩数据，而是通过清除未使用的空间来缩小数据库文件。

2.1.11　数据库的加密与解密

为数据库设置密码是最简单的数据保护方法，可以禁止非法用户使用数据库。解密数据库是指撤销数据库的密码，欲撤销密码的数据库要以独占方式打开。

2.1.12　数据库安全的其他措施

将数据存储在管理用户安全的数据库服务器上；利用 Microsoft SharePoint Services 的网站功能和 SQL Server 功能搭建数据库共享网络；SharePoint 用户在 Web 浏览器中使用数据库；通过拆分数据库，将数据保存在用户无法直接访问的单独文件中，从而防止数据库文件损坏并减少丢失的数据量。

2.2　思考与练习

2.2.1　选择题

1. 下列关于 Access 数据库的叙述中，正确的是(　　)。

　　A. Access 数据库中的表是孤立存在的

　　B. Access 是一个关系型数据库管理系统

　　C. 利用 Access 2010 创建的数据库文件默认扩展名为.accde

　　D. 利用 Access 模块可以不编写代码就实现交互功能

2. 下列不是 Access 数据库对象的是(　　)。

　　A. 报表　　　　　　B. 模块　　　　　　C. 查询　　　　　　D. 菜单

3. 在 Access 数据库中，表就是(　　)。

　　A. 记录　　　　　　B. 索引　　　　　　C. 关系　　　　　　D. 数据库

4. 在 Access 数据库对象中，最能体现数据库设计目的的对象是(　　)。

　　A. 报表　　　　　　B. 模块　　　　　　C. 查询　　　　　　D. 表

5. 退出 Access 2010 数据库管理系统可以使用的快捷键是(　　)。

　　A. Alt+F4　　　　　B. Alt+X　　　　　C. Ctrl+S　　　　　D. Alt+Space

6. Access 数据库在加密或撤销 Access 数据库密码时，必须(　　)方式打开数据库。

　　A. 以只读　　　　　B. 以独占　　　　　C. 以打开　　　　　D. 以独占只读

7. 下列关于 Access 数据库的叙述中，正确的是(　　)。

　　A. 数据库中的数据存储在表和报表中

　　B. 数据库中的数据存储在表、查询、窗体、报表、模块中

　　C. 数据库中的数据存储在表和宏中

　　D. 数据库中的数据全部存储在表中

8. 不属于 Access 2010 导航窗格功能的是(　　)。

　　A. 打开数据库文件　　　　　　　　　　B. 打开数据库对象

　　C. 隐藏数据库对象　　　　　　　　　　D. 复制数据库对象

9. 为数据库设置密码后，在(　　)时需要输入密码。

　　A. 打开数据表　　　　　　　　　　　　B. 关闭数据库

　　C. 修改数据库的内容　　　　　　　　　D. 打开数据库

10. 信任中心可以设置受信任位置，受信任位置是指(　　)。

　　A. 可以存放用户个人隐私信息的文件夹

　　B. 可以存放隐私信息的数据库区域

　　C. 数据库中可以存放和查看受保护信息的区域

　　D. 计算机中用来存放来自可靠来源的受信任文件的文件夹

11. 将数据库放在受信任位置后，该数据库所包含的 VBA 代码、宏和不安全表达式都会在(　　)时运行。

　　A. 打开数据库文件　　　　　　　　　　B. 打开数据库对象

　　C. 关闭数据库对象　　　　　　　　　　D. 关闭数据库文件

12. Access 2010 对数据库进行压缩时，(　　)。

　　A. 采用压缩算法对文件进行编码，以达到压缩的目的

　　B. 将不需要的数据剔除，从而使数据库文件占用空间变小

　　C. 将数据库文件中多余的没有使用的空间交还给系统

　　D. 将极少使用的数据存放到其他存储空间

13. 下列关于 Access 数据库安全的叙述，错误的是(　　)。

　　A. 给数据库设置密码的目的是防止非法用户对数据库中的数据进行修改或窃取

　　B. 可以通过数据库文件格式的转换来防止用户对表中数据的修改

　　C. 数字签名的作用是防抵赖和防篡改

　　D. 要取消数据库的密码，必须使用独占方式打开数据库

14. 下列关于 Access 的叙述，错误的是(　　)。

　　A. 在同一台计算机上可以安装多个不同版本的 Access

　　B. Access 2010 有 32 位和 64 位两种版本，微软公司建议普通用户安装 32 位的版本

　　C. Access 是安全体系结构，主要为大型企业提供数据库解决方案

　　D. Access 可以存储数据、分析数据，还可以进行数据库应用程序的开发

15. 下列关于 Access 的叙述，错误的是(　　)。

　　A. Access 可以通过 ODBC 驱动程序与其他关系型数据库相连

　　B. Access 可以提供面向对象的开发环境

　　C. Access 作为网状数据库模型支持 B/S 应用系统

　　D. Access 2010 可以开发标准桌面数据库和 Web 数据库

16. 下列关于 Access 安全性的叙述，正确的是(　　)。

　　A. Access 安全体系结构的核心是信任中心

　　B. Access 信任中心可以添加受信任位置，但不能删除已有的受信任位置

　　C. 对 Access 数据库进行数字签名，是为了防止非法用户复制数据库文件

　　D. Access 2010 禁用模式是禁用一定会引发安全风险的 ActiveX 控件

17. 下列关于 Access 2010 安全性的叙述，正确的是(　　)。

　　A. 加密或解密 Access 数据库时，都要求以独占只读方式打开数据库文件

　　B. 忘记了 Access 数据库设置的密码，可以通过解密数据库找回密码

　　C. 解密 Access 数据库就是破解数据库的密码

　　D. 压缩数据库并不是压缩数据，而是通过清除未使用的空间来缩小数据库文件

18. 下列关于 Access 2010 安全性的叙述，错误的是(　　)。

　　A. 压缩和修复数据库有助于防止并校正数据库文件的问题

　　B. 压缩数据库是为了提高数据库的安全性

　　C. 解密数据库就是撤销数据库的密码

　　D. 将数据库编译为.accde 格式文件的目的是防止 VBA 代码、窗体和报表被修改

19. 不属于 Access 2010 数据库安全机制的是(　　)。

　　A. 信任中心　　　　　　B. 复制副本　　　　　　C. 打包签署　　　　D. 加密

20. 对数据库进行打包并签名后，生成签名包，其文件扩展名是(　　)。

　　A. .accdb　　　　　　B. .accdc　　　　　　C. .accde　　　　　　D. .accdt

2.2.2　填空题

1. Access 2010 是一个桌面关系型数据库管理系统，是_____系列套装的组件之一。

2. 按下并释放_____键或_____键，可以显示 Access 2010 功能区相关操作的访问键。

3. Access 2010 默认显示_____、_____、_____、_____和_____ 5 个标准选项卡。

4. 在 Access 2010 数据库系统中，标准数据库对象有_____、_____、_____、_____、_____ 和_____ 6 种。

5. Access 2010 默认的数据库文件扩展名是_____，数据库可执行文件的扩展名是_____，数据库模板文件的扩展名是_____。

6. 为了保证数据库安全，在打开 Access 2010 数据库文件时，会将数据库的位置提交到_____。

7. _____模式是关闭所有可执行的组件，禁用这些有可能引发安全风险的组件。

2.2.3　简答题

1. 已安装 Access 2003 的计算机，现要再安装 Access 2010，需要注意哪些安装事项？

2. Access 2010 的主窗口由哪几部分构成？各有何特点？

3. Access 2010 的导航窗格有何作用？

4. 在 Access 2010 的 Backstage 视图中能执行哪些命令？试举例说明 6 项命令的功能。

5. "文件"选项卡(Backstage 视图)中的"关闭数据库"命令和"退出"命令有什么区别？为什么有时"关闭数据库"命令呈灰色不能使用？

6. Access 2010 中最多能够自动记忆多少个最近打开过的数据库文件？如何查看这些数据库文件存放的位置？

7. Access 2010 功能区有何优点？默认情况下，功能区包含哪些标准选项卡？每个标准选项卡又包含哪些命令组？分别可以执行哪些常用操作？

8. 请查阅并比对《案例教程》中的图 2-27、图 2-33、图 2-36、图 2-42、图 2-44、图 2-59 的"Access 选项"对话框，简述"Access 选项"对话框的功能。

9. Access 2010 信任中心可以对哪些"个人信息选项"进行设置？其中的"注册客户体验改善计划"有何作用？

10. 哪些 Access 组件会引发安全风险？

11. 何时需要对数据库进行打包签名？

12. 为什么要进行数据库的压缩和修复？压缩和修复数据库有哪几种方法？

2.3　实验案例

实验案例 1

案例名称：Microsoft Access 2010 的安装、启动和退出

【实验目的】

掌握在 64 位 Windows 操作系统中安装 32 位 Access 2010 的方法；掌握以多种方式启动和退出 Access 2010。

【实验内容】

(1) 依据个人计算机的当前状况，以 Windows 管理员身份选择所需的安装类型。安装类型一般分为立即安装、升级和自定义 3 种。

① 立即安装

如果计算机上没有安装 Microsoft Office 的早期版本，安装时会出现"立即安装"选项。

② 升级

如果计算机上安装了 Microsoft Office 的早期版本，将会出现"升级"选项。选用此选项，系统会自动删除在计算机上检测到的 Microsoft Office 早期版本。

③ 自定义

"自定义"选项允许具体选择安装的各项内容，包括所安装的程序和这些程序的安装位置。用户可以有选择地只安装某几个应用程序。

在安装过程中如果收到错误消息或遇到问题，可以调用"安装帮助"，也可以访问微软官方网站的 Microsoft Office 2010 安装程序资源中心，寻找解决办法，或与 Microsoft 产品支持部门联系。

(2) 安装 VBA 工程的数字证书。

如果在 Windows 的"开始"菜单→"所有程序"→Microsoft Office→"Microsoft Office 2010 工具"中未看到"VBA 工程的数字证书"命令，或在 Microsoft Office 安装目录"驱动器号:\Program Files\Microsoft Office\Office14"中没有 SelfCert.exe 文件，则需要安装。

若在 Microsoft Office 安装目录下有 SelfCert.exe 文件，可以先将之删除，再按以下操作安装。

计算机中的 Microsoft Office 在由管理员(不是通过 CD 光盘)安装到计算机上时，按以下步骤执行操作：

① 在 Microsoft Windows 中打开"控制面板"；

② 双击"控制面板"中的"程序和功能"；

③ 选择 Microsoft Office Professional Plus 2010，然后单击"更改"；

④ 安装程序启动，如图 2-2 所示；

⑤ 单击"添加或删除功能(A)"，然后单击"继续"，出现图 2-3；

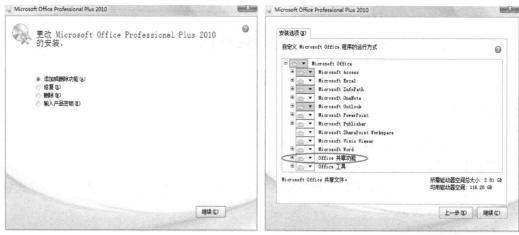

图 2-2　安装界面 1　　　　　　　　　　图 2-3　安装界面 2

⑥ 依次单击 Microsoft Office 和 "Office 共享功能" 节点旁边的加号(+)，将它展开，如图 2-4 所示；

⑦ 单击 "VBA 工程的数字证书"，单击 "从本机运行(R)"，单击 "继续" 按钮，安装该组件，如图 2-5 所示；

⑧ 安装完成 Microsoft Office Professional Plus 2010 配置之后，单击 "关闭"，重新启动任何打开的 Office 程序，所做的更改才能生效。

图 2-4　安装界面 3　　　　　　　　　　图 2-5　安装界面 4

(3) 用 4 种方式启动 Access 2010。

(4) 用 8 种方式退出 Access 2010。

【请思考】

已安装完成的 Microsoft Office 2010 能否再添加或修改组件？若能，需要注意什么？

实验案例 2

案例名称：Backstage 视图中的常用命令

【实验目的】

掌握 Backstage 视图的基本操作。

【实验内容】

在 Access 主窗口中，单击功能区上的"文件"选项卡可以打开 Backstage 视图，它包含很多以前出现在 Access 早期版本的"文件"菜单中的命令，还包含适用于整个数据库文件的其他命令。在 Backstage 视图中，可以创建新数据库、打开现有数据库、通过 SharePoint Server 将数据库发布到 Web，以及执行很多文件和数据库维护任务。数据库和表是《案例教程》第 3 章的核心内容，此处仅做验证性实验。

1. 创建空数据库

利用 Win+R 组合键打开"运行"对话框，向其中输入 MSACCESS，并单击"确定"，即启动 Access 2010，在出现的 Backstage 视图中选择"新建"命令。

(1) 创建新的 Web 数据库

① 在"可用模板"区，单击"空白 Web 数据库"，在窗口右侧出现"空白 Web 数据库"区。

② 在"空白 Web 数据库"区下方的"文件名"框中键入数据库文件的名称，或使用提供的文件名，如图 2-6 所示。

图 2-6　创建空白 Web 数据库

③ 在图 2-6 中单击![icon]，可以确定文件保存的位置和文件名；单击"创建"按钮，将创建一个新的 Web 数据库，并且在数据表视图中打开一个新的表。

(2) 创建新的桌面数据库

① 在图 2-6 所示的"可用模板"区，单击"空数据库"，窗口右侧出现"空数据库"区。

② 在"空数据库"区下方的"文件名"框中键入数据库文件的名称，或使用提供的文件名。

③ 单击![icon]，可以确定文件保存的位置和文件名；单击"创建"按钮，将创建一个新的桌面数据库，并且在数据表视图中打开一个新的表。

2. 依据示例模板新建数据库

Access 2010 产品附带很多模板，也可以从 Office.com 下载更多模板。Access 模板是预先设计的数据库，它们含有专业设计的表、窗体和报表。利用模板创建新数据库很便捷。

从 Windows 的"开始"菜单启动 Access 2010，出现 Backstage 视图，选择"新建"命令。操作步骤如下：

① 单击图 2-6 中的"样本模板"，然后浏览可用模板。

② 找到要使用的模板后，单击该模板。

③ 在右侧的"文件名"框中，键入文件名或使用系统提供的文件名，单击"创建"。

④ Access 将从模板创建新的数据库并打开该数据库。

3. 从 Office.com 模板创建新数据库

双击桌面快捷方式启动 Access 2010，出现 Backstage 视图，选择"新建"命令。操作步骤如下：

① 在图 2-6 所示的"Office.com 模板"窗格下，单击"联系人"，出现"联系人"类别中的模板，选择"任务"模板。

② 在"文件名"框中出现系统提供的文件名"任务.accdb"。

③ 单击"下载"按钮，Access 将自动下载模板，根据该模板创建新数据库。

说明：此实验需要联网才能完成。

4. 打开最近使用的数据库

在打开(或创建再打开)数据库时，Access 会将该数据库的文件名和位置添加到最近使用文档的内部列表中。此列表显示在 Backstage 视图的"最近所用文件"选项卡中，以便用户快速找到最近使用的数据库。

在 Backstage 视图中，单击"最近所用文件"命令，然后单击要打开的数据库。

在"最近所用文件"命令的 Backstage 视图的下方，有一个默认已勾选的"快速访问此数量的最近的数据库"复选框，默认的数量是 4 ☑ 快速访问此数量的最近的数据库: ⒋ 　 ，在 Backstage 视图的"关闭数据库"命令与"信息"命令的位置之间会显示 4 个最近使用的数据库文件名。请验证：快速访问最近的数据库的数量，当输入 0 时，注意观察"关闭数据库"命令与"信息"命令位置之间的变化。

5. 从 Backstage 视图中打开数据库

单击 Backstage 视图中的"打开"命令。当"打开"对话框出现时，浏览并选择文件，然后单击"打开"按钮，选中的数据库随即打开。注意观察：当单击"打开"对话框中的"打开"按钮右侧的箭头时，会发现打开数据库的方式有 4 种：打开(O)、以只读方式打开(R)、以独占方式打开(V)、以独占只读方式打开(E)。这 4 种方式的区别，请参看《案例教程》第 3 章的 3.1.2 节"数据库的基本操作"。

6. 从 Backstage 视图中打开"帮助"

(1) 单击 Backstage 视图中的"帮助"命令，可以看到 Microsoft Office 2010 产品的相

关信息、"支持"和"设置 Office 的工具",在"支持"中包括"Microsoft Office 帮助""开始使用"和"与我们联系";在"设置 Office 的工具"中包括"选项"和"检查更新"。请写出如下信息:

① Microsoft Access 的版本:_____;

② 产品 ID:_____;

③ Microsoft Office 2010 包含的组件:_____。

(2) 在"Access 帮助"对话框中搜索"规格",查阅 Access 2010 的数据库规格和项目规格,请写出如下信息:

① 一个 Access 数据库中对象个数的最大值:_____;

② 一张报表能显示的最大页数:_____;

③ 一个宏中的操作个数的最大值:_____。

7. 从 Backstage 视图中打开"选项"

单击 Backstage 视图中的"选项"命令或"帮助"命令中的"选项",如图 2-7 所示,可以打开图 2-8 所示的"Access 选项"对话框。请浏览该对话框的各项功能。

图 2-7　Backstage 视图　　　　　　　图 2-8　"Access 选项"对话框

【请思考】

(1) 如何利用"帮助"查找"显示快捷菜单"的组合键?提示:Shift+F10。

(2) 如何利用"帮助"获取 Date、Year、Day、Month、Now 等函数的帮助信息?

(3) 如何利用"帮助"查阅"创建表达式"的帮助信息?

实验案例 3

案例名称:自定义快速访问工具栏

【实验目的】

熟练掌握"快速访问工具栏"的相关操作。

【实验内容】

在 Access 2010 主窗口中,单击快速访问工具栏右侧的下拉箭头,在弹出的"自定义快速访问工具栏"菜单中选择"其他命令(M)..."菜单项,弹出"Access 选项"对话框中的"自定义快速访问工具栏"设置界面。本次实验的主要操作在这个界面中完成,相关操作如下：

(1) 在默认的快速访问工具栏中添加命令。

在默认的快速访问工具栏中依次添加"分隔符""电子邮件""打印预览" 3 个命令按钮 ┃ ┏ ┃ ▾ ┃ ┗ ┃ ▾ ┃ (┃ ┃) ┃ ▾ ┃。

(2) 查看添加了命令按钮后的自定义快速访问工具栏，再从快速访问工具栏中删除一个命令按钮。

(3) 通过在命令间添加分隔符来对命令分组。

(4) 更改快速访问工具栏上命令按钮的顺序；在"自定义快速访问工具栏"设置界面中单击"重置(E)"按键右侧的箭头，在出现的菜单中选择"仅重置快速访问工具栏"，将快速访问工具栏恢复到默认状态，如图 2-8 所示。

(5) 移动快速访问工具栏至功能区的下方，再移动到功能区的上方。

(6) 导出自定义快速访问工具栏。

(7) 导入自定义快速访问工具栏。

操作步骤如下：

① 单击"文件"选项卡。

② 在 Backstage 视图中，单击"选项"。

③ 在"Access 选项"对话框中，单击"快速访问工具栏"。

④ 单击"导入/导出"按钮，然后单击"导入自定义文件"按钮。

导入自定义文件可以替换"功能区"和"快速访问工具栏"的当前布局。通过导入自定义设置，用户可以与他人保持相同的 Access 程序外观，或者在不同计算机之间保持相同的 Access 程序外观。

注意：如果导入功能区自定义文件，则以前对"功能区"和"快速访问工具栏"所做的所有自定义设置都将丢失。如果需要还原到当前使用的自定义设置，应该先导出这些设置，然后再导入新的自定义设置。

实验案例 4

案例名称：自定义 Access 2010 功能区

【实验目的】

熟练掌握功能区的相关操作(更改选项卡的名称，更改选项卡或组的顺序，自定义选项卡、组和命令，修改命令的图标，删除组，从组中删除命令，重命名添加到自定义组的命令，导出自定义功能区，导入自定义功能区)。

【实验内容】

请在"Access 选项"对话框中自定义功能区。

(1) 更改默认"开始"选项卡的名称为 Start，并将之置于"创建"选项卡之后。

(2) 添加自定义选项卡和自定义组。自定义选项卡名为 MyTools，其中包含一个名为"联系"的组，组里包含一个"电子邮件"命令，查看操作效果之后，请隐藏"电子邮件"命令的标签。提示：用鼠标右键单击"联系"组，在弹出的快捷菜单中选择"隐藏命令标签"。

(3) 向自定义选项卡 MyTools 中再添加一个"工具"组，在该组里添加两个"不在功能区中的命令"，并将这两个命令的名称修改为"工具 1"和"工具 2"，图标都修改为笑脸 。再将自定义选项卡 MyTools 置于"外部数据"选项卡和"数据库工具"选项卡之间。

(4) 请验证：Access 2010 允许隐藏自定义和默认选项卡，但只能删除自定义选项卡。

(5) 创建有自己特色的功能区，并利用"导入/导出(P)"按钮导出，修改默认文件名"Access 自定义.exportedUI"，利用 Windows 的"记事本"程序打开此文件查看内容。再将之与合作伙伴交换，导入合作伙伴的自定义功能区文件，观察 Access 2010 主窗口的变化。

*(6) 以下是一个自定义功能区导出文件的内容，试根据《案例教程》第 1 章介绍的 XML 理论加以分析。

```
<mso:cmd app="Access" dt="0" />
<mso:customUI xmlns:x1="PDFMaker.OfficeAddin"
xmlns:mso="http://schemas.microsoft.com/office/2009/07
/customui">
    <mso:ribbon>
    <mso:qat/>
    <mso:tabs>
        <mso:tab idQ="x1:tab1" visible="false"/>
        <mso:tab id="mso_c2.26C0E4E" visible="false" label="我的工具" insertAfterQ="x1:tab1">
            <mso:group id="mso_c3.26C0E4E" label="画线" imageMso="MsnLogo" autoScale="true">
                <mso:control idQ="mso:ControlLine" visible="true"/>
                <mso:gallery idQ="mso:ControlLineColorPicker" showInRibbon="false" visible="true"/>
            </mso:group>
        </mso:tab>
    </mso:tabs>
    </mso:ribbon>
</mso:customUI>
```

*(7) 在当前数据库中设计一个窗体，添加两个命令按钮，在其单击事件中输入以下代码，验证功能区的隐藏与显示。

隐藏功能区的代码：DoCmd.ShowToolbar "Ribbon", acToolbarNo

显示功能区的代码：DoCmd.ShowToolbar "Ribbon", acToolbarYes

【请思考】

(1) 自定义功能区可以对"主选项卡"和"工具选项卡"分类自定义，在"创建"主选项卡中，有哪几个组是针对 Web 对象操作的？

(2) "加载项"选项卡适用于 Access 2007 及更早版本中可用作加载项的命令。是否能在"加载项"选项卡中添加、删除命令或更改命令的顺序？

实验案例 5

案例名称：利用 Northwind 示例数据库设置 Access 选项

【实验目的】

创建 Northwind 示例数据库，在"Access 选项"对话框中，观察"常规""当前数据库""数据表""对象设计器""校对""语言"和"客户端设置"各部分的功能，并对相关项进行设置。

【实验内容】

在 Backstage 视图中，单击"新建"命令，在"可用模板"区域单击"样本模板"，从列出的模板中选择"罗斯文"模板，并双击，即可进入"登录对话框"，在"登录对话框"中用默认员工"王伟"登录即可。展开"导航窗格"，如图 2-9 所示。打开导航窗格菜单，选择"对象类型(O)"，如图 2-10 所示，得到显示 Access 所有对象——"表""查询""窗体""报表""宏""模块"的导航窗格。

图 2-9　罗斯文贸易导航窗格

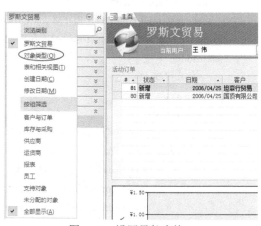

图 2-10　设置导航窗格

1. 查看罗斯文数据库各对象

(1) 在导航窗格中，选择"表"对象，双击"员工"表，在数据表视图中查看表中的记录。

(2) 在"开始"选项卡的"视图"命令组中单击"视图"按钮下方的箭头，从下拉菜单中选择"设计视图"命令，将"员工"表切换到设计视图下，查看表中各字段的名称、数据类型等。

(3) 在导航窗格中，选择"查询"对象，双击"订单分类汇总"查询对象，在"数据表视图"中查看运行查询所返回的记录集合。

(4) 在"开始"选项卡的"视图"命令组中单击"视图"按钮下方的箭头，从下拉菜单中选择"设计视图"命令，查看创建和修改查询的用户界面。

(5) 在"开始"选项卡的"视图"命令组中单击"视图"按钮下方的箭头，从下拉菜单中选择"SQL 视图"命令，查看创建查询时生成的 SELECT 语句，然后关闭 SQL 视图窗口。(请查阅《案例教程》第 4 章的 4.8.2 节，分析此 SELECT 语句的结构及功能。)

(6) 在导航窗格中，选择"窗体"对象，双击"客户详细信息"窗体对象，在窗体视图下查看窗体的运行结果。单击窗体左侧"转到"下拉列表框箭头，选择公司"光明杂志"，查看"常规"和"订单"，然后关闭"客户详细信息"窗体。

(7) 在窗体导航窗格中，选中"客户详细信息"窗体对象，单击鼠标右键，在弹出的快捷菜单中选择"设计视图"命令，查看创建窗体时的用户界面。

(8) 在"开始"选项卡的"视图"命令组中单击"视图"按钮下方的箭头，从下拉菜单中选择"布局视图"命令，再从下拉菜单中选择"窗体视图"命令，比较"客户详细信息"窗体在布局视图和窗体视图中的异同。

(9) 在导航窗格中，选择"报表"对象，双击"员工电话簿"报表对象，查看报表的布局效果。

(10) 在"开始"选项卡的"视图"命令组中单击"视图"按钮下方的箭头，从下拉菜单中选择"设计视图"命令，查看设计报表时的用户界面。

(11) 在导航窗格中，选择"宏"对象，选中 AutoExec 宏，单击鼠标右键，在弹出的快捷菜单中选择"设计视图"命令，查看宏中所包含的操作。

(12) 在导航窗格中，选择"模块"对象，双击"错误处理"模块对象，在打开的 VBE 窗口中查看代码，代码中以绿色显示的文字是注释信息。

说明：要从数据库中的任意位置跳转到导航窗格的搜索框，可使用 Alt+Ctrl+F 组合键。

2. "Access 选项"对话框的相关设置

在 Access 窗口的"文件"选择卡中，单击"选项"，显示"Access 选项"对话框，在其中完成以下设置。

(1) 选择"Access 选项"对话框左侧窗格中的"常规"，在"用户界面选项"区设置配色方案，选择"蓝色"或"黑色"，观察 Access 界面变化；在"创建数据库"区设置创建数据库的"默认文件格式"和"默认数据库文件夹"；在"对 Microsoft Office 进行个性化设置"区设置"用户名"和"缩写"。

(2) 选择"Access 选项"对话框左侧窗格中的"当前数据库"，在"应用程序选项"区设置"显示状态栏""重叠窗口""使用 Access 特殊键""关闭时压缩"；在"导航"区设置"显示导航窗格"；在"正在缓存 Web 服务和 SharePoint 表格"区设置"关闭时清除缓存"。

(3) 选择"Access 选项"对话框左侧窗格中的"数据表"，自定义 Access 中数据表的外观，设置"默认字体"。

(4) 选择"Access 选项"对话框左侧窗格中的"对象设计器"，分别在"表设计视图""查询设计""窗体/报表设计视图"和"在窗体和报表设计视图中检查时出错"4 个区设置。

(5) 选择"Access 选项"对话框左侧窗格中的"校对"，在"自动更正选项"区设置"更正前两个字母连续大写"。

(6) 选择"Access 选项"对话框左侧窗格中的"语言"，在"选择用户界面和帮助语言"

区设置按钮、选项卡和帮助的语言优先级顺序。

(7) 选择"Access 选项"对话框左侧窗格中的"客户端设置",更改客户端行为的设置。这些用户设置,不会影响到 Web 体验。

(8) 选择"Access 选项"对话框左侧窗格中的"加载项",查看和管理 Microsoft Office 加载项。

注意: 有些设置必须关闭并重新打开当前数据库才能生效。

【请思考】

(1) 结合 Northwind 数据库的操作,说明 Access 2010 导航窗格的作用。

(2) 在"Access 选项"对话框中,对"数据表"的设置会影响当前数据库的表,其他数据库的表是否也受影响?

说明: 当启动数据库时按下 Shift 键,会绕过启动属性和 AutoExec 宏,直接进入 Access 数据库系统。若要屏蔽 Shift 键,可以借助 VBA 编程,将 AllowBypassKey 属性设置为 False。

实验案例 6

案例名称:利用导航窗格管理数据库对象

【实验目的】

掌握"导航窗格"的常用操作方法,学会用导航窗格管理数据库对象。

【实验内容】

导航窗格可帮助用户组织归类数据库对象,是打开或更改数据库对象设计的主要方式。导航窗格按类别和组进行组织,可以从多种组织选项中进行选择,还可以在导航窗格中创建用户自己的自定义组织方案。导航窗格可以最小化,也可以隐藏,但是导航窗格前面不可以打开数据库对象来将其遮挡。

打开"实验案例 5"创建的"罗斯文.accdb"文件,验证"导航窗格"的各项功能。

1. 打开/折叠导航窗格

使用"百叶窗开/关"打开/折叠导航窗格,观察折叠状态的导航窗格。请注意区分折叠与隐藏导航窗格的不同。验证:不可以在导航窗格前面打开数据库对象来将其遮挡。

2. 验证导航窗格菜单各命令

打开图 2-11 所示菜单,依次观察不同命令下导航窗格的不同。

3. 导航窗格快捷菜单

打开图 2-12 所示菜单,设置搜索栏的有或无,再利用"导航选项(N)"命令打开"导航选项"对话框。

4. "导航选项"对话框的使用

打开图 2-13 所示的"导航选项"对话框,设置显示"罗斯文.accdb"的系统对象。查看各系统对象内容,并请记录系统对象 MSysComplexColumns 中各字段的名称。

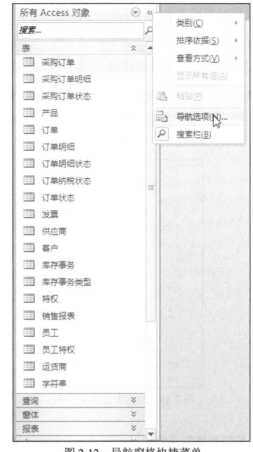

图 2-11　导航窗格菜单　　　　　　　　图 2-12　导航窗格快捷菜单

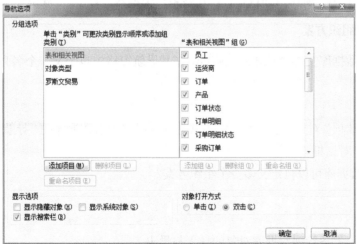

图 2-13　"导航选项"对话框

5. 隐藏/取消隐藏"产品"表

(1) 用两种方式隐藏"产品"表。提示：图 2-14 中的"在此组中隐藏(**H**)"命令；"表属性(**B**)"命令。

(2) 查看数据库中所有隐藏的数据表。提示："导航选项"对话框。

(3) 取消"产品"表的隐藏。

6. "导航窗格"的快捷菜单

利用图 2-15，设置按"对象类型(O)"显示各数据库对象。

请总结：有关"导航窗格"的快捷菜单有哪几种？

图 2-14　数据表快捷菜单

图 2-15　导航窗格快捷菜单

7. 导航窗格的搜索栏

设置隐藏/显示导航窗格的搜索栏，在搜索栏中输入"订单"，观察导航窗格的变化。

8. 自定义组织方案

新建一个数据库文件 DataBase1.accdb，在其导航窗格中自定义一个名为"实验案例 6"的组织方案。

【请思考】

(1) "导航选项"对话框有几种打开方式？如何隐藏当前数据库的"导航窗格"？提示："Access 选项"对话框。

(2) 一个数据库可以自定义多少个组织方案？

实验案例 7

案例名称：教务管理数据库对象的导入与导出

【实验目的】

掌握"外部数据"选项卡中各命令组的使用。

【实验内容】

在 Access 中不仅可以创建各种数据库对象，而且可以利用数据的导入和链接功能将外部环境的其他各类数据库或其他格式文档中的数据添加、转换到 Access 数据库中；或将

Access 数据库对象导出到其他格式的数据库或文档中，从而实现不同环境间的数据共享。

本实验的教务管理数据库各表已建立联系，以下操作产生的文件请保存在 D 盘 Mydata 目录中，并保存所有导入/导出操作步骤。

1. 导出数据并保存导出规格

(1) 将 Course 表导出为 Excel 文件，文件的类型选择以.xlsx 为扩展名。

(2) 将 Emp 表导出为文本文件。

(3) 将 Grade 表导出为 PDF 或 XPS 文件。

(4) 将 Major 表导出为 Word 文件(Major.rtf)。

(5) 选中 Stu 表，单击导出命令中的"Word 合并"按钮，打开"Microsoft Word 邮件合并向导"对话框，将数据链接到 Major.rtf，邮件合并生成"信函 1"文档。注意：此处用到 Word 应用程序的邮件合并功能。

(6) 打开 Dept 表，将"学院名称"列隐藏，再将之导出为 XML 文件，出现图 2-16 所示对话框时，单击"其他选项(M)…"出现图 2-17，观察"数据""构架"和"样式表"各标签的功能。

图 2-16　"导出 XML"对话框 1　　　　　图 2-17　"导出 XML"对话框 2

2. 导入并链接数据

(1) 在 D 盘 Mydata 文件夹下，新建数据库 Case6.accdb，将"教务管理"数据库中的所有表导入其中。

(2) 将由 Course 表导出的 Excel 文件再导入新建的数据库 Case6.accdb 中，重命名为"Course_副本"。

(3) 比较"Course_副本"表与 Course 表的表结构。

(4) "导入并链接"组中其他导入命令的验证实验请学习者自行完成。

3. 管理保存的导入/导出操作

通过"外部数据"选项卡的"已保存的导入"和"已保存的导出"命令，可以打开"管理数据任务"对话框，请对其中的导入/导出规格进行编辑、运行，体会其便利与使用规则。

4. 收集数据

(1) 使用"创建电子邮件"命令,创建一封包含表单的电子邮件,该表单用于从用户处收集信息以填充数据库。

(2) 使用"管理答复"命令,查看对电子邮件中收集的数据的答复,并使用这些答复更新数据。

5. RunSavedImportExport 宏操作

尝试使用 Access 数据库中的 RunSavedImportExport 宏操作运行保存的导入或导出规格。宏操作请参看《案例教程》第 7 章。

【请思考】

(1) 用记事本应用程序打开导出的 Dept.xml 文件,观察是否有隐藏的"学院名称"字段?哪些格式的导出文件没有导出隐藏字段?

(2) 在教务管理数据库中,与 Dept 表关联的表有多张,若在图 2-17 中勾选了 Emp 前面的复选框,导出的 XML 文件中包含了多少组标签?

*实验案例 8

案例名称:Microsoft Access 2010 源代码控制

【实验目的】

学习从互联网获取可信赖的文件;熟悉在 Windows 中安装文件的过程;进一步认识 Access 如何自定义功能区。

【实验内容】

通过本实验,拓展 Access 2010 功能区,添加源代码控制加载项,通过此加载项可以轻松部署和管理使用 Access 构建的解决方案。

源代码控制加载项可以与 Microsoft Visual SourceSafe 或其他源代码控制系统集成在一起,允许对查询、窗体、报表、宏、模块执行签入/签出操作,还可以查看对已签出对象所做的更改。

操作步骤如下:

(1) 从微软官方网站下载 AccessDeveloperExtensions.exe 文件保存到本地硬盘,该文件可从 https://www.microsoft.com/zh-cn/download/details.aspx?id=6840 下载。双击此文件,启动安装程序,按照屏幕提示说明完成安装。

(2) 打开 Access 2010,如图 2-18 所示,出现"版本控制"选项卡。

图 2-18　"版本控制"选项卡

(3) 可以在"Access 选项"对话框中，设置"版本控制"是否显示，如图 2-19 所示。

(4) 可删除下载的文件 AccessDeveloperExtensions.exe。

(5) 若要撤销 Microsoft Access 2010 源代码控制，可以在"控制面板"的"程序和功能"中找到 Microsoft Access Source Code Control (Chinese (Simplified). 2010，如图 2-20 所示，选中并卸载即可。

图 2-19 "Access 选项"对话框   图 2-20 "控制面板"窗口

【请思考】

卸载后，"Access 选项"对话框中还能设置显示"版本控制"吗？若能，有实际效果吗？

实验案例 9

案例名称：Access 2010 安全体系结构核心——信任中心

【实验目的】

掌握 Access 信任中心各项功能。

【实验内容】

(1) 启用/禁用消息栏上的安全警报。

操作步骤如下：

① 在 Access 主窗口中，单击"文件"选项卡，显示 Backstage 视图。

② 单击 Backstage 视图的"选项"命令，显示"Access 选项"对话框，在对话框中选择"信任中心"→"信任中心设置(T)..."，进入"信任中心"对话框。

③ 在"信任中心"对话框中单击"消息栏"，显示"消息栏设置(适用于所有 Office 应用程序)"对话框，如图 2-21 所示。

"活动内容(如 ActiveX 控件和宏)被阻止时在所有应用程序中显示消息栏(S)"是默认设置。当可能有不安全的内容被禁止时显示消息栏；若选中"从不显示有关被阻止内容的信息(N)"，会禁用消息栏，并且不管信任中心的安全设置如何，用户都不会收到任何有关安全问题的警报。

说明：

① 如果在信任中心的"宏设置"区域中选择"禁用所有宏，并且不通知"，则不会显示消息栏。

② 在信任中心更改"消息栏"选项不会更改受保护的视图消息栏。

③ 建议不要以此种方式更改信任中心中的安全设置。这样做可能会导致数据被窃取、丢失甚至危害到计算机或网络的安全。

(2) 在 D 盘创建 MyData 子目录，并将之设置为受信任位置。

操作步骤参照《案例教程》中的例 2-6。注意只设置 D:\ MyData 为受信任位置。

(3) 打开"受信任的文档"对话框，如图 2-22 所示，设置清除所有受信任的文档。

图 2-21　"消息栏设置"对话框

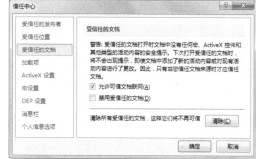
图 2-22　"受信任的文档"对话框

(4) 打开"加载项"对话框，设置禁用所有应用程序加载项。

(5) 打开"ActiveX 设置"对话框，设置安全模式。

(6) 打开"宏设置"对话框，查看系统默认设置。

(7) 打开"DEP 设置"对话框，即"数据执行保护"对话框，查看系统默认设置。

(8) 打开"个人信息选项"对话框，设置"定期下载一个用于确定系统问题的文件"。

【请思考】

(1) 如何启用信任中心日志记录？

(2) 信任中心的 DEP 是指什么？

*实验案例 10

案例名称：沙盒模式的禁用与启用

【实验目的】

了解注册表编辑器的结构，掌握设置 SandboxMode(沙盒模式)的方法。

【实验内容】

在向数据库添加表达式，然后信任该数据库或将它放在受信任位置时，Access 将在称为"沙盒模式"的操作环境中运行此表达式。默认情况下，Access 启用沙盒模式，该模式始终禁用不安全的表达式。如果用户信任数据库并且要运行沙盒模式所禁用的表达式，可以通过更改注册表项并禁用沙盒模式来运行该表达式。

本实验要以计算机管理员的身份更改注册表值，需要谨慎操作。

按照下列步骤进行操作可以允许计算机上的所有用户在所有 Access 实例中运行不安全的表达式。

(1) 单击 Windows 的"开始"菜单，单击其中的"运行"命令。

(2) 在"运行"命令对话框的"打开"框中，键入 regedit 后按 Enter，即启动注册表编辑器。

(3) 在"注册表编辑器"中展开 HKEY_LOCAL_MACHINE 文件夹，如图 2-23 所示，导航到以下注册表项：

\SOFTWARE\Wow6432Node\Microsoft\Office\14.0\Access Connectivity Engine\Engines

(4) 在注册表编辑器的右侧窗格中，双击 SandboxMode 值，即会出现"编辑 DWORD(32 位)值"对话框，如图 2-24 所示。

图 2-23　注册表编辑器　　　　　　图 2-24　编辑 DWORD(32 位)值

(5) 在"数值数据"框中，将值从 3 更改为 2，然后单击"确定"。

说明：图 2-24 中注册表值被设置为 0 至 3 的自然数。

● 0-始终禁用沙盒模式。

● 1-沙盒模式用于 Access，而不用于非 Access 程序。

● 2-沙盒模式用于非 Access 程序，而不用于 Access。

● 3-始终启用沙盒模式。这是安装 Access 时的默认值。

(6) 关闭注册表编辑器。

注意：如果不先信任数据库，不管是否更改此注册表设置，Access 都将禁用任何不安全的表达式。

【请思考】

Access 认定的不安全表达式是什么？

实验案例 11

案例名称：Access 2010 数据库的打包、签名与分发

【实验目的】

掌握生成.accdc 签名包文件的操作；学会提取并打开签名包。

【实验内容】

通过本章的"实验案例 1"已学会安装 VBA 工程的数字证书，本实验案例在此基础上进行数字签名并创建签名包。

(1) 选择 Windows 的"开始"菜单→"所有程序"→Microsoft Office→"Microsoft Office 2010 工具"，执行"VBA 工程的数字证书"命令，创建"我的实验案例 10 安全证书"。

(2) 打开本章"实验案例 5"的罗斯文数据库，另存为"罗斯文_副本 1.accdb"。

(3) 打开"罗斯文_副本 1"数据库文件，在 Backstage 视图中选择"保存并发布"

命令。参照《案例教程》中的例 2-7，将签名包保存到 D:\ MyData，并命名为"罗斯文_副本 1.accdc"。

观察并记录：

"罗斯文_副本 1.accdb"的大小是：_____ KB。

"罗斯文_副本 1.accdc"的大小是：_____ KB。

(4) 将"罗斯文_副本 1.accdc"分发给信任的数据库用户。

(5) 提取签名包，验证《案例教程》中图 2-66 的"信任来自发布者的所有内容(T)"与"打开"按钮的差异。

注意：提取出来的数据库文件的扩展名为.accde，不是.accdb。

【请思考】

为什么签名包的存储容量比数据库原文件要小？.accde 文件有什么特点？

实验案例 12

案例名称：压缩和修复特定数据库

【实验目的】

熟悉压缩和修复数据库的常用方法；学会通过压缩和修复数据库的方法解决问题。

【实验内容】

试用以下 4 种方法对"教务管理.accdb"文件进行压缩和修复。"教务管理.accdb"保存在 D:\Jane 文件夹中。

(1) 设置关闭数据库时进行压缩

在"Access 选项"对话框中，选择"当前数据库"命令，在"应用程序选项"区勾选"关闭时压缩(C)"。

(2) 压缩和修复已打开的数据库

在 Backstage 视图中，选择"信息"命令，在其窗口的右侧选择"压缩和修复数据库"命令。

(3) 压缩和修复未打开的数据库

在"数据库工具"标准选项卡中，选择"工具"组的"压缩和修复数据库"命令。在弹出的"压缩数据库来源"对话框中选择"教务管理.accdb"。

(4) 创建压缩和修复特定数据库的桌面快捷方式

开始创建桌面快捷方式之前，需要找到 Msaccess.exe 文件在计算机中所处的位置。下面以 Msaccess.exe 文件位于 F:\Program Files (x86)\Microsoft Office\Office14\文件夹中为例。

① 在 Windows 桌面空白处单击鼠标右键，在弹出的快捷菜单中，用鼠标指向"新建"命令，然后单击级联快捷菜单中的"快捷方式(S)"命令。

② 在"创建快捷方式"对话框的"请键入对象的位置(T)"框中，输入一个西文双引号"，输入 Msaccess.exe 文件的完整路径(包括 Msaccess.exe 文件名)，然后输入另一个双引号"。(也可以单击"浏览"按钮，定位并选择文件，此时会自动添加双引号。)

例如，输入："F:\Program Files (x86)\Microsoft Office\Office14\MSACCESS.EXE"

③ 在最后一个引号后面输入一个空格，然后输入要压缩和修复的数据库的完整路径。如果该路径包含空格，要在该路径两侧添加引号。再输入一个空格，然后输入/compact。

例如，输入：D:\Jane\教务管理.accdb /compact

若需要压缩和修复的"教务管理.accdb"保存在 F:\Access 2010 文件夹中，就要输入："F:\Access 2010\教务管理.accdb" /compact

④ 单击"下一步(N)"按钮。

⑤ 在"键入该快捷方式的名称(T)"框中，输入快捷方式的名称"压缩修复教务管理数据库"，然后单击"完成"。此时，在 Windows 桌面上会创建一个快捷方式，当鼠标悬停在此快捷方式上时，出现图 2-25 所示提示。

图 2-25   文件快捷方式与提示

⑥ 每当要压缩和修复"D:\Jane\教务管理.accdb"数据库时，只需双击该快捷方式即可。

【请思考】

(1) 为什么要压缩和修复数据库？

(2) 在桌面上创建启动 Access 应用程序的快捷方式与"创建压缩和修复特定数据库的桌面快捷方式"的操作有何异同？

(3) 能否将桌面快捷方式添加到 Windows"开始"菜单？提示：用鼠标右键单击该快捷方式，然后单击快捷菜单中的"附到「开始」菜单(U)"。

(4) 在"Access 选项"对话框中选择"常规"命令，修改"新建数据库排序次序(S)"为"中文笔画"。请验证：若要重置现有数据库的排序次序，先要在该数据库上运行压缩操作，然后关闭 Access，重新打开当前数据库，指定的选项才能生效。

实验案例 13

案例名称：加密/解密数据库

【实验目的】

学会在 Access 中加密数据库和撤销数据库密码的操作，了解 64 位 Windows 7 对文件加密的基本操作。

【实验内容】

将备份的教务管理数据库文件"教务管理_副本.accdb"保存到 D:\Jane 文件夹，本实验使用 D:\Jane 文件夹中的"教务管理_副本.accdb"。

1. 数据库的加密

(1) 以独占方式打开"教务管理_副本.accdb"，选择 Backstage 视图中的"信息"命令，在右侧窗口中单击"用密码进行加密"按钮，打开"设置数据库密码"对话框，在"密码"和"验证"文本框中分别输入相关字符。

试试：

① 输入的"密码"和"验证"可以不一样吗？

② 密码可以为空吗？可以是一个空格字符吗？

③ 密码区分大小写英文字母吗？最多可以输入多少个字符？

④ 密码可以是汉字吗？

⑤ 能用粘贴的方式输入密码吗？

(2) 双击加密的"教务管理_副本.accdb"，要求输入密码，只有密码正确才能打开数据库。

2. 数据库的解密

注意： 此处数据库的解密是指"撤销数据库的密码"。

以独占方式打开已加密的"教务管理_副本.accdb"，选择 Backstage 视图中的"信息"命令，在右侧窗口中单击"解密数据库"按钮，打开"撤销数据库密码"对话框，输入正确的密码即可。

3. Windows 7 对文件的加密

(1) 用鼠标右击"教务管理_副本.accdb"，在弹出的快捷菜单中选择"属性"命令，打开图 2-26 所示对话框。

(2) 单击"高级(D)…"按钮，打开"高级属性"对话框，如图 2-27 所示，勾选"加密内容以便保护数据(E)"，单击"确定"。

(3) 在弹出的图 2-28 所示对话框中有 2 个单选按钮和 1 个复选框，请分析并验证其异同。

注意： 观察"教务管理_副本.accdb"文件名颜色的变化。

图 2-26　文件属性对话框

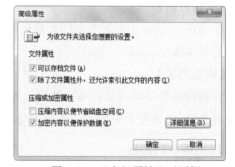

图 2-27　"高级属性"对话框

【请思考】

(1) Access 应用程序对数据库的加密与 Windows 对数据库文件的加密有何不同？

(2) 若用户忘记了密码，Access 能提供找回密码的服务吗？有什么解决办法？

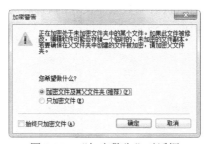

图 2-28　"加密警告"对话框

实验案例 14

案例名称：数据库的拆分

【实验目的】

了解数据库拆分的意义，掌握数据库拆分的方法。

【实验内容】

如果数据库由多位用户通过网络共享，则应考虑对其进行拆分。拆分共享数据库不仅有助于提高数据库的性能，还能降低数据库文件损坏的风险。

数据库的拆分是指将当前数据库拆分为后端数据库和前端数据库。后端数据库包含所有表并存储在文件服务器上。与后端数据库相链接的前端数据库包含所有查询、窗体、报表、宏和模块，前端数据库分布在用户的工作站中。

将本章"实验案例 5"的罗斯文数据库备份，另存为"罗斯文_副本 2.accdb"。本实验在"罗斯文_副本 2.accdb"中完成。操作步骤如下：

(1) 打开"罗斯文_副本 2.accdb"，单击"数据库工具"选项卡，在"移动数据"命令组中单击"Access 数据库"命令，如图 2-29 所示。随即启动"数据库拆分器"对话框，如图 2-30 所示。

图 2-29　"数据库工具"选项卡

图 2-30　"数据库拆分器"对话框

(2) 单击"数据库拆分器"对话框中的"拆分数据库"按钮，弹出"创建后端数据库"对话框，如图 2-31 所示，使用默认后端数据库文件的名称、文件类型和位置，再单击"拆分(S)"按钮。拆分成功后弹出图 2-32 所示消息框。

图 2-31 "创建后端数据库"对话框   图 2-32 "数据库拆分成功"消息框

(3) 浏览"罗斯文_副本 2.accdb"中的数据表，可见每个数据表的前面多了一个向右的箭头。

(4) 打开后端数据库文件名"罗斯文_副本 2_be.accdb"，可见只包含原罗斯文数据库中的表。

说明:

(1) 默认后端数据库文件名是在原数据库文件名的扩展名前加上 _be，本实验的后端数据库文件名为"罗斯文_副本 2_be.accdb"。

(2) 如果拆分 Web 数据库，则数据库中的 Web 表都不会被移至后端数据库，也不能从前端数据库访问它们。

实验案例 15

案例名称：Access 2010 数据库的文件类型
【实验目的】
了解客户端数据库与 Web 数据库的常用文件类型，掌握生成 .accde 文件和 .accdt 文件的操作。

【实验内容】
在 Access 2010 中可以创建"客户端数据库"和"Web 数据库"。客户端数据库是存储在本地硬盘、文件共享或文档库中的传统 Access 数据库文件。Web 数据库是通过使用 Backstage 视图中的"空白 Web 数据库"命令创建的数据库。

1. Access 2010 的常见文件类型

(1) 扩展名.accdb 是采用 Access 2010 文件格式的标准数据库文件扩展名。客户端数据库和 Web 数据库都是这种格式。

(2) 扩展名为 .laccdb 的文件被称为 Access 中锁定的文件。在打开 Access 2010(.accdb) 数据库时，文件锁定将通过文件扩展名为 .laccdb 的锁定文件控制。打开 Access 2007 以前版本的 Access(.mdb)文件时，锁定文件的扩展名为.ldb。创建的锁定文件类型取决于正打开的数据库的文件类型，而不是用户正在使用的 Access 版本。当所有用户都关闭数据库后，锁定文件将自动删除。

(3) 扩展名为.accdw 的文件是自动创建的文件,用于在 Access 程序中打开 Web 数据库。可以将其视为 Web 应用程序的快捷方式,它始终在 Access 中而不是在浏览器中打开该应用程序。当用户使用 SharePoint 中 Web 应用程序网站的"网站操作"菜单中的"在 Access 中打开"命令时,Access 和 Access Services 会自动创建.accdw 文件。用户可以直接从服务器打开.accdw 文件,也可以将.accdw 文件保存到计算机,然后双击以运行它。无论采用哪种方法,当打开.accdw 文件时,数据库都会作为.accdb 文件复制到用户的计算机中。

(4) 扩展名为.accdr 的文件使用户在运行时模式下打开数据库。只需将数据库文件的扩展名由.accdb 更改为.accdr,便可以创建这种锁定版本。也可以将文件扩展名改回到.accdb 以恢复数据库的完整功能。

(5) 扩展名为.accde 的文件是.accdb 文件编译为"锁定"或"仅执行"的可执行文件。.accde 文件仅包含编译的代码,用户不能查看或修改 VBA 源代码,也无法更改窗体和报表的设计。

(6) .accdc 是签名包的扩展名。.accdb 数据库文件经"打包并签署"后产生签名包文件,提取签名包文件,将生成一个.accdc 文件。

(7) 扩展名.accdt 是 Access 数据库模板的文件扩展名。用户可以从 Office.com 下载 Access 数据库模板,也可以自定义模板文件。

2. 生成.accdr 文件

(1) 将"罗斯文.accdb"文件改名为"罗斯文.accdr",双击"罗斯文.accdr",弹出图 2-33 所示提示,单击"确定"按钮,弹出图 2-34 所示对话框,单击"停止所有宏(T)"按钮,即退出 Access 应用程序。

再将"罗斯文.accdr"文件的扩展名改回.accdb。打开"罗斯文.accdb"观察是否有变化。

图 2-33　Access 提示消息框

图 2-34　"单步执行宏"对话框

(2) 将"教学管理.accdb"文件改名为"教学管理.accdr",双击"教学管理.accdr",观察 Access 窗口的变化。

再将"教学管理.accdr"文件的扩展名改回.accdb。打开"教学管理.accdb",观察是否有变化。

3. 生成.accde 文件

将生成的"罗斯文.accde"文件保存到 D:\MyData 目录中。

(1) 打开"罗斯文.accdb"文件。

(2) 单击"文件"选项卡，在 Backstage 视图中单击"保存并发布"，然后单击"数据库另存为"，再双击窗口右侧的"生成 ACCDE"按钮。

(3) 在弹出的"另存为"对话框中，通过浏览找到要在其中保存文件的 D:\MyData 文件夹，在"文件名"框中键入"罗斯文.accde"，然后单击"保存"。

(4) 双击 D:\MyData 文件夹中的"罗斯文.accde"文件，再打开 VBE 编辑器，是否能查看代码？

(5) 在打开的"罗斯文.accde"文件中，是否能修改窗体的设计？是否能修改报表的设计？

4. 生成.accdt 文件

(1) 在 Access 2010 中，打开要另存为.accdt 文件的数据库"教务管理.accdb"。

(2) 单击"文件"选项卡，在 Backstage 视图中单击"保存并发布"，然后单击"数据库另存为"，再双击窗口右侧的"模板(*.accdt)"按钮。

(3) 弹出"从此数据库中创建新的模板"对话框，如图 2-35 所示，在"名称(N)"文本框中输入"教务管理模板"，再单击"确定"按钮。

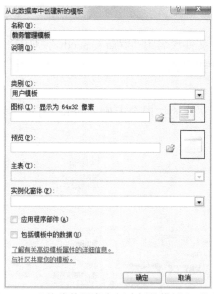

图 2-35 "从此数据库中创建新的模板"对话框

(4) 系统弹出图 2-36 所示提示信息，单击"确定"按钮，即创建了"教务管理模板.accdt"文件。

图 2-36 模板成功保存消息框

(5) 找到 C:\Users\Administrator.SKY-20131125AMS\AppData\Roaming\Microsoft\
Templates\Access 路径下的"教务管理模板.accdt"文件，双击它，弹出"文件新建数据库"
对话框，如图 2-37 所示，文件名和文件位置都选择默认，单击"确定"按钮。

图 2-37　"文件新建数据库"对话框

(6) 打开这个由"教务管理模板.accdt"文件产生的数据库文件 Database1.accdb，观察
各张表的表结构和表记录。提示：表结构保留，表记录被清除。

【请思考】

(1) 修改 Access 数据库文件的扩展名为.accdr 有什么作用？

(2) 在什么情况下，需要将扩展名为.accdb 的文件生成为.accde 文件？

(3) 在 Access 中，可以使用哪些模板文件？

(4) 查阅资料，列举 Access 2010 的其他文件类型，比如 Access 项目文件。

(5) 是否可以将 Access 2010 数据库文件另存为 Access 2000-2003 版本的.mdb 格式？

第3章　数据库和表

3.1　知识要点

3.1.1　创建数据库

Access 2010 提供两类数据库的创建，即 Web 数据库和传统数据库。建立数据库的方法主要有下面两种：

- 建立一个空数据库，然后在里面添加表、查询、窗体和报表等数据库对象。这种方法较为灵活，但需要分别定义和设计每个数据库对象。
- 使用数据库模板，模板是一个完整的跟踪应用程序，其中包含预定义表、窗体、报表、查询、宏和关系。这些模板被设计为可立即使用，这样用户可以快速开始工作。

3.1.2　数据库的基本操作

数据库的打开、关闭与保存是数据库最基本的操作。

1. 打开数据库

有多种方法打开数据库：

- 启动 Access 2010 后，单击菜单"文件"中"打开"命令或工具栏的"打开"按钮。
- 启动 Access 2010 后，在窗口左侧显示出最近打开过的数据库名称，单击要打开的数据库名称，即可打开数据库。
- 在磁盘上找到要打开的数据库文件，双击该文件。

Access 2010 提供了打开、以只读方式打开、以独占方式打开和以独占只读方式打开这4 种打开数据库的方式。

- 打开：以共享模式打开数据库，允许同一时间多位用户同时读取与写入数据库。
- 以只读方式打开：只能查看而无法编辑、更新数据库。
- 以独占方式打开：当有一个用户读取和写入数据库期间，其他用户都无法使用该数据库。
- 以独占只读方式打开：在一个用户以此模式打开某一个数据库以后，其他用户将只能以只读模式打开此数据库，而并非限制其他用户不能打开此数据库。

2. 保存数据库

创建数据库，并为数据库添加表等数据库对象后，需要将数据库保存。单击屏幕左上角的"文件"选项卡，在打开的 Backstage 视图中选择"保存"命令，即可保存输入的信息；或者 Ctrl+S 组合键。

若选择"数据库另存为"命令，可更改数据库的保存位置、文件名和文件类型。

3. 关闭数据库

在完成数据库保存后，当不再需要使用数据库时，就可以关闭数据库，释放内存空间。常用的关闭方法如下。

(1) 单击"文件"选项卡，在打开的 Backstage 视图中选择"关闭数据库"命令。

(2) 退出 Access，关闭数据库。退出 Access 的 3 种常用方法：双击 Access 窗口左上角控制菜单按钮；单击 Access 窗口右上角的"关闭"按钮；按 Alt+F4 组合键。

3.1.3　管理数据库

1. 备份数据库

对数据库进行备份是最常用的安全措施。执行菜单"文件"的"保存并发布"命令，在右侧"数据库另存为"列表中选择相关命令按钮来实现。

2. 查看数据库属性

对于一个新打开的数据库，可以通过查看数据库属性，了解数据库的相关信息。单击"文件"选项卡，在打开的 Backstage 视图中选择"信息"命令，再单击右侧"查看和编辑数据库属性"选项，在弹出的数据库属性对话框的"常规"选项卡中显示了文件类型、存储位置与大小等信息。单击选择各个选项卡来查看数据库的相关内容。

3. 压缩、修复数据库

压缩数据库可以重新整理磁盘、清除"碎片"、移除数据库中的临时对象，大大减小数据库的体积，从而提高系统的打开和运行速度。而在对数据库进行操作时，若发生意外事故，导致数据库中的数据遭到破坏，则可通过修复功能对其进行修复。

压缩和修复数据库的方法是：打开数据库，单击"数据库工具"选项卡，在"工具"命令组中单击"压缩和修复数据库"按钮。

3.1.4　表的视图

Access 2010 提供了查看数据表的四种视图方式：一是"设计视图"，用于创建和修改表的结构；二是"数据表视图"，用于浏览、编辑和修改表记录；三是"数据透视表视图"，用于按照不同的方式组织和分析数据；四是"数据透视图视图"，用于以图形的形式显示数据。其中，前两种视图是表的最基本也是最常用的视图。

3.1.5　创建表

建立数据表的方式有多种，常用的有以下五种。

- 通过"表"模板，运用 Access 2010 内置的表模板来建立。
- 通过"表设计"建立。在表的"设计视图"中设计表，用户需要设置每个字段的各种属性。
- 和 Excel 表一样，直接在数据表中输入数据。Access 2010 会自动识别存储在该数据表中的数据类型，并据此设置表的字段属性。
- 通过"SharePoint 列表"，在 SharePoint 网站建立一个列表，再在本地建立一个新表，并将其连接到 SharePoint 列表中。
- 通过从外部数据导入建立表。

3.1.6　导入数据与链接数据

导入数据是指从外部获取数据后形成数据库中的数据表对象，并与外部数据源断绝联接。导入的数据一旦操作完毕就与外部数据无关，如同整个数据"拷贝"过来。导入过程较慢，但操作较快。

链接数据是指在自己的数据库中形成一个链接表对象，每次在 Access 数据库中操作数据时，都是即时从外部数据源获取数据。链接的数据未与外部数据源断绝联接，而将随着外部数据源数据的变动而变动，比较适合在网络上"资源共享"的环境中应用。链接过程快，但以后的操作较慢。

3.1.7　主键的设置

主键是表中的一个字段或字段集，它为 Access 2010 中的每一条记录提供了一个唯一的标识符。其作用如下：

(1) 主键唯一标识每条记录，因此作为主键的字段不允许有重复值和 NULL 值。

(2) 建立与其他的关系必须定义主键，主键对应关系表的外键，两者必须一致。

(3) 定义主键将自动建立一个索引，可以提高表的查询速度。

(4) 设置的主键可以是单个字段，若不能保证任何单子段都包含的唯一值时，可以将两个或更多的字段设置为主键。

说明：NULL 值即空值，表示值未知。空值不同于空白或零值。没有两个相等的空值。比较两个空值或将空值与任何其他值相比均返回未知，这是因为每个空值均为未知。

3.1.8　数据类型

表是由字段组成，字段的信息则由数据类型表示。必须为表的每个字段分配一种字段数据类型。Access 2010 中提供的数据类型有文本、数字、日期/时间、查阅向导、附件和计算等 12 种。

若要进一步了解如何决定表中字段的数据类型，单击表设计窗口中的"数据类型"列，然后按 F1 键，打开帮助的 DataType 属性来查看。

3.1.9　字段属性

1. 设置字段大小

设置"字段大小"属性，可以控制字段使用的空间大小，只适用"文本""数字"和"自动编号"类型的字段，其他类型的字段大小都是固定的。

2. 设置格式属性

格式属性重新定义字段数据的显示和打印格式，只影响数据的显示而不影响输入和存储。

- 文本型和备注型的格式。对于文本型和备注型字段，可以使用格式符号创建自定义格式。自定义格式为：<格式符号>；<字符串>。
- 数字和货币型字段的格式。系统提供了数字和货币型字段的预定义格式，共有 7 种格式，系统默认格式是"常规数字"，即以输入的方式显示数字。
- 日期/时间型字段的格式。系统提供了日期/时间型字段的预定义格式，共有 7 种格式，系统默认格式是"常规日期"。
- 是/否型字段的格式。是/否型字段保存的值并不是"是"或"否"。"是"数据用-1存储，"否"数据用 0 存储。如果没有格式设定，则必须输入-1 或 0，存储和显示也是-1 和 0。如果设置了格式，则可以用更直观的形式显示其数据。是/否型字段在不输入数据时一律显示"否"值数据。系统提供了是/否型字段的预定义格式，共有 3 种格式：是/否、真/假、开/关，系统默认格式是"是/否"。

3. 标题

标题属性用来指定在"数据表视图"中该字段名标题按钮上显示的名称。如果不输入任何文字，默认情况下将字段名作为该字段的标题。

4. 默认值

默认值是新记录在数据表中自动显示的值。为某字段指定一个默认值，当用户增加新的记录时，Access 会自动为该字段赋予这个默认值。默认值只是初始值，可以在输入时改变设置，其作用是减少输入时的重复操作。

5. 设置数据的有效性规则

"有效性规则"用于对字段所接受的值加以限制，是一个逻辑表达式，用该逻辑表达式对记录数据进行检查。有效性规则可以是自动的，如检查数值字段的文本或日期值是否合法。有效性规则也可以是用户自定义的。

"有效性文本"往往是一句有完整语句的提示句子，当数据记录违反该字段"有效性规则"时便弹出提示窗口。其内容可以直接在"有效性文本"文本框内输入，或光标定位于该文本框时按 Shift+F2 组合键，在弹出的"缩放"对话框中输入。

6. 设置输入掩码

输入掩码是用户为输入的数据定义的格式，并限制不允许输入不符合规则的文字和符号。Access 不仅提供预定义输入掩码模板，如邮政编码、身份证号码、密码等，而且还允许用户自定义输入掩码，其格式：<输入掩码的格式符号>;<0、1 或空白>;<任何字符>。

它和格式属性的区别是：格式属性定义数据显示的方式，而输入掩码属性定义数据的输入方式，并可对数据输入做更多的控制以确保输入正确的数据。输入掩码属性用于文本、日期/时间、数字和货币型字段。在显示数据时，格式属性优先于输入掩码。

7. 必填字段

如果该属性设为"是"，则对于每一个记录，用户必须在该字段中输入一个值。

8. 允许空字符串

空字符串是指长度为 0 的字符串。如果属性为"是"，该字段可以接受空字符串为有效输入项，该属性针对"文本""超链接"等类型字段。"允许空字符串"属性值是一个逻辑值，默认值为"否"。

9. 设置索引

索引能根据键值加快在表中查找和排序的速度。当表中的数据量越来越大时，就会越来越体现出索引的重要性。使用索引属性可以设置单一字段的索引，也可以设置多个字段的索引。并不是所有的数据类型都可以建立索引，不能在"自动编号"及"备注"数据类型上建立索引。此外，并非是表中所有的字段都有建立索引的必要，因为每增加一个索引，就会多出一个内部的索引文件，增加或修改数据内容时，Access 同时也需要更新索引数据，有时反而降低系统的效率。

索引的 3 个选项含义如下。

- 无：该字段不需要建立索引。
- 有(有重复)：以该字段建立索引，其属性值可重复出现。
- 有(无重复)：以该字段建立索引，其属性值不可重复，设置为主键的字段取得此属性，要删除该字段的这个属性，首先应先删除主键。

3.1.10　建立表之间的关系

Access 是关系型数据库系统，设计 Access 的目的之一就是消除数据冗余(重复数据)。它将各种记录信息按照不同的主题，安排在不同的数据表中，通过在建立了关系的表中设置公共字段，实现各个数据表中数据的引用。

在关系型数据库中，两个表之间的匹配关系可以分为一对一、一对多和多对多三种。一对一这种关系并不常见，因为多数与此方式相关的信息都可以存储在一个表中。多对多关系可通过两个一对多关系实现。

1. 创建表关系

关系表征了事物之间的内在联系。在同一数据库中，不同表之间的关联是通过主表的主键字段和子表的外键字段来确定的，即公共字段。它们的字段名称不一定相同，但字段的类型和"字段大小"属性一致，就可以正确地创建实施参照完整性的关系。

2. 查看与编辑表关系

对表关系的一系列操作都可以通过"关系工具"的"设计"选项卡下的"工具"和"关系"组中的功能按钮来实现。

(1) 对表关系进行编辑，主要是在"编辑关系"对话框中进行的。表关系的设置主要包括实施参照完整性、级联选项等方面。

(2) 删除表关系必须在"关系"窗口中删除关系线。先选中两个表之间的关系线(关系线显示得较粗)，然后按下 Delete 键，即可删除表关系。必须先将这些打开或使用着的表关闭，才能删除关系。

(3) 修改表关系是在"编辑关系"对话框中完成的。选中两个表之间的关系线(关系线显示得较粗)，然后单击"设计"选项卡下的"编辑关系"按钮，或者直接双击连接线，将弹出"编辑关系"对话框，即可在该对话框中进行相应的修改。

3. 实施参照完整性

数据表设置"实施参照完整性"以后，在数据库中编辑数据记录时就会受到以下限制。

● 不可以在"多"端的表中输入主表中没有的记录。

● 当"多"端的表中含有和主表相匹配的数据记录时，不可以从主表中删除这个记录。

● 当"多"端的表中含有和主表相匹配的数据记录时，不可以在主表中更改主表中的主键值。

4. 设置级联选项

在 Access 中，可以通过选中"级联更新相关字段"复选框来避免关联数据库出现不一致的问题。如果实施了参照完整性并选中"级联更新相关字段"复选框，当更新主键时，Access 将自动更新参照主键的所有字段。

数据库操作有时需要删除某一行及其相关字段。因此，Access 也支持设置"级联删除相关记录"复选框。如果实施了参照完整性并选中"级联删除相关记录"复选框，则当删除包含主键的记录时，Access 会自动删除参照该主键的所有记录。

3.1.11　编辑数据表

1. 向表中添加与修改记录

增加新记录有三种方法：

(1) 直接将光标定位在表的最后一行。

(2) 单击"记录指示器"上最右侧的"新(空白)记录"按钮。

(3) 在"数据"选项卡的"记录"组中，单击"新记录"按钮。

将光标移动到所要修改的数据位置，就可以修改数据。

2. 选定与删除记录

选定记录的方法有三种：

(1) 拖动鼠标选择记录。

(2) 用"记录指示器"选择记录。

(3) 单击"开始"选项卡"查找"组中的"转至"按钮➡ ▾。

删除记录的方法有三种：

(1) 右键单击选定记录，在弹出的快捷菜单中选择"删除记录"命令。

(2) 选定记录，按键盘上的 Delete 键。

(3) 选定记录，单击"开始"选项卡"记录"组中的"删除"按钮✕ ▾。

3. 数据的查找与替换

在 Access 中，用户可以通过以下两种方法打开"查找和替换"对话框。

(1) 单击"开始"选项卡"查找"组中的"查找"按钮。

(2) 按下 Ctrl+F 组合键。

4. 数据的排序与筛选

(1) 数据排序

数据排序是最常用到的操作之一，也是最简单的数据分析方法。可以按照文本、数值或日期值进行数据的排序。对数据库的排序主要有两种方法：一种是利用工具栏的简单排序；另一种是利用窗口的高级排序。

(2) 筛选数据

在 Access 中，可以利用数据的筛选功能，过滤掉数据表中不关心的信息，而返回想看的数据记录，从而提高工作效率。

5. 行汇总统计

对数据表中的行进行汇总统计是一项经常性而又有用的数据库操作。汇总行与 Excel 表中的"汇总"行非常相似。可以从下拉列表中选择 COUNT 函数或其他的常用聚合函数(例如 SUM、AVERAGE、MIN 或 MAX)来显示汇总行。聚合函数对一组值执行计算并返回单一的值。

6. 表的复制、删除与重命名

(1) 表的复制

在导航窗格中单击"表"对象，选中准备复制的数据表，单击鼠标右键，弹出快捷菜单，选择"复制(C)"命令，或在"开始"选项卡中单击"复制"按钮，再或按 Ctrl+C 组合键。在数据窗口空白处，单击鼠标右键，弹出快捷菜单，选择"粘贴(V)"命令，或在"开始"选项卡中单击"粘贴"按钮，再或按 Ctrl+V 组合键。弹出"粘贴表方式"对话框，在"表名称(N):"文本框中输入表名，在"粘贴选项"中选择粘贴方式。

此外，还可以用 Ctrl+鼠标拖曳的方式复制表，默认是同时复制表的结构和记录。

(2) 表的删除

在导航窗格中单击"表"对象，选中准备删除的数据表，单击鼠标右键，弹出快捷菜单，选择"删除(L)"命令，或在"开始"选项卡中单击"删除"按钮，再或按 Delete 键。

(3) 表的重命名

在导航窗格中单击"表"对象，选中准备重命名的数据表，单击鼠标右键，弹出快捷菜单，选择"重命名(M)"命令，或按 F2 键可在原表处直接命名。更名后，Access 会自动更改该表在其他对象中的引用名。

7. 设置数据表格式

设置表的行高和列宽；设置字体格式；隐藏和显示字段；冻结和取消冻结。

3.2　思考与练习

3.2.1　选择题

1. 建立 Access 的数据库时要创建一系列的对象，其中最基本的是创建(　　)。
   A. 数据库的查询　　B. 数据库的表　　C. 表之间的关系　　D. 数据库的报表
2. 在数据表的设计视图中，数据类型不包括(　　)类型。
   A. 文本　　　　　　B. 窗口　　　　　C. 数字　　　　　　D. 货币
3. "学生"表的"简历"字段需要存储大量的文本，该字段的类型应设置为(　　)。
   A. 备注　　　　　　B. OLE 对象　　　C. 数字　　　　　　D. 查阅向导
4. 使用(　　)字段类型创建新的字段，可以使用列表框或组合框从另一个表或值列表中选择一个值。
   A. 超链接　　　　　B. 自动编号　　　C. 查阅向导　　　　D. OLE 对象
5. 如果一张数据表中含有照片，则保存照片的字段数据类型应是(　　)。
   A. OLE 对象　　　　B. 超链接　　　　C. 查阅向导　　　　D. 备注
6. 有关字段属性，下面说法中错误的是(　　)。
   A. 字段大小可用于设置文本、数字或自动编号等类型字段的最大容量
   B. 可以对任何类型的字段设置默认值属性
   C. 有效性规则属性是用于限制此字段输入值的表达式
   D. 不同的字段类型，其字段属性有所不同

7. 在 Access 数据库表的设计视图中，不能进行的操作是(　　　)。

    A. 修改字段类型　　　　B. 设置索引　　　　C. 增加字段　　　　D. 添加记录

8. 以下关于 Access 表的叙述中正确的是(　　　)。

    A. 每张表一般包含一到两个主体信息

    B. 表的数据表视图只用于显示数据

    C. 表设计视图的主要工作是设计和修改表的结构

    D. 在表的数据表视图中，不能修改字段名称

9. Access 数据库中，为了保持表之间的关系，要求在子表中添加记录时，如果主表中没有与之相关的记录，则不能在子表中添加该记录，为此需要定义的关系是(　　　)。

    A. 输入掩码　　　　B. 有效性规则　　　C. 默认值　　　D. 参照完整性

10. 如果要在一对多关系中，修改一方的原始记录后，另一方立即更改，应设置(　　　)。

    A. 实施参照完整性　　　　　　　　　　B. 级联更新相关记录

    C. 级联删除相关记录　　　　　　　　　D. 以上都不是

11. 设置字段默认值的意义是(　　　)。

    A. 使字段值不为空

    B. 在未输入字段值之前，系统将默认值赋予该字段

    C. 不允许字段值超出某个范围

    D. 保证字段值符合范式要求

12. 在下列选项中，可以控制输入数据的方法、样式及输入内容之间的分隔符的是(　　　)。

    A. 有效性规则　　　　B. 默认值　　　　C. 输入掩码　　　　D. 格式

13. "邮政编码"字段是由 6 位数字组成的字符串，为该字段设置输入掩码，则正确的输入数据是(　　　)。

    A. 000000　　　　　B. 999999　　　　C. CCCCCC　　　　D. LLLLLL

14. 以下关于空值的叙述中，错误的是(　　　)。

    A. 空值表示字段还没有确定值　　　　B. Access 使用 NULL 来表示空值

    C. 空值等同于空字符串　　　　　　　D. 空值不等同于 0

15. 为了限制"成绩"字段只能输入成绩值在 0 到 100 之间的数(包括 0 和 100)，在该字段"有效性规则"设置中错误的表达式为(　　　)。

    A. In(0,100)　　　　　　　　　　　　B. between 0 and 100

    C. 成绩>=0 and 成绩<=100　　　　　　D. >=0 and <=100

16. 下列关于获取外部数据的说法中，错误的是(　　　)。

    A. 导入表后，在 Access 中修改、删除记录等操作不影响原来的数据文件

    B. 链接表后，在 Access 中对数据所做的更改都会影响到原数据文件

    C. 在 Access 中可以导入 Excel 表、其他 Access 数据库中的表和 SQL Server 数据库文件

    D. 链接表后形成的表其图标和用 Access 向导生成的表的图标是一样的

17. 以下是关于表间关系的叙述，正确的是(　　)。

    A. 在两个表之间建立关系的条件是两个表都要有相同的数据类型和内容的字段

    B. 在两个表之间建立关系的条件是两个表的关键字必须相同

    C. 在两个表之间建立关系的结果是两个表变成一个表

    D. 在两个表之间建立关系的结果是只要访问其中的任一个表就可以得到两个表的信息

18. 在含有"姓名"字段的数据表中，仅显示"刘"姓记录的方法是(　　)。

    A. 冻结　　　　　　　　B. 排序　　　　　　　　C. 隐藏　　　　　　　　D. 筛选

19. 在 Access 中文版中，以下排序记录所依据的规则中，错误的是(　　)。

    A. 中文升序按其拼音字母的升序

    B. 数字升序由小到大排序

    C. 英文按字母升序排序，小写在前，大写在后

    D. 以升序来排序时，任何含有空字段值的记录将排在列表的第 1 条

20. Access 中，数据表记录筛选的操作结果是(　　)。

    A. 将满足与不满足筛选条件的两类记录分别保存在两个不同数据表中

    B. 将满足筛选条件的记录保存在另一数据表中

    C. 显示满足筛选条件的记录，隐藏不满足筛选条件的记录

    D. 显示满足筛选条件的记录，将不满足筛选条件的记录从数据表中删除

3.2.2　填空题

1. 在表中能够唯一标识表中每条记录的字段或字段组称为_____。

2. 如果某个字段最常输入的值是 M，则可将其设为_____值。

3. Access 的数据表由_____和_____组成。

4. 表中字段的排序方式有_____和_____两种。

5. 如果在设计视图中改变了字段的排列次序，则在数据表视图中列的次序_____随之改变；如果在数据表视图中改变了字段的排列次序，则在设计视图中列的次序_____随之改变。

6. Access 表中有 3 种索引设置，即_____、_____和_____索引。

7. "教务管理"数据库中，Stu 表和 Course 表都分别与 Grade 表建立了一对多的联系，则 Stu 表和 Course 表是_____的关系。

8. 表设计视图的字段属性区有两个选项卡：_____和查阅。

9. 在操作数据表时，如果要修改表中多处相同的数据，可以使用_____功能，自动将查找到的数据修改为新数据。

10. 如果需要暂时不可见数据表中的某些字段列，可以设置_____。

3.2.3　简答题

1. 数据表怎样构成的？字段的数据类型有哪些？

2. 什么是主键？作为主键的字段值有什么要求？

3. 索引有几种类型？

4. 在表属性设置中，字段的"有效性规则"有何作用？

5. 请指出输入掩码 9999\年 99\月 99\日的含义？

6. 两表建立关联关系，至少满足什么条件？如何创建表间关联？

7. 表有几种视图方式？各方式的作用是什么？

8. 导入和链接有什么区别？

9. 在数据表中什么是"冻结列"？什么是"隐藏列"？两者各有什么作用？

10. 实施参照完整性定义意味什么？级联更新和级联删除意味什么？

3.3　实验案例

实验案例 1

案例名称：多种方式创建数据库

【实验目的】

掌握数据库创建的方法和步骤；进一步了解 Access 的操作。

【实验内容】

(1) 在 D 盘根目录下创建"教务管理"空数据库。

(2) 在 D 盘根目录下利用模板建立一个"罗斯文"数据库。

【实验步骤】

(1) 在 D 盘根目录下创建"教务管理"空数据库的操作步骤：

① 启动 Access 2010 程序，进入 Backstage 视图，然后在左侧导航窗格中单击"新建"命令，接着在中间窗格中单击"空数据库"选项。

② 在右侧窗格中的"文件名"文本框中输入新建文件的名称"教务管理"。改变新建数据库文件的位置，可以在图 3-1 中单击"文件名"文本框右侧的文件夹图标📁，弹出"文件新建数据库"对话框，拖动左侧导航窗格的垂直滚动条，单击"本地磁盘(D:)"，即选择文件的存放位置为 D 盘根目录，如图 3-2 所示。

图 3-1　创建空数据库

③ 返回图 3-1 窗口，单击右侧下方的"创建"图标按钮。这时在 D 盘根目录下新建一个名为"教务管理"的空白数据库。

(2) 在 D 盘根目录下利用模板建立一个"罗斯文"数据库的操作步骤：

① 启动 Access 2010，进入 Backstage 视图，单击"样本模板"选项，选择"罗斯文"选项。

② 在屏幕右下方弹出的"文件名"中显示"罗斯文.accdb"，单击"文件名"文本框右侧的文件夹图标 📂，更改位置存放于 D:\，然后单击"创建"按钮，完成数据库的创建。

图 3-2　文件新建数据库对话框

【请思考】

(1) 比较两种创建数据库的方法，体会它们之间的区别？

(2) 文件保存时要注意：文件名、文件类型和存储位置的设置。

实验案例 2

案例名称：创建数据表

【实验目的】

掌握数据库和表创建的方法和步骤；在创建完成的表中输入记录。

【实验内容】

(1) 打开"教务管理"数据库，使用表设计器创建一个名为 Stu 的表，完成数据输入。

(2) 通过获取外部数据创建表。将 Excel 文件"数据源.xlsx"中的 Course、Dept、Emp、Grade 和 Major 工作表导入"教务管理"数据库中。

【实验步骤】

(1) 创建 Stu 表的操作步骤：

① 启动 Access 2010，打开数据库"教务管理"。

② 切换到"创建"选项卡，单击"表格"组中的"表设计"按钮，进入表的设计视图。

③ 见附录 A 表 A-1 所示，在"字段名称"栏中输入字段的名称"学号""姓名""性别"等内容；在"数据类型"下拉列表框中选择相应字段的数据类型；并完成相应"字段属性"的设置，其中"是否团员"字段"格式"的字段属性设置为"真/假"，"出生日期"字段"格式"的字段属性设置为"短日期"。

④ 选中"学号"行选择器，在"表格工具"的"设计"选项卡中，单击"工具"组的"主键"按钮，或者在选定行内单击鼠标右键，在弹出的快捷菜单中选择"主键"命令，为数据表定义主键。

⑤ 单击"保存"按钮，弹出"另存为"对话框，然后在"表名称"文本框中输入 Stu，再单击"确定"按钮。

⑥ 单击窗体右下角的"数据表视图"按钮 🔲，切换到"数据表视图"，完成的数据表如附录 A 的图 A-1 所示。提示：使光标定位在此记录的"照片"字段单元格中，单击鼠标

右键，从弹出的快捷菜单中选择"插入对象"，在对话框中选择"由文件创建"选项，如图 3-3 所示，单击"浏览(B)…"按钮后，打开"浏览"对话框窗口，在选定的目录中选择需要的照片，单击"确定"按钮，如图 3-4 所示。返回图 3-3 页面，单击"确定"按钮完成。

图 3-3　选择"由文件创建"图片　　　　　　图 3-4　"浏览"窗口

(2) 获取外部数据创建表的操作步骤：

① 打开"教务管理"数据库，切换到"外部数据"选项卡，单击"导入并链接"组中的"Excel"按钮。如图 3-5 所示。

图 3-5　"导入并链接"的菜单

② 打开图 3-6 所示对话框，单击"浏览(R)…"按钮，在弹出的"打开"对话框内选择需导入的 Excel 文件"数据源.xlsx"。

图 3-6　"获取外部数据-Excel 电子表格"对话框 1　　　图 3-7　"导入数据表向导"对话框 1

③ 在打开"导入数据表向导"对话框 1 中，选中 Grade 工作表，单击"下一步(N)"按钮，如图 3-7 所示。

④ 在打开"导入数据表向导"对话框 2 中，选中"第一行包含列标题(I)"复选框，然后单击"下一步(N)"按钮，如图 3-8 所示。

图 3-8　"导入数据表向导"对话框 2　　　　图 3-9　"导入数据表向导"对话框 3

⑤ 在打开"导入数据表向导"对话框 3 中，选中相应的字段列，按照附录 A 中表 A-6 所示，可设置其字段选项值，然后单击"下一步(N)"按钮，如图 3-9 所示。

⑥ 在打开"导入数据表向导"对话框 4 中，选中"不要主键(O)"单选项，然后单击"下一步(N)"按钮，如图 3-10 所示。

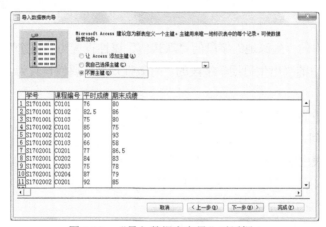

图 3-10　"导入数据表向导"对话框 4

⑦ 在打开"导入数据表向导"对话框 5 中"导入到表(I):"的文本框内，输入 Grade，然后单击"完成(F)"按钮，如图 3-11 所示。

⑧ 在打开"获取外部数据-Excel 电子表格"对话框 2 中，不勾选"保存导入步骤(V)"，直接单击"关闭(C)"按钮，如图 3-12 所示。

⑨ 依据步骤①～⑧，完成 Dept、Emp、Course 和 Major 表导入。

【请思考】

(1) 创建数据库表的方法还有哪些？比较它们之间的区别。

(2) "照片"字段中是否可以插入任何网络图片或手机照片？

(3) 何时使用导入、何时使用链接？

图 3-11　"导入数据表向导"对话框 5　　　图 3-12　"获取外部数据-Excel 电子表格"对话框 2

实验案例 3

案例名称：数据表的主键与字段属性设置

【实验目的】

掌握数据库表主键创建的方法和步骤；掌握表的修改方法；熟悉表中各个属性的设置。

【实验内容】

(1) 打开"教务管理"数据库，依照附录 A 中表 A-1 至表 A-6，创建各表的表结构并设置主键。

(2) 将 Stu 表中的"生源地"字段的"默认值"属性设置为"福建"。

(3) 将 Stu 表中的"出生日期"字段的"有效性规则"属性设置为 1990 至 2020 年之间的日期。

(4) 将 Stu 表中的"出生日期"字段的"有效性文本"属性设置为："输入的日期应在 1990 至 2020 年之间，请重新输入"。

(5) 设置 Stu 表中的"姓名"字段为"有重复索引"。

(6) 为 Stu 表中的"学号"字段设置掩码格式，规定"学号"共 8 位，其中第 1 位是英文字母字符，后面 7 位是数字。

(7) 在 Stu 表的"出生日期"和"生源地"字段间添加一个名为"身份证"新字段。

(8) 设置 Stu 表中的"身份证"字段掩码格式为 15 或 18 位的数字号码。

(9) 删除 Stu 表中的"身份证"字段。

【实验步骤】

(1) 以创建 Grade 表主键为例，操作步骤如下：

① 右键单击 Grade 表，在弹出的快捷菜单中选择"设计视图"命令。

② 在"设计视图"中选择要作为主键的一个字段，或者多个字段。要选择一个字段，单击该字段的行选择器。要选择多个字段，请按住 Shift 键(连续选择)或 Ctrl 键(不连续选择)，然后选择每个字段的行选择器。本例中选择"学号"和"课程编号"两个字段的行选择器。

③ 在"表格工具"的"设计"选项卡中，单击"工具"组的"主键"按钮，或者在选定行内单击鼠标右键，在弹出的快捷菜单中选择"主键"命令，为数据表定义主键。

根据附录 A 中表 A-1 至表 A-6，在表的"设计视图"中，设置每张表的"主键"及公共字段的"字段大小"属性。

说明：(2)～(9)小题操作都在 Stu 表的"设计视图"中进行设置。双击打开"教务管理"数据库，右键单击 Stu 表，在弹出的快捷菜单中选择"设计视图"命令。

(2) 选择 Stu 表中的"生源地"字段，在"字段属性"区的"默认值"文本框中输入"福建"。

(3) 选择 Stu 表中的"出生日期"字段，在"字段属性"区的"有效性规则"文本框中输入：>=#1990/1/1# and <=#2020/12/31#。

(4) 选择 Stu 表中的"出生日期"字段，在"字段属性"区的"有效性文本"文本框中输入：输入的日期应在 1990 至 2020 年之间，请重新输入。

(5) 选择 Stu 表中的"姓名"字段，单击"字段属性"区的"索引"文本框，在右侧单击黑色箭头的选择按钮，选择"有(有重复)"。

(6) 选择 Stu 表中的"学号"字段，在"字段属性"区的"输入掩码"文本框中输入 L0000000。

(7) 右键单击 Stu 表的"生源地"字段，在弹出快捷菜单中单击"插入行(I)"命令，如图 3-13 所示。在生成空白行的"字段名称"中输入"身份证"，"数据类型"中选择"文本"。

图 3-13 行操作的快捷菜单

(8) 选择 Stu 表中的"身份证"字段，单击"字段属性"区中的"输入掩码"文本框右方的省略号按钮，弹出"输入掩码向导"对话框 1，如图 3-14 所示。选择"身份证号码(15 位或 18 位)"输入掩码，单击"下一步(N)"按钮。弹出"输入掩码向导"对话框 2，如图 3-15 所示，单击"完成(F)"按钮。

或者直接在"字段属性"区的"输入掩码"文本框中输入 000000000000000999;;_。

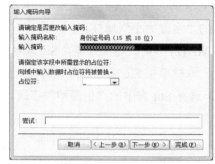

图 3-14　"输入掩码向导"对话框 1　　　　图 3-15　"输入掩码向导"对话框 2

(9) 右键单击 Stu 表的"身份证"字段，弹出快捷菜单，如图 3-13 所示，单击"删除行(D)"命令。

【请思考】

(1) 比较一下由系统自动添加主键与用户自己设置主键的区别。主键必须由一个字段构成吗？

(2) 若 Stu 表中的"出生日期"字段的默认值为系统当前日期，如何设置？

(3) 如何交换表结构中两个字段的位置？

(4) Stu 表中的"学号"字段的定义掩码格式，若首字符一定是 S，如何设置呢？哪些可以用"输入掩码向导"设置？

实验案例 4

案例名称：建立表之间的关系

【实验目的】

理解建立表之间关系的重要性；掌握表之间关系的建立方法，实施参照完整性；显示父子表的相关记录。

【实验内容】

(1) 打开"教务管理"数据库，建立 6 张表之间的关系，并实施参照完整性。结果如图 3-16 所示。

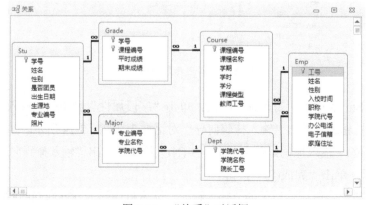

图 3-16　"关系"对话框

(2) 在"关系"窗口中，设置 Emp 表和 Course 表的级联选项。当在 Emp 表中删除一条记录时，试给出系统提示及操作结果。

【实验步骤】

(1) 建立表之间关系的操作步骤：

① 双击打开"教务管理"数据库，单击"数据库工具"选项卡或者"表格工具"的"设计"选项卡下的"关系"按钮，进入"关系"窗口。

② 单击"设计"选项卡下的"显示表"按钮，或者在"关系"视图内单击鼠标右键，在弹出的快捷菜单中选择"显示表"命令，弹出"显示表"对话框，显示数据库中所有表的列表。

③ 选择 Course、Dept、Emp、Grade、Major 和 Stu 六张表，单击"添加(<u>A</u>)"按钮。

④ 用鼠标拖动 Emp 表的"工号"字段到 Course 表的"教师工号"字段处，松开鼠标后，弹出"编辑关系"对话框，在该对话框的下方显示两个表的"关系类型"为"一对多"，如图 3-17 所示。

⑤ 如果要在两张表间建立参照完整性，在图 3-17 页面选中"实施参照完整性"复选框，再单击"创建(C)"按钮，返回"关系"窗口，可以看到，在"关系"窗口中两个表字段之间出现了一条关系连接线，如图 3-18 所示。

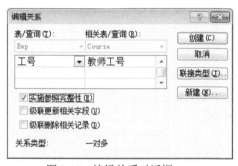

图 3-17　编辑关系对话框

图 3-18　"一对多"关系

⑥ 重复操作步骤④、⑤，完成图 3-16 所示的"一对多"关系。在"关系工具"的"设计"选项卡，单击"关系"组中的"关闭"按钮，关闭"关系"窗口。在弹出的提示对话框中，单击"是"按钮，保存数据库中各表的关系。

(2) 设置两表的级联选项的操作步骤：

① 在"关系"窗口中，先选中 Emp 表和 Course 表两个表之间的关系线(关系线显示变为较粗)，单击右键，在弹出快捷菜单中选择"编辑关系"命令，即可弹出"编辑关系"对话框，如图 3-17 所示。选中"实施参照完整性""级联更新相关字段"和"级联删除相关记录"复选框，单击"创建(C)"按钮。

② 在左侧导航窗格中双击 Emp 表，打开"数据表视图"，选中任意一条记录，右键单击，在弹出菜单中单击"删除记录(<u>R</u>)"命令。系统弹出提示信息如图 3-19 所示。

图 3-19　系统提示信息框

【请思考】

(1) 创建关系前，必须要设置主键吗？

(2) 两表中相关联的字段名称和字段属性必须一致吗？不一致有何变化？

(3) 设置级联选项的作用和意义？

实验案例 5

案例名称：编辑数据表

【实验目的】

掌握表的基本编辑操作；熟练设置数据表格式。

【实验内容】

打开本章实验案例 1 中创建的"罗斯文"数据库中的供应商表。完成以下操作：

(1) 打开供应商表，输入一条新的记录，保存记录。

(2) 删除上一小题添加的记录。

(3) 用查找与替换的方法，将供应商表中的"销售经理"改为"销售主管"。

(4) 按"职务"字段降序排列。

(5) 按第一排序为"职务"降序，第二排序为"公司"升序。

(6) 筛选出姓"刘"的所有记录。

(7) 汇总供应商人数。

(8) 设置供应商表中"公司"字段行高为 15，列宽为 10。

(9) 将供应商表中"电子邮件地址"字段列隐藏起来。

(10) 冻结供应商表的"公司"和"姓氏"字段。

【实验步骤】

在 D 盘根目录下双击"罗斯文"数据库。在导航窗格上端，单击黑色下拉箭头，选中"表和相关视图(I)"命令，如图 3-20 所示。选择"供应商"组下的"供应商：表"，进入供应商数据表视图，如图 3-21 所示。

图 3-20 打开"罗斯文"数据库

图 3-21 供应商数据表视图

(1) 使光标定位在最后一条记录的"公司"单元格中，输入要添加的记录，如"知春"，表会自动添加一条空记录。

(2) 选定上一小题输入的"知春"公司的记录，单击右键，在弹出的快捷菜单中选择"删除记录(R)"命令。

(3) 按下 Ctrl+F 组合键，选择"替换"选项卡，在"查找内容(N)"文本框内输入：销售经理，"替换为(P)"文本框内输入：销售主管，"查找范围(L)"选择"当前文档"，单击"全部替换(A)"按钮，如图 3-22 所示。在弹出的对话框中单击"是(Y)"。

(4) 将光标定位到"职务"列中，单击"开始"选项卡的"排序和筛选"组中"降序"按钮，或在此列的任何位置右键单击鼠标，在其快捷菜单中单击"降序"按钮，对数据进行排序。结果如图 3-23 所示。

图 3-22　"替换"窗体

图 3-23　"职务"单字段降序

(5) 排序的操作步骤：

① 单击"开始"选项卡的"排序和筛选"组中"高级"按钮。

② 在弹出的菜单中选择"高级筛选/排序"命令，系统将进入排序筛选窗口。

③ 在查询设计网格的"字段"行中，选择"职务"字段，"排序"行中选择"降序"；在另一列中选择"公司"字段和"升序"排序方式，如图 3-24 所示。

④ 单击窗体左上角的"保存(Ctrl+S)"按钮，保存该排序查询为"职务排序"，关闭查询的"设计视图"。

⑤ 双击左边导航窗格中的"职务排序"查询，即实现对数据表的排序，如图 3-25 所示。

图 3-24　设置排序方式

图 3-25　多字段排序

(6) 单击"姓氏"字段列中的小箭头，弹出筛选操作菜单。单击"(全选)"复选框，清空，再选中"刘"复选框。单击"确定"按钮，即可建立筛选。结果如图 3-26 所示。

(7) 汇总的操作步骤：

① 在"开始"选项卡的"记录"组中，单击"合计"按钮 Σ，在供应商表的最下部，

自动添加一个空汇总行。

② 单击"姓氏"列的汇总行的单元格，出现一个下拉箭头，单击下拉箭头，在打开的"汇总的函数"列表框中，选择"计数"。

③ 计算供应商人数的结果显示在单元格中，结果如图 3-27 所示。

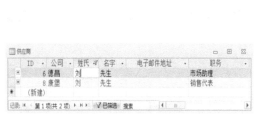

图 3-26   筛选结果   图 3-27   汇总结果

(8) 设置行高列宽的操作步骤：

① 右键单击表左侧的行选项区域，在弹出的下拉菜单中选择"行高(R)"命令，

② 弹出"行高"对话框，在文本框中输入要设置的行高数值，这里输入 15，再单击"确定"按钮。

③ 在"公司"字段名上单击右键，在弹出的快捷菜单中选择"字段宽度(F)"命令。

④ 在弹出的"列宽"对话框中输入 10，单击"确定"按钮。

(9) 右键单击"电子邮件地址"字段列，字段列颜色变成灰色，在打开的快捷菜单中单击"隐藏字段(F)"命令，结果如图 3-28 所示。

(10) 按住 Shift 键的同时单击"公司"和"姓氏"字段列标题，字段列颜色变成灰色，单击右键，在弹出的快捷菜单中，单击"冻结字段(Z)"命令。"公司"和"姓氏"字段出现在最左边，即被冻结，不能被拖动，结果如图 3-29 所示。

图 3-28   隐藏列结果   图 3-29   冻结列结果

【请思考】

(1) 如何输入图片、声音和影像数据？

(2) 所有字段都可以设置排序吗？

(3) 数据表中通常在什么情况常应用"冻结列"和"隐藏列"？

第4章 查 询

4.1 知识要点

4.1.1 查询的功能

查询主要有以下几方面的功能：

(1) 选择字段。

(2) 选择记录。

(3) 完成编辑记录功能。

(4) 完成计算功能。

(5) 通过查询建立新表。

(6) 通过查询为窗体或报表提供数据。

4.1.2 查询的类型

根据对数据源的操作方式和查询结果，Access 查询分为 5 种类型，分别是选择查询、交叉表查询、参数查询、操作查询和 SQL 查询。

1. 选择查询

选择查询是最常见的查询类型，主要用于浏览、检索和统计数据库中的数据。它根据指定的条件，可以从一个或多个数据源中提取数据并显示结果，还可以使用选择查询对记录进行分组，并对记录进行总计、计数、平均及其相关计算。

利用选择查询可以方便地查看一个或多个表中的部分数据。查询的结果是一个数据记录的动态集，可以对动态集中的数据记录进行修改、删除，也可以增加新记录，对动态集所做的修改会自动写入与动态集相关联的表中。

2. 交叉表查询

交叉表查询利用行列交叉的方式，对数据源的数据进行计算和重构，即对字段进行分类汇总，汇总结果显示在行与列交叉的单元格中，这些汇总包括指定字段的和值、平均值、最大值、最小值等。交叉表查询将这些数据分组，一组列在数据表的左侧，一组列在数据表的上部。

3. 参数查询

参数查询是一种交互式的查询，通过人机交互输入的参数，查找相应的数据。在执行参数查询时，会弹出对话框，提示用户输入相关的参数信息，然后按照这些参数信息进行查询。例如，可以设计一个参数查询，在对话框中提示用户输入日期，然后检索该日期的所有记录。

4. 操作查询

操作查询是在操作中更改记录的查询，操作查询又可分为四种类型：删除查询、更新查询、追加查询和生成表查询。

(1) 删除查询：可以从一个或多个表中删除一组记录。

(2) 追加查询：可将一组记录添加到一个或多个表的尾部。

(3) 更新查询：可根据指定条件对一个或多个表中的记录进行更改。

(4) 生成表查询：利用一个或多个表中的全部或部分数据创建新表。

5. SQL 查询

SQL(Structured Query Language，结构化查询语言)是标准的关系型数据库语言。SQL查询是指用户使用 SQL 语句创建的查询。

4.1.3　查询视图

查询共有 5 种视图，分别是设计视图、数据表视图、SQL 视图、数据透视表视图和数据透视图视图。

1. 设计视图

设计视图就是查询设计器，通过该视图可以创建各种类型查询。

2. 数据表视图

数据表视图是查询的数据浏览器，用于浏览查询的结果。数据表视图可被看成虚拟表，它并不代表任何的物理数据，只是用来查看数据的视窗而已。

3. SQL 视图

SQL 是一种用于数据库的结构化查询语言，许多数据库管理系统都支持该语言。SQL查询是指用户通过使用 SQL 语句创建的查询。SQL 视图是用于查看和编辑 SQL 语句的窗口。

4. 数据透视表视图和数据透视图视图

在数据透视表视图和数据透视图视图中，可以根据需要生成数据透视表和数据透视图，从而对数据进行分析，得到直观的分析结果。

4.1.4　使用向导创建查询

Access 提供了 4 种向导方式创建简单的选择查询，分别是"简单查询向导""交叉表查询向导""查找重复项查询向导"和"查找不匹配项查询向导"，以帮助用户从一个或多个表中查询出有关信息。

4.1.5　条件表达式

查询条件表达式是运算符、常量、字段值、函数、字段名和属性等的任意组合，能够计算出一个结果。表 4-1、表 4-2、表 4-3、表 4-4 分别为条件表达式中的算术运算符、关系运算符、逻辑运算符和通配符。

表 4-1　算术运算符

运算符	功能	表达式举例	说明
^	一个数的乘方	3^2	3 的 2 次方，结果为 9
*	两个数相乘	3*2	3 和 2 相乘，结果为 6
/	两个数相除	5/2	5 除以 2，结果为 2.5
\	两个数整除(不四舍五入)	5\2	5 除以 2，取整数 2
Mod	两个数取余	5 Mod 2	5 除以 2，余数为 1
+	两个数相加	3+2	3 和 2 相加，结果为 5
−	两个数相减	3−2	3 减去 2，结果为 1

表 4-2　关系运算符

运算符	功能	表达式举例	说明
<	小于	期末成绩<100	期末成绩小于 100
<=	小于或等于	期末成绩<=100	期末成绩小于或等于 100
>	大于	出生日期>#1999-01-01#	出生日期在 1999 年 1 月 1 日之后(不包括 1999 年 1 月 1 日)
>=	大于或等于	期末成绩>=60	期末成绩大于或等于 60
=	等于	姓名="刘莉雅"	姓名等于"刘莉雅"
<>	不等于	姓名<>"刘莉雅"	姓名不等于"刘莉雅"
Between And	介于两值间	期末成绩 Between 60 And 70	期末成绩介于 60 与 70 之间，包含 60 和 70
In	在一组值中	生源地 In("福建","江西","湖南")	生源地是"福建""江西""湖南"三个中的一个
Is Null	字段为空	性别 Is Null	性别字段为空
Like	匹配模式	姓名 Like　"陈*" 姓名 Like　"陈? "	姓陈的所有人。 姓陈的且姓名就两个字的所有人

表 4-3　逻辑运算符

运算符	功能	表达式举例	说明
Not	逻辑非	Not　Like　"陈*"	不是以"陈"开头的字符串
And	逻辑与	期末成绩>=60 And 期末成绩<=70	期末成绩介于 60 与 70 之间，包含 60 和 70
Or	逻辑或	期末成绩<60 Or 期末成绩>=90	期末成绩小于 60 或期末成绩大于等于 90

(续表)

运算符	功能	表达式举例	说明
Eqv	逻辑相等	A Eqv B 1<2 Eqv 2>1	A 与 B 同值，结果为真，否则为假 1<2 Eqv 2>1 结果为假
Xor	逻辑异或	A Xor B 1<2 Xor 2>1	A 与 B 同值，结果为假，否则为真 1<2 Xor 2>1 结果为真

表 4-4 通配符

通配符	功能	表达式举例	说明
*	表示任意多个字符或汉字	姓名 Like "陈*"	姓名由任意多个字符组成，首字符为"陈"
?	表示任意一个字符或汉字	姓名 Like "陈?"	姓名由两个字符组成，首字符为"陈"

4.1.6 汇总计算

汇总计算使用系统提供的汇总函数对查询中的记录组或全部记录进行分类汇总计算，其名称与功能见表 4-5。

表 4-5 汇总计算

名称	功能
分组(Group By)	对记录按字段值分组
合计	计算指定字段值的和
平均值	计算指定字段值的平均值
最大值	计算指定字段最大值
最小值	计算指定字段最小值
计数	计算一组记录中记录的个数
标准差(StDev)	计算一组记录中某字段值的标准偏差
变量	计算一组记录中某字段值的标差方差
第一条记录(First)	返回一组记录中某字段的第一个值
最后一条记录(Last)	返回一组记录中某字段的最后一个值
表达式(Expression)	创建一个由表达式产生的计算字段
条件(Where)	指定分组条件以便选择记录

4.1.7 操作查询

Access 的操作查询包括以下几种：

(1) 追加查询，将数据源中符合条件的记录追加到另一个表的尾部。

(2) 更新查询，对一个或多个表中满足条件的记录进行修改。

(3) 删除查询，对一个或多个表中满足条件的一组记录进行删除操作。

(4) 生成表查询，利用从一个或多个表中提取的数据来创建新表。

4.1.8 SQL 查询

SQL(Structured Query Language，结构化查询语言)是关系型数据库系统的标准语言。目前大多数的关系数据库管理系统，如 SQL Server、MySQL、Microsoft Access、Oracle 等都使用 SQL 语言。SQL 语言的功能包括数据定义、数据查询、数据操纵和数据控制 4 个部分。SQL 的主要特点如下：

- SQL 类似于英语自然语言，简单易学。
- SQL 是一种非过程语言。
- SQL 是一种面向集合的语言。
- SQL 既可独立使用，又可嵌入到宿主语言中使用。
- SQL 具有查询、操纵、定义和控制一体化功能。

4.2 思考与练习

4.2.1 选择题

1. 运行时根据输入的查询条件，从一个或多个表中获取数据并显示结果的查询称为 (   )。

    A. 交叉表查询　　　　　　　　　B. 参数查询

    C. 选择查询　　　　　　　　　　D. 操作查询

2. 下列关于 Access 查询条件的叙述中，错误的是(   )。

    A. 同行之间为逻辑"与"关系，不同行之间为逻辑"或"关系

    B. 日期/时间类型数据在两端加上#

    C. 数字类型数据需在两端加上双引号

    D. 文本类型数据需在两端加上双引号

3. 在 Access 中，与 like 一起使用时，代表任一数字的是(   )。

    A. *　　　　　　B. ?　　　　　　C. #　　　　　　D. $

4. 条件"not 工资额>2000"的含义是(   )。

    A. 工资额等于 2000　　　　　　　B. 工资额大于 2000

    C. 工资额小于等于 2000　　　　　D. 工资额小于 2000

5. 条件"性别="女" Or 工资额>2000"的含义是(   )。

    A. 性别为女并且工资额大于 2000 的记录

    B. 性别为女或者工资额大于 2000 的记录

    C. 性别为女并非工资额大于 2000 的记录

    D. 性别为女或工资额大于 2000，且二者择一的记录

6. 若姓名是文本型字段，要查找名字中含有"雪"的记录，应该使用的条件表达式是
(　　)。

    A. 姓名 like"*雪*"　　　　　　　　　　B. 姓名 like"\[!雪\]"

    C. 姓名="*雪*"　　　　　　　　　　　　D. 姓名="雪*"

7. Access中，可与Like一起使用，代表0个或者多个字符的通配符是(　　)。

    A. *　　　　　　　　B. ?　　　　　　　　C. #　　　　　　　　D. $

8. 查询成绩为70至80分之间(不包括80)的学生信息，正确的条件设置是(　　)。

    A. >69 Or <80　　　　　　　　　　　B. Between 70 And 80

    C. >=70 And <80　　　　　　　　　　D. In(70, 79)

9. 有关系模型Students(学号，姓名，性别，出生年月)，要统计学生的人数和平均年龄
应使用的语句是(　　)。

    A. SELECT COUNT( )As 人数，AVG(YEAR(出生年月))AS 平均年龄 FROM Students；

    B. SELECT COUNT(})As 人数，AVG(YEAR(出生年月))AS 平均年龄 FROM Students；

    C. SELECT COUNT(*)As 人数，AVG(YEAR(DATE( ))-YEAR(出生年月))AS 平均年
龄 FROM Students；

    D. SELECT COUNT( )AS 人数，AVG(YEAR(DATE( ))-YEAR(出生年月))AS 平均年龄
FROM Students；

10. 在报表的组页脚区域中要实现计数统计，可以在文本框中使用函数(　　)。

    A. MAX　　　　　　B. SUM　　　　　　C. AVG　　　　　　D. COUNT

11. 若在数据库中已有同名的表，要通过查询覆盖原来的表，应使用的查询类型是
(　　)。

    A. 删除　　　　　　B. 追加　　　　　　C. 生成表　　　　　　D. 更新

12. 在SQL查询中GROUP BY的含义是(　　)。

    A. 选择行条件　　　　　　　　　　　　B. 对查询进行排序

    C. 选择列字段　　　　　　　　　　　　D. 对查询进行分组

13. 下列关于SQL语句的说法中，错误的是(　　)。

    A. INSERT 语句可以向数据表中追加新的数据记录

    B. UPDATE 语句用来修改数据表中已经存在的数据记录

    C. DELETE 语句用来删除数据表中的记录

    D. CREATE 语句用来建立表结构并追加新的记录

14. 查询"书名"字段中包含"等级考试"字样的记录，应该使用的条件是(　　)。

    A. Like "等级考试"　　　　　　　　　　B. Like "*等级考试"

    C. Like "等级考试*"　　　　　　　　　　D. Like "*等级考试*"

15. 根据指定的查询条件，从一个或多个表中获取数据并显示结果的查询称为(　　)。

    A. 交叉表查询　　　B. 参数查询　　　C. 选择查询　　　　D. 操作查询

16. 参数查询时，在一般查询条件中写上(　　)，并在其中输入提示信息。

    A. ( )　　　　　　　B. <>　　　　　　C. {}　　　　　　　D. []

17. "学生表"中有"学号""姓名""性别"和"入学成绩"等字段。执行如下SQL命令Select avg(入学成绩. From 学生表 Group by 性别)结果是(　　)。

    A. 计算并显示所有学生的平均入学成绩

    B. 计算并显示所有学生的性别和平均入学成绩

    C. 按性别顺序计算并显示所有学生的平均入学成绩

    D. 按性别分组计算并显示不同性别学生的平均入学成绩

18. 在SQL语言的SELECT语句中，用于实现选择运算的子句是(　　)。

    A. FOR   B. IF   C. WHILE   D　WHERE

19. 在Access数据库中使用向导创建查询，其数据可以来自(　　)。

    A. 多个表   B. 一个表   C. 一个表的一部分   D. 表或查询

20. 在成绩中要查找"成绩≥80"且"成绩≤90"的学生，正确的条件表达式是(　　)。

    A. 成绩 Between 80 And 90   B. 成绩 Between 80 To 90

    C. 成绩 Between 79 And 91   D. 成绩 Between 79 To 91

21. 在"学生"表中查找"学号"是S00001或S00002的记录，应在查询设计视图的"条件"行中输入(　　)。

    A. "S00001" And "S00002"   B. Not("S00001" And "S00002")

    C. In("S00001" , "S00002")   D. Not In("S00001" , "S00002")

22. 下列关于操作查询的叙述中，错误的是(　　)。

    A. 在更新查询中可以使用计算功能

    B. 删除查询可删除符合条件的记录

    C. 生成表查询生成的新表是原表的子集

    D. 追加查询要求两个表的结构必须一致

23. 下列关于SQL命令的叙述中，正确的是(　　)。

    A. DELETE 命令不能与 GROUP BY 关键字一起使用

    B. SELECT 命令不能与 GROUP BY 关键字一起使用

    C. INSERT 命令与 GROUP BY 关键字一起使用，可以按分组将新记录插入到表中

    D. UPDATE 命令与 GROUP BY 关键字一起使用，可以按分组更新表中原有的记录

24. 统计学生成绩最高分，应在创建总计查询时，分组字段的总计项应选择(　　)。

    A. 总计   B. 计数   C. 平均值   D. 最大值

25. 在学生成绩表中，若要查询姓"张"的女同学的信息，正确的条件设置为(　　)。

    A. 在"条件"单元格输入：姓名="张" AND 性别="女"

    B. 在"性别"对应的"条件"单元格中输入："女"

    C. 在"性别"的条件行输入："女"，在"姓名"的条件行输入：LIKE "张*"

    D. 在"条件"单元格输入：性别= "女" AND 姓名="张*"

26. 若"学生"表中有"学号""姓名""出生日期"等字段，要查询年龄在22岁以上的学生的记录的SQL语句是(　　)。

    A. SELECT * FROM 学生 WHERE ((DATE( )-[出生日期])/365>22;

B. SELECT * FROM 学生 WHERE((DATE( )-[出生日期])/365>22；

C. SELECT * FROM 学生 WHERE((YEAR( )-[出生日期])>=22；

D. SELECT * FROM 学生 WHERE [出生日期]>#1992-01-01#；

27. 若在查询条件中使用了通配符 "!"，它的含义是(　　)。

    A. 通配任意长度的字符　　　　　　　　B. 通配不在括号内的任意字符

    C. 通配方括号内列出的任一单个字符　　D. 错误的使用方法

28. SQL的数据操纵语句不包括(　　)。

    A. INSERT　　　　　B. UPDATE　　　　　C. DELETE　　　　D. CHANGE

29. SELECT命令中用于排序的关键词是(　　)。

    A. GROUP BY　　　B. ORDER BY　　　　C. HAVING　　　　D. SELECT

30. 下面哪个不是SELECT命令中的计算函数(　　)。

    A. SUM　　　　　　B. COUNT　　　　　C. MAX　　　　　D. AVERAGE

4.2.2 填空题

1. 在 Access 中，_____查询的运行一定会导致数据表中数据发生变化。

2. Access 支持的查询类型有_____、_____、_____、_____和_____五种。

3. 在交叉表查询中，只能有一个_____和值，但可以有一个或多个_____。

4. 在成绩表中，查找成绩在 75 至 85 之间的记录时，条件为_____。

5. 在创建查询时，有些实际需要的内容在数据源的字段中并不存在，但可以通过在查询中增加_____来完成。

6. 如果要在某数据表中查找某文本型字段的内容以 S 开头号，以 L 结尾的所有记录，则应该使用的查询条件是_____。

7. 交叉表查询将来源于表中的_____进行分组，一组列在数据表的左侧，一组列在数据表的上部。

8. 若要将 1990 年以前参加工作的教师职称全部改为副教授，适合使用_____查询。

9. 利用对话框提示用户输入参数的查询过程称为_____。

10. 查询建好后，要通过_____来获得查询结果。

11. SQL 语言的功能包括_____、_____、_____和 _____四个部分。

12. SELECT 语句中的 SELECT * 说明_____。

13. SELECT 语句中的 FROM 说明_____。

14. SELECT 语句中的 WHERE 说明_____。

15. SELECT 语句中的 GROUP BY 短语用于进行_____。

16. SELECT 语句中的 ORDER BY 短语用于对查询的结果进行_____。

17. SELECT 语句中用于计数的函数是_____，用于求和的函数是_____，用于求平均值的函数是_____。

18. UPDATE 语句中没有 WHERE 子句，则更新_____记录。

19. INSERT 语句的 VALUES 子句指定＿＿＿＿＿＿＿＿＿＿＿＿＿＿＿＿＿＿＿。

20. DELETE 语句中不指定 WHERE，则＿＿＿＿＿＿＿＿＿＿＿＿＿＿＿＿＿＿＿。

4.2.3　简答题

1. 什么是查询？查询有哪些类型？

2. 什么是选择查询？什么是操作查询？

3. 选择查询和操作查询有何区别？

4. 查询有哪些常用的视图方式？各有何特点？

5. 操作查询分哪几类？并简述它们的功能。

6. 在设计查询时，什么情况下需要分组？分组的作用是什么？

7. 所有的合计函数能对数据源中的多个字段进行计算吗？

4.3　实验案例

实验案例 1

案例名称：利用"简单查询向导"创建单表选择查询

【实验目的】

掌握使用"简单查询向导"创建单表选择查询的步骤和方法。

【实验内容】

以 Emp 表为数据源，查询教师的姓名和职称信息，所建查询命名为"教师情况"。

【实验步骤】

(1) 打开"教务管理.accdb"数据库，单击"创建"选项卡，在"查询"组单击"查询向导"，弹出"新建查询"对话框。如图 4-1 所示。

(2) 在"新建查询"对话框中选择"简单查询向导"，单击"确定"按钮，在弹出的对话框的"表/查询(T)"下拉列表框中选择数据源为 Emp 表，再分别双击"可用字段(A)"列表中的"姓名"和"职称"字段，将它们添加到"选定字段(S)"列表框中，如图 4-2 所示。然后单击"下一步(N)"按钮，为查询指定标题为"实验案例 4-1"，最后单击"完成(F)"按钮。

图 4-1　创建查询

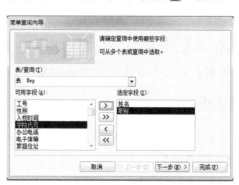

图 4-2　简单查询向导

实验案例 2

案例名称：利用"简单查询向导"创建多表选择查询

【实验目的】

掌握使用"简单查询向导"创建多表选择查询的步骤和方法。

【实验内容】

查询学生所选课程的成绩，并显示"学号""姓名""课程名称"和"期末成绩"字段。

【实验步骤】

(1) 打开"教务管理.accdb"数据库，单击"创建"选项卡，在"查询"组单击"查询向导"，弹出"新建查询"对话框。

(2) 在"新建查询"对话框中选择"简单查询向导"，单击"确定"按钮，在弹出的对话框的"表/查询(T)"下拉列表框中选择查询的数据源为 Stu 表，并将"学号""姓名"字段添加到"选定字段(S)"列表框中，再分别选择数据源为 Course 表和 Grade 表，并将 Course 表中的"课程名称"字段和 Grade 表中的"期末成绩"字段添加到"选定字段(S)"列表框中。选择结果如图 4-3 所示。

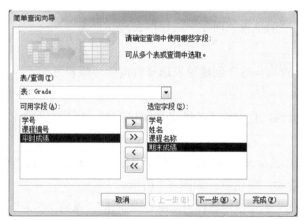

图 4-3　多表查询

(3) 单击"下一步(N)"按钮，选"明细"选项。

(4) 单击"下一步(N)"按钮，为查询指定标题"实验案例 4-2"，选择"打开查询查看信息"选项。

(5) 单击"完成(F)"按钮，弹出查询结果。

注意：查询涉及 Stu、Course 和 Grade 表，在建查询前要先建立好三个表之间的关系。

实验案例 3

案例名称：创建不带条件的选择查询

【实验目的】

掌握创建不带条件的选择查询的步骤和方法。

【实验内容】

查询学生所选课程的成绩,并显示"学号""姓名""课程名称"和"期末成绩"字段。

【实验步骤】

(1) 打开"教务管理.accdb"数据库,单击"创建"选项卡,在"查询"组"查询设计",如图 4-4 所示。

(2) 单击"查询设计",出现"查询工具/设计"选项卡,如图 4-5 所示。

图 4-4　查询设计

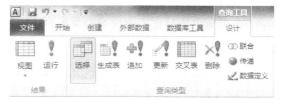

图 4-5　查询工具

(3) 打开查询设计视图,在"显示表"对话框中选择 Stu 表,单击"添加"按钮,添加 Stu 表,同样方法,再依次添加 Course 表和 Grade 表。双击 Stu 表中"学号""姓名"、Course 表中"课程名称"和 Grade 表中"期末成绩"字段,将它们依次添加到"字段"行的第 1~4 列上。如图 4-6 所示。

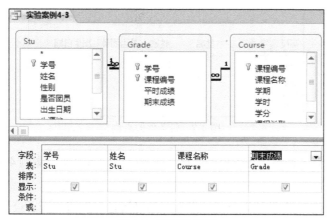

图 4-6　查询设计器

(4) 单击快速工具栏"保存"按钮,在"查询名称"文本框中输入"实验案例 4-3",单击"确定"按钮。

(5) 选择"开始/视图"→"数据表视图"菜单命令,或单击"查询工具/设计"→"结果"上的"运行"按钮,查看查询结果。

实验案例 4

案例名称:创建带条件的选择查询

【实验目的】

掌握创建带条件的选择查询的步骤和方法。

【实验内容】

查找出生日期在 1999 年 9 月 1 日之前的男生信息，要求显示"学号""姓名""性别""是否团员"字段内容。

【实验步骤】

(1) 在设计视图中创建查询，添加 Stu 表到查询设计视图中。

(2) 依次双击"学号""姓名""性别""团员""出生日期"字段，将它们添加到"字段"行的第 1~5 列中。

(3) 单击"出生日期"字段"显示"行上的复选框，使其不勾选，查询结果中不显示出生日期字段值。

(4) 在"性别"字段列的"条件"行中输入条件：="男"，在"出生日期"字段列的"条件"行中输入条件：<#1999-9-1#，设置结果如图 4-7 所示。

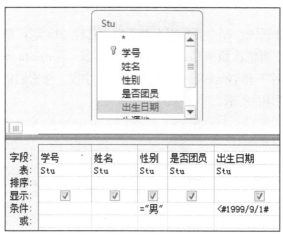

图 4-7　带条件的查询

(5) 单击"保存"按钮，在"查询名称"文本框中输入"实验案例 4-4"，单击"确定"按钮。

(6) 单击"查询工具/设计"→"结果"上的"运行"按钮，查看查询结果。

实验案例 5

案例名称：创建不带条件的统计查询

【实验目的】

掌握创建不带条件的统计查询的步骤和方法。

【实验内容】

统计学生人数。

【实验步骤】

(1) 在设计视图中创建查询，添加 Stu 表到查询设计视图中。

(2) 双击"学号"字段，添加到"字段"行的第 1 列中，字段名改为"人数: 学号"。

(3) 单击"查询工具/设计"→"显示/隐藏"组上的"汇总"按钮，插入一个"总计"

行，单击"学号"字段的"总计"行右侧的向下箭头，选择"计数"函数，如图 4-8 所示。

(4) 单击"保存"按钮，在"查询名称"文本框中输入"实验案例 4-5"。

(5) 运行查询，查看结果。

实验案例 6

案例名称：创建带条件的统计查询

【实验目的】

掌握创建带条件的统计查询的步骤和方法。

【实验内容】

统计出生日期为 1999 年的女生人数。

【实验步骤】

(1) 在设计视图中创建查询，添加 Stu 表到查询设计视图中。

(2) 双击"学号""性别"和"出生日期"字段，将它们添加到"字段"行的第 1～3 列中。第 1 列改名为"女生人数: 学号"。

(3) 单击"性别""出生日期"字段"显示"行上的复选框，使其不勾选。

(4) 单击"查询工具/设计"→"显示/隐藏"组上的"汇总"按钮，插入一个"总计"行，单击"学生编号"字段的"总计"行右侧的向下箭头，选择"计数"函数，"性别"和"出生日期"字段的"总计"行选择 Where 选项。

(5) 在"性别"字段列的"条件"行中输入条件：="女"；在"出生日期"字段列的"条件"行中输入条件：Year([出生日期])=1999，如图 4-9 所示。

(6) 单击"保存"按钮，在"查询名称"文本框中输入"实验案例 4-6"。

(7) 运行查询，查看结果。

图 4-8　不带条件的统计查询

图 4-9　带条件的统计查询

实验案例 7

案例名称：创建分组统计查询

【实验目的】

掌握创建分组统计查询的步骤和方法。

【实验内容】

统计男、女学生年龄的平均值、最大值和最小值。

【实验步骤】

(1) 在设计视图中创建查询，添加 Stu 表到查询设计视图中。

(2) 字段行第 1 列选"性别"，第 2 列输入：平均年龄: Year(Date( ))-Year([出生日期])，第 3 列输入：最大年龄: Year(Date( ))-Year([出生日期])，第 4 列输入：最小年龄: Year(Date( ))-Year([出生日期])。

(3) 单击"查询工具/设计"→"显示/隐藏"组上的"汇总"按钮，插入一个"总计"行，设置"性别"字段的"总计"行为 Group By，第 2 列到第 4 列的"总计"行分别设置成"平均值""最大值"和"最小值"，查询的设计窗口如图 4-10 所示。

图 4-10　分组统计查询

(4) 单击"保存"按钮，在"查询名称"文本框中输入"实验案例 4-7"。

(5) 运行查询，查看结果。

实验案例 8

案例名称：创建含有 IIf( )函数的计算字段

【实验目的】

掌握创建含有函数的计算字段的步骤和方法。

【实验内容】

查询学生信息，团员情况用"是"和"否"来显示。

【实验步骤】

(1) 添加 Stu 表，设置如下字段：学号、姓名、性别、团员、出生日期，将字段"是否团员"修改为"团员: IIf([是否团员],"是","否")"，如图 4-11 所示。

(2) 单击"保存"按钮，在"查询名称"文本框中输入"实验案例 4-8"。

(3) 运行查询，查看结果。

图 4-11 分组统计查询

实验案例 9

案例名称：利用"交叉表查询向导"创建查询

【实验目的】

掌握利用"交叉表查询向导"创建查询的步骤和方法。

【实验内容】

查询 Emp 表中教师的职称和性别情况，行标题为"职称"，列标题为"性别"，对"工号"字段进行计数。

【实验步骤】

(1) 选择"交叉表查询向导"，将"可用字段"列表中的"职称"添加到其右侧的"选定字段"列表中，即将"职称"作为行标题，单击"下一步(N)"按钮。如图 4-12 所示。

图 4-12 行标题

(2) 选择"性别"作为列标题，然后单击"下一步(N)"按钮。如图 4-13 所示。

(3) 在"字段"列表中，选择"工号"作为统计字段，在"函数"列表中选 Count 选项，单击"下一步(N)"按钮。如图 4-14 所示。

(4) 在"指定查询的名称"文本框中输入"实验案例 4-9"，选择"查看查询"选项，最后单击"完成(F)"按钮。

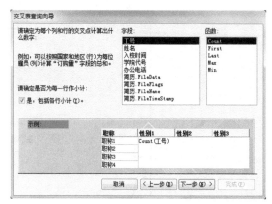

图 4-13　列标题　　　　　　　　　　　　　　图 4-14　Count 选项

实验案例 10

案例名称：使用设计视图创建交叉表查询

【实验目的】

掌握使用设计视图创建交叉表查询的步骤和方法。

【实验内容】

查询 Emp 表中教师的职称和性别情况，行标题为"职称"，列标题为"性别"，计算字段为"工号"。

【实验步骤】

(1) 在设计视图中创建查询，并将 Emp 表添加到查询设计视图中。选择 "职称""性别""工号"字段。

(2) 选择工具栏上的"交叉表"，如图 4-15 所示。

(3) 在"职称"字段的"交叉表"行选择"行标题"选项，在"性别"字段的"交叉表"行选择"列标题"选项，在"工号"字段的"交叉表"行选择"值"选项，在"工号"字段的"总计"行选择"计数"选项，设置结果如图 4-16 所示。

(4) 单击"保存"按钮，将查询命名为"实验案例 4-10"。运行查询，查看结果。

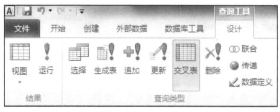

图 4-15　交叉表　　　　　　　　　　　图 4-16　交叉表查询

实验案例 11

案例名称：创建参数查询

【实验目的】

掌握创建参数查询的步骤和方法。

【实验内容】

以 Stu 表、Course 表、Grade 表为数据源建立查询，按照"姓名"字段查看学生的成绩，并显示学生"学号""姓名""课程名称"和"期末成绩"字段。

【实验步骤】

(1) 添加 Stu 表、Course 表、Grade 表，选择"学号""姓名""课程名称"和"期末成绩"字段。

(2) 在"姓名"字段的条件行中输入：[请输入学生姓名：]，如图 4-17 所示。

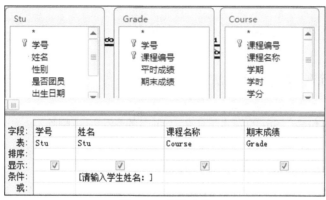

图 4-17　参数查询

(3) 单击"运行"按钮，在"请输入学生姓名"对话框中输入要查询的学生的姓名，例如："陈榕刚"，单击"确定"按钮，显示查询结果。

(4) 单击"保存"按钮，将查询命名为"实验案例 4-11"。运行查询，查看结果。

实验案例 12

案例名称：创建生成表查询

【实验目的】

掌握创建生成表查询的步骤和方法。

【实验内容】

将成绩在 90 分以上学生的"学号""姓名""课程名称""期末成绩"存储到"优秀成绩"表中。

【实验步骤】

(1) 添加 Stu 表、Course 表、Grade 表，选择"学号""姓名""课程名称"和"期末成绩"字段。

(2) 在"期末成绩"字段的"条件"行中输入条件：>=90，如图 4-18 所示。

(3) 单击"生成表"按钮，出现生成表对话框，在表名称中输入：优秀成绩。如图 4-19 所示。

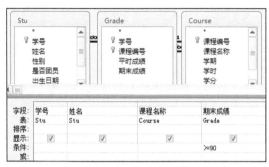

图 4-18　生成表查询　　　　　　　　图 4-19　生成新表"优秀成绩"

实验案例 13

案例名称：创建删除查询

【实验目的】

掌握创建删除查询的步骤和方法。

【实验内容】

将 Stu 表的备份表"Stu 的副本"中姓"张"的学生记录删除。

【实验步骤】

(1) 添加"Stu 的副本"表，选择"姓名"字段。

(2) 单击"删除"按钮，设计网格中增加一个"删除"行。"姓名"字段的"删除"行显示 Where，在该字段的"条件"行中输入条件：like "张*"，如图 4-20 所示。

(3) 单击工具栏上的"运行"按钮，保存查询为"实验案例 4-13"。

实验案例 14

案例名称：创建更新查询

【实验目的】

掌握创建更新查询的步骤和方法。

【实验内容】

将 Grade 的备份表"Grade 的副本"中课程编号为 C0101 的"期末成绩"增加 2 分。

【实验步骤】

(1) 添加"Grade 的副本"表，选择"课程编号"字段、"期末成绩"字段。

(2) 单击"更新"按钮，设计网格中增加一个"更新到"行。在"课程编号"字段的"条件"行中输入条件：="C0101"。在"期末成绩"字段的"更新到"行中输入：[期末成绩]+2。如图 4-21 所示。

(3) 单击工具栏上的"运行"按钮，保存查询为"实验案例 4-14"。

图 4-20　删除查询

图 4-21　更新查询

实验案例 15

案例名称：创建追加查询

【实验目的】

掌握创建追加查询的步骤和方法。

【实验内容】

将选课成绩在 85～89 分(含 85 和 89)的学生记录添加到已建立的"优秀成绩"表中。

【实验步骤】

(1) 添加 Stu 表、Course 表、Grade 表，选择"学号""姓名""课程名称"和"期末成绩"字段。

(2) 在"期末成绩"字段的"条件"行中输入条件：Between 85 And 89，如图 4-22 所示。

图 4-22　追加查询

(3) 单击工具栏的"追加"按钮。在"追加"对话框中的"表名称(<u>N</u>)"选"优秀成绩"表，如图 4-23 所示。

图 4-23　追加到"优秀成绩"表

实验案例 16

案例名称：创建 SQL 查询

【实验目的】

掌握创建 SQL 查询的步骤和方法。

【实验内容】

对 Emp 表进行查询，显示全部教师信息。

【实验步骤】

(1) 选择"创建"选项卡，单击"查询设计"按钮，不添加任何表，单击"视图"按钮，进入 SQL 视图。

(2) 在 SQL 视图中输入以下语句：SELECT * FROM Emp。

(3) 保存查询"实验案例 4-16"。

(4) 单击"运行"按钮，显示查询结果。

第5章 窗 体

5.1 知识要点

5.1.1 窗体概述

窗体(Form)是 Access 数据库系统的另一个重要对象，它是用户与数据库之间的接口，是用户与数据库交互的主要操作界面。

1. 窗体的功能

窗体常被用来显示和编辑数据、控制程序的流程、接受用户的输入以及显示交互信息，甚至也可以打印指定的数据，实现报表的部分功能。

2. 窗体的类型

Access 窗体的分类方法有多种，通常是根据窗体功能或根据数据的显示方式来分类。

按功能可将窗体分为 4 种类型：数据操作窗体、控制窗体、信息显示窗体和交互信息窗体。

按数据的显示方式可将窗体分为 6 种类型：纵栏式窗体、表格式窗体、数据表窗体、主/子窗体、数据透视表窗体和数据透视图窗体。

3. 窗体的视图

在 Access 2010 数据库中，窗体有 6 种视图：设计视图、窗体视图、布局视图、数据表视图、数据透视表视图和数据透视图视图。它们可以通过工具栏按钮进行切换。

4. 窗体的构成

窗体通常由窗体页眉、窗体页脚、页面页眉、页面页脚和主体 5 部分构成，每一部分称为窗体的"节"。所有窗体必有主体节，其他节可以通过设置确定有无。

5.1.2 创建窗体

1. 自动创建窗体

如果只需要创建一个简单的数据维护窗体，显示选定表或查询中的所有字段及记录，那么自动创建窗体是最快捷的窗体创建方式。Access 2010 提供了多种方法自动创建窗体，它们的基本步骤都是先打开(或选定)一个表或查询，然后选用某种自动创建窗体的工具创建窗体，可以创建纵栏式窗体、表格式窗体和分割窗体。

2. 使用向导创建窗体

使用"窗体"按钮、"其他窗体"按钮等工具创建窗体虽然方便快捷，但是在内容和形式上都受到很大限制，不能满足用户自主选择显示内容和显示方式的要求。而使用"窗体向导"创建窗体可以在创建过程中选择数据源和字段、设置窗体布局等，所创建的窗体可以是纵栏式、表格式或数据表式，其创建的过程基本相同。

3. 使用"空白窗体"按钮创建窗体

使用"空白窗体"方式构建窗体是 Access 2010 增加的新功能，尤其是计划仅将几个字段放在窗体中显示时，非常快捷方便。使用"空白窗体"按钮创建窗体是在布局视图中创建数据表窗体，窗体的数据源表会同时打开，用户可以根据需要将表中的字段拖到窗体上，从而完成创建窗体的工作。

4. 使用设计视图创建窗体

利用自动创建窗体和窗体向导等工具可以创建多种窗体，但这些窗体只能满足用户一般的显示与功能要求，而且有些类型的窗体用向导无法创建。对于复杂的、功能多的窗体，则需要在设计视图下进行创建。

5. 创建主/子窗体

主/子窗体是指一个窗体中可以包含另一个窗体，基本窗体称为主窗体，窗体中的窗体称为子窗体。子窗体还可以包含子窗体，即主/子窗体间呈树形结构。主/子窗体通常用于一对多关系中的主/子两个数据源，主窗体显示主数据源当前记录，子窗体显示对应的子数据源中的记录。在主窗体中显示的数据是一对多关系中的"一"端，而"多"端数据则在子窗体中显示。在主窗体中修改当前记录会引起子窗体中记录的相应改变。

创建主/子窗体有两种方法。

(1) 使用"窗体向导"同时创建主窗体和子窗体。

(2) 先创建主窗体，然后利用"设计视图"添加子窗体。

在创建过程中，主窗体只能是纵栏式窗体，而子窗体可以是数据表窗体或表格式窗体。

6. 创建图表窗体

单纯的文本和数据显得枯燥，引入图表可以使数据显示更为直观，也更容易理解和比较。

数据透视表窗体是 Access 为了以指定的数据表或查询为数据源产生一个 Excel 分析表而建立的一种窗体形式。数据透视表窗体具有动态更新布局的功能。创建数据透视表窗体可以在数据库窗口中，选择"创建"选项卡中"窗体"组的"其他窗体"下的"数据透视表"来实现。数据透视图窗体是一种交互式的图表，通过图形化的窗体界面来表现数据，能从视觉上较为直观地反映数据之间的关系。

5.1.3 设计窗体

一般情况下，我们先用"自动创建窗体"或"窗体向导"创建窗体，得到窗体的初步设计，然后再切换到窗体的"设计视图"对该窗体进一步设计，直到满意为止。

1. 窗体设计视图

窗体的设计视图提供了更为灵活和自由的窗体实现方法，用户可以完全控制窗体的布局和外观，准确地把控件放在合适的位置，设置各种格式，直到达到满意的效果。另外，控制窗体和交互信息窗体只能在"设计视图"下手工创建。

2. 为窗体设置数据源

多数情况下，窗体都是基于某一个表或查询建立起来的，窗体内的控件通常显示的是表或查询中的字段值。当使用窗体对表或查询的数据进行操作时，需要指定窗体的数据源。窗体的数据源可以是表、查询或 SQL 语句。

添加窗体的数据源有两种方法。

(1) 使用"字段列表"窗格添加数据源。进入窗体"设计视图"后，在窗体设计工具"设计"选项卡的"工具"组中，单击"添加现有字段"按钮，打开"字段列表"窗格，单击"显示所有表"按钮，将会在窗格中显示数据库中的所有表，单击"+"号可以展开所选定表的字段。将字段直接拖拽到窗体中，即可创建和字段相绑定的控件。

(2) 使用"属性表"窗格添加数据源。进入窗体"设计视图"后，在窗体设计工具"设计"选项卡的"工具"组中，单击"属性表"按钮，或者右击窗体，在弹出的快捷菜单中选择"属性"命令，打开属性表窗格。切换到"数据"选项卡，选择"记录源"属性，在下拉列表框中选择需要的表或查询，或者直接输入 SQL 语句。如果需要创建新的数据源，则可以单击"记录源"属性右侧的生成器按钮┈，打开查询生成器，用与查询设计相同的方法，根据需要创建新的数据源。

以上两种方法使用上有些区别：使用"字段列表"添加的数据源只能是表，而使用"属性表"的记录源则可以是表、查询或 SQL 语句。

3. 窗体的常用属性与事件

窗体本身是一个对象，它有自己的属性、方法和事件，以便控制窗体的外观和行为。窗体又是其他对象的载体或容器，几乎所有的控件都是设置在窗体上的。

用户每新建一个窗体，Access 即自动为该窗体设置了默认属性。窗体的属性可在"设计视图"的"属性表"窗格中手工设置，也可以在系统运行时由 VBA 代码动态设置。

事件是一种系统特定的操作，它是能够被对象识别的动作。窗体作为对象，能够对事件作出响应。与窗体有关的常用事件有以下几种。

(1) 单击(Click)事件：单击窗体的空白区域时会触发 Click 事件。

(2) 打开(Open)事件：当窗体打开时发生 Open 事件。

(3) 关闭(Close)事件：当窗体关闭时发生 Close 事件。

(4) 加载(Load)事件：当打开窗体并且显示了它的记录时发生 Load 事件。

(5) 卸载(Unload)事件：当窗体关闭并且它的记录被卸载时发生 UnLoad 事件。

(6) 激活(Activate)事件：当窗体成为激活窗口时发生 Activate 事件。

(7) 停用(Deactivate)事件：当窗体不再是激活窗口时发生 DeActivate 事件。

(8) 调整大小(Resize)事件：当窗体第一次显示时或窗体大小发生变化时发生 Resize 事件。

(9) 成为当前(Current)事件：当窗体第一次打开，或焦点从一条记录移动到另一条记录时，或在重新查询窗体的数据源时发生 Current 事件。

(10) 计时器触发(Timer)事件：当窗体的计时器间隔(TimerInterval)属性所指定的时间间隔已到时发生 Timer 事件。

首次打开窗体时，事件将按如下顺序发生：Open→Load→Activate→Current。

关闭窗体时，事件将按如下顺序发生：Unload→Deactivate→Close。

4. 控件的分类与常用属性

控件是窗体或报表中的对象，是窗体或报表的重要组成部分，可用于输入、编辑或显示数据。在窗体上添加的每一个对象都是控件。

在 Access 中，按照控件与数据源的关系可将控件分为"绑定型""非绑定型"和"计算型"3 种。

- 绑定型控件：其数据源是表或查询中的字段的控件称为绑定控件，主要用于显示、输入、更新数据库中的字段。
- 非绑定型控件：不具有数据源(如字段或表达式)的控件称为非绑定控件，可以用来显示信息、图片、线条或矩形。
- 计算型控件：其数据源是表达式(而非字段)的控件称为计算控件。表达式可以使用来自窗体或报表的基础表或查询中的字段的数据，也可以使用来自窗体或报表中的另一个控件的数据。

每一个对象都有自己的属性，在"属性表"窗格可以看到所选对象的属性值。需要注意的是，不同的对象有许多相同的属性；但不是所有对象都具有所有常见的属性，例如，文本框就没有 Caption 属性。改变一个对象的属性，其外观也相应地发生变化。

5. 常用控件的使用

(1) 标签(Label)：主要用来在窗体或报表上显示说明性文字。标签不能显示字段或表达式的值，当从一条记录移到另一条记录时，标签的值不会改变。可以创建独立的标签，也可以将标签附加到其他控件上。使用标签工具创建的是独立标签，它在窗体的"数据表"视图中并不显示。

(2) 文本框(Text)：主要用来输入或编辑字段数据，是一种交互控件。绑定型文本框关联到表或查询的字段，能够显示或编辑字段的内容；非绑定型文本框没有连接到某一字段，一般用来显示提示信息或接收用户输入的数据；计算型文本框可以显示表达式的结果，当表达式发生变化时，数值会被重新计算。

(3) 命令按钮(Command)：主要用来执行某项操作。使用 Access 提供的"命令按钮向导"可以创建 30 多种不同类型的命令按钮。

(4) 选项组(Frame)：由一个组框及一组复选框、选项按钮或切换按钮组成的控件，每次只能选择一个选项，它能使用户从某一组确定的值中选择一项变得十分容易。如果选项组绑定到某个字段，则只是选项组框架本身绑定到此字段，而不是选项组框架内的选项按钮、复选框或切换按钮。只要单击选项组中的一项就可以为字段选定数据值。也可以使用非绑定型选项组来接受用户的输入，然后根据用户选择的内容来执行相应的操作。选项组的"选项值"属性只能设置为数字而不能是文本。

(5) 列表框(List)/组合框(Combo)：如果在窗体上输入的数据总是取自某一个表或查询中记录的数据，或者取自某固定内容的数据，那么这种输入可以使用列表框或组合框控件来完成。这样既可以确保输入数据的正确性，也可以提高输入的速度。列表框可以包含一列或几列数据，但用户只能从列表中选择值，而不能输入新值。组合框的列表是由多行数据组成，但平时只显示一行。单击组合框右侧的下拉按钮，将显示出其他选项以供选择。组合框和列表框的区别是使用组合框既可以进行选择内容，还可以输入新的内容。

(6) 选项卡控件：当窗体中的内容较多而无法在一页全部显示时，可以使用选项卡将控件分配到多个页上。用户只要单击选项卡上的标签，就可以在多个页面间进行切换。

(7) 图像的显示：Access 中，可以用于显示图像的控件有图像(Image)控件、绑定对象框和非绑定对象框三种。

图像控件主要用于美化窗体。图像控件的创建比较简单，单击"选项"组中的"图像"按钮，在窗体的合适位置上单击，系统提示"插入图片"对话框，选择要插入的图片文件即可。然后可以通过"属性"窗口进一步设置相关属性。

用"非绑定对象框"插入图片，一般也用来美化窗体，它是静态的，且不论窗体是在设计视图还是窗体视图，都可以看到图片本身。

而"绑定对象框"显示的图片来自数据表，在表的"设计视图"中，该字段的数据类型应定义为 OLE 对象。数据表中保存的图片只能在窗体的"窗体视图"下才能显示出来，在"设计视图"下只能看到一个空的矩形框。"绑定对象框"的内容是动态的，随着记录的改变，它的内容也随之改变。

5.1.4　修饰窗体

1. 主题的应用

Access 中提供了窗体主题格式功能，可以将预设的主题格式应用在窗体的背景、字体、颜色和边框上。

按照以下步骤套用主题格式：首先在窗体的设计视图下打开任意一个需要设置主题格式的窗体，然后在"窗体设计工具"的"设计"选项卡"主题"组中单击"主题"按钮，从中选择需要的主题，则当前数据库中所有窗体都将与所选主题的格式一致。

2. 条件格式的使用

条件格式的设定对窗体和控件的属性修改更为灵活，它可以根据需要对窗体的格式、窗体的显示元素等进行美化设置。

按照以下步骤使用条件格式：首先在窗体的设计视图下打开任意一个需要设置条件格式的窗体，然后在"窗体设计工具"的"格式"选项卡"控件格式"组中单击"条件格式"按钮，将弹出"设置条件格式"对话框。在这里可以设置条件格式，一次最多可以设置 3 个条件格式。

3. 窗体的布局及格式调整

为使窗体界面更加有序、美观，经常要对其中的对象(控件)进行调整，如位置、大小、排列等。选定窗体上需要调整的控件后，在"窗体设计工具"的"排列"选项卡"调整大小和排序"组中单击"大小/空格"按钮，在这里可以对控件的大小和间距进行调整。

5.1.5　定制用户入口界面

Access 2010 提供的切换面板管理器和导航窗体可以方便地将已经建立的数据库对象集成起来，为用户提供一个可以进行数据库应用系统功能选择的操作控制界面。

1. 创建切换窗体

切换面板是一个特殊的窗体，它相当于一个自定义对话框，是由许多功能按钮组成的菜单，每个选项执行一个专门操作，用户通过选择菜单实现对所集成的数据库对象的调用。每级控制菜单对应一个界面，称为切换面板页；每个切换面板页包含相应的切换项。

创建切换面板时，要先启动切换面板管理器，然后创建所有的切换面板页和每页上的切换项，设置默认的切换面板页为主切换面板(即主窗体)，最后设置每一个切换项对应的操作内容。

2. 创建导航窗体

切换面板虽然可以将数据库中的对象集成在一起，形成一个操作简便的应用系统，但是用户要设计每一个切换面板页和每页上的切换面板项目，以及每个切换面板页之间的关系，整个过程复杂且缺乏直观性。Access 2010 提供了一种新型的窗体，称为导航窗体。导航窗体的使用相对简单、直观。在导航窗体中，用户可以选择导航按钮的布局，也可以在所选布局上直接创建导航按钮，并通过这些按钮将已建数据库对象集成在一起，形成数据库应用系统。

3. 设置启动窗体

完成切换窗体或导航窗体的创建后，还需要将其设置为数据库的启动窗体。设置完成后需要重新启动数据库。当再次打开数据库时，系统将自动打开预设的启动窗体。

5.2 思考与练习

5.2.1 选择题

1. Access 2010 的窗体类型不包括( )。

　　A. 纵栏式　　　　　　B. 数据表　　　　　　C. 文档式　　　　　　D. 表格式

2. 在 Access 中，按照控件与数据源的关系可将控件分为( )。

　　A. 绑定型、非绑定型、对象型　　　　　　B. 计算型、非计算型、对象型

　　C. 对象型、绑定型、计算型　　　　　　　D. 绑定型、非绑定型、计算型

3. 不能作为窗体的记录源(RecordSource)的是( )。

　　A. 表　　　　　　　　B. 查询　　　　　　　C. SQL 语句　　　　　D. 报表

4. 为使窗体在运行时能自动居于显示器的中央，应将窗体的( )属性设置为"是"。

　　A. 自动调整　　　　　B. 可移动的　　　　　C. 自动居中　　　　　D. 分割线

5. 确定一个控件在窗体或报表上的位置的属性是( )。

　　A. Width 或 Height　　　　　　　　　　B. Top 或 Left

　　C. Width 和 Height　　　　　　　　　　D. Top 和 Left

6. 在窗体中，标签的"标题"属性是标签控件的( )。

　　A. 自身宽度　　　　　B. 名称　　　　　　　C. 大小　　　　　　　D. 显示内容

7. 要修改命令按钮上显示的文本，应设置其( )属性。

　　A. 名称　　　　　　　B. 默认　　　　　　　C. 标题　　　　　　　D. 单击

8. 在教师信息表中有"职称"字段，包含"教授""副教授"和"讲师"三种值，则用( )控件录入"职称"数据是最佳的。

　　A. 标签　　　　　　　B. 图像　　　　　　　C. 文本框　　　　　　D. 组合框

9. 下列关于窗体的叙述中，正确的是( )。

　　A. Caption 属性用于设置窗体标题栏的显示文本

　　B. 窗体的 Load 事件与 Activate 事件功能相同

　　C. 窗体中不能包含子窗体

　　D. 窗体没有 Click 事件

10. 若已设置文本框的输入掩码为 00.000，则运行时允许在此文本框中输入的是( )。

　　A. 5A、36E　　　　　B. 34.569　　　　　　C. 345.69　　　　　　D. 5A3.6E

11. 若要求在文本框中输入文本时，显示为"*"号，则应设置输入掩码为( )。

　　A. 邮政编码　　　　　B. 身份证　　　　　　C. 默认值　　　　　　D. 密码

12. 若窗体中有命令按钮 Command1，要设置 Command1 对象为不可用(运行时显示为灰色状态)，应将 Command1 对象的( )属性设置为 False。

　　A. Visible　　　　　　B. Enabled　　　　　　C. Default　　　　　　D. Cancel

13. (　　)属性可返回组合框中数据项的个数。

    A. ListCount　　　　B. ListIndex　　　　　C. ListSelecked　　　　D. ListValue

14. 向列表框中添加一项数据，可以用(　　)方法。

    A. RemoveItem　　　B. ListItem　　　　　C. InsertItem　　　　　D. AddItem

15. 从组合框中删除一项数据，可以用(　　)方法。

    A. DeleteItem　　　B. RemoveItem　　　　C. DropItem　　　　　D. AddItem

16. 下面对选项组的"选项值"属性描述正确的是(　　)。

    A. 只能设置为文本　　　　　　　　　　B. 可以设置为数字或文本

    C. 只能设置为数字　　　　　　　　　　D. 不能设置为数字或文本

17. 要在窗体中显示图片，不可以使用(　　)控件。

    A. 图像　　　　　　B. 非绑定对象框　　　C. 绑定对象框　　　　D. 组合框

18. 下面关于列表框的叙述中，正确的是(　　)。

    A. 列表框可以包含一列或几列数据

    B. 窗体运行时可以直接在列表框中输入新值

    C. 列表框的选项中第一项的序号为 1

    D. 列表框的可见性设置为"否"，则运行时显示为灰色

19. 若一窗体中有标签 Label1 和命令按钮 Command1，要在 Command1 的某事件中引用 Label1 的 Caption 属性值，正确的引用方式是(　　)。

    A. Me. Command1. Caption　　　　　　B. Me. Command1

    C. Me.Label1　　　　　　　　　　　　D. Me.Label1.Caption

20. 在窗体的各个部分中，位于(　　)中的内容在打印预览或者打印时才会显示。

    A. 窗体页眉　　　　B. 窗体页脚　　　　　C. 页面页脚　　　　　D. 主体

21. 如果加载一个窗体，最先被触发的事件是(　　)。

    A. Load 事件　　　B. Open 事件　　　　C. Activate 事件　　　D. Click 事件

22. 纵栏式窗体同一时刻能显示(　　)。

    A. 1 条记录　　　　　　　　　　　　　B. 2 条记录

    C. 3 条记录　　　　　　　　　　　　　D. 多条记录

23. 主窗体和子窗体的链接字段不一定在主窗体或子窗体中显示，但必须包含在(　　)中。

    A. 外部数据库　　　　　　　　　　　　B. 查询

    C. 主/子窗体的数据源　　　　　　　　D. 表

24. 在计算型控件中，控件来源表达式前都要加上(　　)。

    A. =　　　　　　　　B. !　　　　　　　　C. like　　　　　　　D. #

25. 在设计窗体时创建了一个独立标签，它在窗体的(　　)中不能显示。

    A. 设计视图　　　　　　　　　　　　　B. 窗体视图

    C. 数据表视图　　　　　　　　　　　　D. 布局视图

5.2.2 简答题

1. 简述窗体的主要功能。

2. Access 2010 的窗体有几种类型？各有什么作用？

3. Access 2010 的窗体有几种视图？各有什么作用？

4. 与自动窗体比较，窗体向导的优点有哪些？

5. 如何给窗体设定数据源？

6. 什么是"绑定型"对象？什么是"非绑定型"对象？请各举一例说明。

7. 属性表窗格有什么作用？如何显示属性表窗格？

8. 什么情况下需要使用"标签"？什么情况下需要使用"文本框"？请各举一例说明。

9. 组合框和列表框使用时有什么异同？

10. 请比较切换面板和导航窗体的异同点。

5.3 实验案例

实验案例 1

案例名称：使用"自动创建窗体"工具创建窗体

【实验目的】

掌握使用"自动创建窗体"工具创建窗体的方法和步骤。

【实验内容】

(1) 在"教务管理"数据库中，以 Dept 表为数据源建立一个纵栏式窗体，显示全部字段。完成后的窗体如图 5-1 所示。

(2) 在"教务管理"数据库中，以 Major 表为数据源建立一个表格式窗体，显示全部字段。完成后的窗体如图 5-2 所示。

图 5-2 表格式窗体

图 5-1 纵栏式窗体

(3) 在"教务管理"数据库中，以 Stu 表为数据源建立一个数据表窗体，显示全部字段。完成后的窗体如图 5-3 所示。

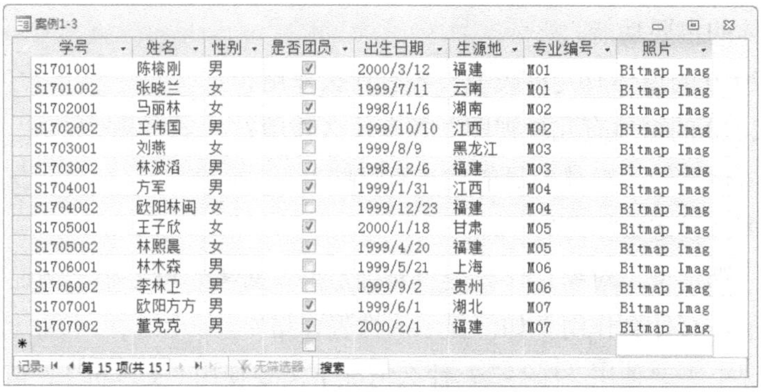
案例1-3

学号	姓名	性别	是否团员	出生日期	生源地	专业编号	照片
S1701001	陈榕刚	男	☑	2000/3/12	福建	M01	Bitmap Imag
S1701002	张晓兰	女	☐	1999/7/11	云南	M01	Bitmap Imag
S1702001	马丽林	女	☑	1998/11/6	湖南	M02	Bitmap Imag
S1702002	王伟国	男	☑	1999/10/10	江西	M02	Bitmap Imag
S1703001	刘燕	女	☐	1999/8/9	黑龙江	M03	Bitmap Imag
S1703002	林波滔	男	☑	1998/12/6	福建	M03	Bitmap Imag
S1704001	方军	男	☑	1999/1/31	江西	M04	Bitmap Imag
S1704002	欧阳林闽	女	☐	1999/12/23	福建	M04	Bitmap Imag
S1705001	王子欣	女	☑	2000/1/18	甘肃	M05	Bitmap Imag
S1705002	林熙晨	女	☑	1999/4/20	福建	M05	Bitmap Imag
S1706001	林木森	男	☐	1999/5/21	上海	M06	Bitmap Imag
S1706002	李林卫	男	☐	1999/9/2	贵州	M06	Bitmap Imag
S1707001	欧阳方方	男	☑	1999/6/1	湖北	M07	Bitmap Imag
S1707002	董克克	男	☑	2000/2/1	福建	M07	Bitmap Imag
*			☐				

记录: 第 15 项(共 15 项)　无筛选器　搜索

图 5-3　数据表窗体

【实验步骤】

- 实验内容 1 的步骤：

(1) 打开“教务管理”数据库，在“表”对象中选择 Dept 表。

(2) 在“创建”选项卡的“窗体”组中单击“窗体”按钮，系统创建 Dept 表对应的纵栏式窗体，如图 5-1 所示。

(3) 根据需要对布局进行进行调整后，单击快捷访问工具栏上的“保存”按钮，打开“另存为”对话框，将窗体命名为“案例 1-1”，单击“确定”按钮，完成该窗体的创建。

- 实验内容 2 的步骤：

(1) 打开“教务管理”数据库，在“表”对象中选择 Major 表。

(2) 在“创建”选项卡的“窗体”组中单击“其他窗体”按钮，在弹出的下拉列表中选择“多个项目”选项，系统自动生成 Major 表对应的表格式窗体，如图 5-2 所示。

(3) 根据需要对布局进行进行调整后，单击快捷访问工具栏上的“保存”按钮，打开“另存为”对话框，将窗体命名为“案例 1-2”，单击“确定”按钮，完成该窗体的创建。

- 实验内容 3 的步骤：

(1) 打开“教务管理”数据库，在“表”对象中选择 Stu 表。

(2) 在“创建”选项卡的“窗体”组中单击“其他窗体”按钮，在弹出的下拉列表中选择“数据表”选项，系统自动生成 Stu 表对应的数据表窗体，如图 5-3 所示。

(3) 根据需要对布局进行进行调整后，单击快捷访问工具栏上的“保存”按钮，打开“另存为”对话框，将窗体命名为“案例 1-3”，单击“确定”按钮，完成该窗体的创建。

【请思考】

自动创建窗体的基本步骤是什么？

实验案例 2

案例名称：使用“窗体向导”工具创建窗体

【实验目的】

(1) 掌握使用“窗体向导”工具创建窗体的方法。

(2) 掌握使用"设计视图"修改窗体的方法。

(3) 掌握在窗体中添加控件的方法。

【实验内容】

以 Stu 表为数据源设计"学生名单"窗体，如图 5-4 所示。要求显示"学号""姓名""性别""出生日期"和"生源地"这 5 个字段，只有垂直滚动条，无"记录选择器"，窗体页眉处显示"学生名单"，字号 18。

图 5-4　实验案例 2 窗体视图的显示效果

【实验步骤】

(1) 在"创建"选项卡上的"窗体"组中单击"窗体向导"按钮，打开"窗体向导"对话框。

(2) 在"表/查询"下拉列表框中选择 Stu 表，并选择所需的字段：学号、姓名、性别、出生日期和生源地，单击"下一步"按钮，进入"窗体向导"对话框的下一界面。

(3) 在界面右侧选择"表格"单选按钮，单击"下一步"按钮，进入"窗体向导"对话框的下一界面。

(4) 指定窗体标题为"学生名单"，单击"完成"按钮，这时可以看到新建的窗体，系统自动命名其为"学生名单"。

(5) 切换到窗体的设计视图，打开"属性表"，设置窗体的"记录选择器"属性为"否"，设置"滚动条"属性为"只垂直"。

(6) 在窗体页眉节选中显示"学生名单"的标签，通过属性窗口将"字号"改为 18，并将标签移到合适的位置。

(7) 关闭窗体后，修改窗体名称为"案例 2"。

【请思考】

创建绑定型控件的最佳方式是什么？

实验案例 3

案例名称：创建主/子窗体

【实验目的】

(1) 掌握使用"窗体向导"创建主/子窗体的方法和步骤。

(2) 掌握使用"设计视图"创建主/子窗体的方法和步骤。

【实验内容】

(1) 使用"窗体向导"创建主/子窗体，如图 5-5 所示。主窗体的数据源为 Emp 表的"工号""姓名"和"职称"，子窗体的数据源为 Course 表的"课程编号""课程名称"和"学时"。

(2) 使用"设计视图"创建主/子窗体，如图 5-6 所示。主窗体的数据源为 Major 表的"专业编号"和"专业名称"，子窗体的数据源为 Stu 表的"学号""姓名""性别"和"生源地"。

图 5-5　教师授课情况主/子窗体　　　　图 5-6　专业学生情况主/子窗体

【实验步骤】

● 实验内容 1 的步骤：

(1) 在"创建"选项卡上的"窗体"组中单击"窗体向导"按钮，打开"窗体向导"对话框。

(2) 在"表/查询"下拉列表框中选择 Emp 表，将"工号""姓名"和"职称"字段添加到"选定字段"列表中。使用相同方法将 Course 表中的"课程编号""课程名称"和"学时"字段添加到"选定字段"列表中。单击"下一步"按钮，进入"窗体向导"对话框的下一界面。

(3) 在"请确定查看数据的方式"列表框中选择"通过 Emp"选项，系统会自动选择下方的"带有子窗体的窗体"单选按钮。单击"下一步"按钮，进入"窗体向导"对话框的下一界面。

(4) 在这一步确定子窗体使用的布局，选中右侧的"数据表"单选按钮，单击"下一步"按钮，进入"窗体向导"对话框的下一界面。

(5) 确定窗体标题为"案例 3-1 教师授课情况"，子窗体名称为"所授课程"，单击"完成"按钮，即可看到如图 5-5 所示的主/子窗体。

(6) 关闭窗体后，修改窗体名称为"案例 3-1"。

● 实验内容 2 的步骤：

(1) 新建一个窗体，通过属性窗口将窗体的"记录源"设置为 Major 表，打开"字段列表"窗口，将数据源字段列表中的"专业编号"和"专业名称"字段直接拖拽到窗体中，创建和字段相绑定的控件。

(2) 在窗体控件工具箱中单击"子窗体/子报表"按钮，然后在"专业名称"下方拖放出一个矩形框，松开鼠标后即弹出"子窗体向导"对话框，选中"使用现有的表和查询"单选按钮，单击"下一步"按钮，进入"子窗体向导"对话框的下一界面。

(3) 在"表/查询"下拉列表框中选择"表：Stu"，并选定"学号""姓名""性别"和"生源地"字段，单击"下一步"按钮，进入"子窗体向导"对话框的下一界面。

(4) 设置将主窗体用"专业编号"字段链接到子窗体后，单击"下一步"按钮，进入"子窗体向导"对话框的下一界面。

(5) 指定子窗体的名称为"案例 3-2 子窗体",单击"完成"按钮,返回到窗体"设计视图",再切换到"窗体视图"就可以浏览专业学生信息,如图 5-6 所示。

(6) 关闭窗体后,修改窗体名称为"案例 3-2"。

实验案例 4

案例名称:创建数据透视表窗体

【实验目的】

掌握创建数据透视表窗体的方法和步骤。

【实验内容】

以 Emp 表为数据源设计数据透视表窗体,用于分析教师不同职称与性别的人数关系,窗体的布局如图 5-7 所示。单击加号和减号可以进行信息的显示和隐藏。

图 5-7　教师的数据透视表窗体

【实验步骤】

(1) 打开"教务管理"数据库,在"表"对象中选择 Emp 表。

(2) 在"创建"选项卡的"窗体"组中单击"其他窗体"按钮,在弹出的下拉列表中选择"数据透视表"选项,进入数据透视表的设计界面。

(3) 将"数据透视表字段列表"对话框中的"职称"字段拖至"行字段"区域,将"性别"字段拖至"列字段"区域,选中"工号"字段,在右下角的下拉列表框中选择"数据区域"选项,单击"添加到"按钮。

可以看到,字段列表中生成了一个"总计"字段,该字段的值是之前选中的"工号"字段的计数值,同时在数据区域产生了"职称"(行字段)和"性别"(列字段)分组下有关"工号"的计数,也就是不同职称男女职工的人数。

(4) 将窗体保存为"案例 4"。

【请思考】

"数据透视图"窗体的功能与"数据透视表"窗体类似,只不过以图形化的形式来表现数据，能更为直观地反映数据之间的关系。创建"数据透视图"窗体的方法与创建"数据透视表"窗体的方法类似，请自行完成。

实验案例 5

案例名称：常用控件之案例 1

【实验目的】

(1) 掌握窗体、标签控件和按钮控件常用属性的设置。

(2) 掌握命令按钮事件代码的编写。

【实验内容】

创建图 5-8 所示的窗体。

 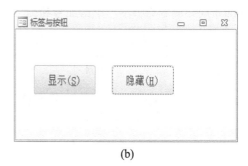

(a)　　　　　　　　　　　　　　　　　　(b)

图 5-8　实验案例 5 的窗体视图

【实验步骤】

(1) 新建一个窗体，窗体标题为"标签与按钮"，窗体的记录选择器、导航按钮、分隔线均为"否"，边框样式为"细边框"，窗体运行时自动居中。

(2) 添加一个标签控件 Label0，其标题为"我是标签"，宋体、18 号、加粗，大小为"正好容纳"，前景色为红色即 RGB(255，0，0)。

(3) 添加两个命令按钮 Command1 和 Command2，标题分别为"显示(S)"和"隐藏(H)"，其中 S 和 H 为访问键。

(4) 编写命令按钮 Command1 的单击事件代码：Label0.Visible = True，使窗体运行时，单击 Command1 按钮后，显示标签控件 Label0。

(5) 编写命令按钮 Command2 的单击事件代码：Label0.Visible = False，使窗体运行时，单击 Command2 按钮后，隐藏标签控件 Label0。

(6) 将窗体保存为"案例 5"。

【请思考】

(1) 同一个窗体中，控件的名称可以重复吗？控件的标题可以重复吗？

(2) 如何正确识别题目中标签控件的名称？

实验案例 6

案例名称：常用控件之案例 2

【实验目的】

(1) 掌握文本框控件常用属性的设置。

(2) 掌握"按钮向导"的使用。

【实验内容】

创建图 5-9 所示的窗体。

【实验步骤】

(1) 新建一个窗体，窗体标题为"系统登录窗口"，窗体的记录选择器、导航按钮、分隔线均为"否"，无滚动条，主体节背景颜色为自定义颜色RGB(180, 222, 233)，窗体运行时自动居中。

图 5-9　实验案例 6 的窗体视图

(2) 为窗体添加两个带有自动关联标签的文本框，"用户名"的标签名称为 Label1，对应文本框的名称为 Text1，默认值为 admin；"密码"的标签名称为 Label2，对应文本框的名称为 Text2，并将其输入掩码设为"密码"输入格式。

(3) 为窗体添加一个标题为"登录"、名称为 Command1 的命令按钮，再添加一个具有"退出应用程序"功能的命令按钮，其标题为"退出"，名称为 Command2。

(4) 将窗体保存为"案例 6"。

【请思考】

窗体的窗体页眉节、主体节和窗体页脚节可以分别设置不同的背景色吗？

实验案例 7

案例名称：常用控件之案例 3

【实验目的】

(1) 掌握图像控件和直线控件常用属性的设置。

(2) 掌握选项组向导的使用。

【实验内容】

创建图 5-10 所示的窗体。

【实验步骤】

(1) 新建一个窗体，窗体标题为"控件的使用"，运行时自动居中，无记录选择器，无导航按钮，无滚动条，为窗体添加窗体页眉/页脚。

(2) 在窗体页眉处添加一个标签，名称为 Label1，标题为"小丸子"，大小为"正好容纳"，字体为"隶书"，字号 18，字体粗细"特粗"，特殊效果为"蚀刻"。

(3) 在窗体的主体处添加一个图像控件 Image1，并为它添加一张图片(可以自行选择图片，同时修改

图 5-10　实验案例 7 的窗体视图

Label1 的标题与图片匹配)，图片类型为"嵌入"，缩放模式为"缩放"。

(4) 在窗体的主体处添加一个直线控件 Line1，边框样式为"虚线"，边框宽度为 4pt。

（5）在窗体的主体处用选项组向导添加一个选项组控件 Frame1，标题为"图片处理"，在选项组中包含两个切换按钮控件，第一个选项按钮对应的标题为"放大"，第二个选项按钮对应的标题为"缩小"，默认值为"放大"。

（6）将窗体保存为"案例 7"。

【请思考】

图片的缩放模式有几种？它们的效果有什么不同？

实验案例 8

案例名称：常用控件之案例 4

【实验目的】

（1）掌握组合框控件和列表框控件常用属性的设置。

（2）掌握组合框向导和列表框向导的使用。

【实验内容】

创建图 5-11 所示的窗体。

【实验步骤】

（1）新建一个窗体，窗体标题为"教师信息"，运行时自动居中，记录源为 Emp 表。

（2）在窗体主体处添加一个矩形控件 Box1，背景样式为"透明"。

（3）将"工号"和"姓名"两个字段从字段列表中拖到窗体中。

（4）用组合框向导在窗体中添加一个组合框控件 Combo1，行来源类型为"值列表"，行来源为"男"和"女"，控件来源为"性别"字段，并将关联标签的标题设为"性别"。

（5）用列表框向导在窗体中添加一个列表框控件 List1，行来源类型为"值列表"，行来源为"教授""副教授""讲师"和"助教"，控件来源为"职称"字段，并将关联标签的标题设为"职称"。

（6）将窗体保存为"案例 8"。

图 5-11　实验案例 8 的窗体视图

【请思考】

列表框/组合框的"行来源"属性和"控件来源"属性的区别是什么？

实验案例 9

案例名称：常用控件之案例 5

【实验目的】

(1) 掌握列表框/组合框的 AddItem 方法和 RemoveItem 方法的使用。

(2) 掌握列表框/组合框的常用属性的使用。

【实验内容】

创建如图 5-12 所示的窗体。

【实验步骤】

(1) 新建一个窗体，窗体标题为"我爱吃水果"，无记录选择器，无导航按钮。

(2) 用列表框向导在窗体中添加一个列表框控件 List1，行来源类型为"值列表"，行来源为"香蕉""西瓜""榴莲""荔枝"和"苹果"，默认值为"西瓜"，并将关联标签删除。

(3) 在窗体中添加一个按钮控件 Command1，标题为"我爱吃"。

(4) 在窗体中添加一个列表框控件 List2，行来源类型为"值列表"，并将关联标签删除。

(5) 在 Command1 的单击事件中输入以下两行代码：List2.AddItem List1.Value 和 List1.RemoveItem List1.ListIndex。

(6) 将窗体保存为"案例 9"。

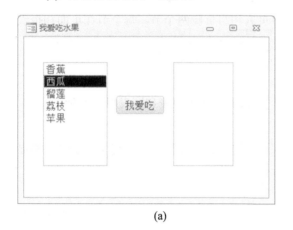
(a)

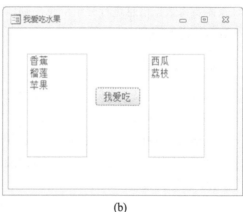
(b)

图 5-12　实验案例 9 的窗体视图

第6章 报　　表

6.1　知识要点

6.1.1　报表的作用及类型

1. 报表概述

报表(Report)是用表格、图表等格式来动态显示数据，是数据库应用系统打印输出数据最主要的形式。用户通过报表设计视图可以调整每个对象的大小、外观等属性，按照需要的格式设计数据信息打印显示，最后通过报表预览视图查看结果或直接打印输出。报表对象的数据来源可以是表、查询或是 SQL 语句，报表的主要作用是数据库数据加工处理后的打印输出，但不能修改数据来源的数据。

报表自上而下由报表页眉、页面页眉、主体、页面页脚和报表页脚五个节组成。有的时候需要将数据信息进行分组汇总，则增加组页眉和组页脚两个节，每个节在页面和报表中具有特定的顺序。

2. 报表的类型

Access 2010 报表常见有表格式报表、纵栏式报表、标签报表和图表报表 4 种类型。

(1) 表格式报表

表格式报表中的字段数据信息显示在报表的主体节，一行显示一条记录，字段名称显示在页面页眉节。表格式报表可以对记录进行分组汇总。

(2) 纵栏式报表

纵栏式报表以纵列方式显示一条记录的多个字段，每个字段信息显示在报表主体节的一行上，并且在字段数据的左边还有一个显示字段名称的标签。纵栏式报表可以同时显示多条记录。

(3) 标签报表

标签报表把一个打印页分割成多个规格、样式一致的区域，主要用于打印产品信息价格、书签、名片、信封以及邀请函件。Access 2010 通过标签报表向导用于创建标签报表。

(4) 图表报表

图表报表以直方图、饼图等图表的方式直观显示数据，Access 2010 在报表设计视图中使用图表控件来创建图表报表。

3. 报表视图

Access 2010 提供了报表视图、打印预览、布局视图、设计视图 4 种视图查看方式。通常使用设计视图创建报表，打印预览视图查看报表设计效果并返回到设计视图修改，直到满足要求。

6.1.2 快速创建报表的方法

1. 使用"报表"按钮创建报表

使用"报表"按钮创建报表操作步骤：

(1) 在"导航窗格"的"表"或"查询"分组中选择记录源。

(2) 单击"创建"选项卡，在"报表"组中单击"报表"按钮，完成基本报表的设计，此时系统进入报表布局视图，在布局视图下可以调整控件的大小、对齐等布局，也可以增加分组等信息。

(3) 切换至打印预览视图可查看报表输出效果。

2. 使用"空报表"按钮创建报表

使用"空报表"按钮创建报表操作步骤：

(1) 单击"创建"选项卡，在"报表"组中单击"空报表"按钮，打开空报表的布局视图和"字段列表"窗格。

(2) 将"字段列表"窗格中记录源表的相应字段拖动到"布局视图"窗口的空白处，并进行大小位置等设置，即可完成报表的设计。单击"设计"选项卡"分组和汇总"组的"分组和排序按钮"，可以通过"分组、排序和汇总"窗格对记录进行分组统计的操作。

(3) 切换至打印预览视图可查看报表输出效果，切换至设计视图可对报表上的控件进行增加、删除和修改。

如果要创建纵栏式报表，当拖动第一个字段至布局视图的空白处后，单击"排列"选项卡"表"组中的"堆积"按钮，然后依次将下一个字段拖动到上一个字段的下方，即可由表格式变换成纵栏式。

3. 使用"报表向导"创建报表

使用"报表向导"创建报表操作步骤：

(1) 建立报表记录源多表之间的联系。

(2) 单击"创建"选项卡下"报表"组的"报表向导"按钮，弹出"报表向导"对话框，在"表/查询"的列表框中选择表，在"可用字段"下拉列表框中依次选择报表所需字段，单击"下一步"按钮。

(3) 在"请确定查看数据的方式"列表框中选择"通过表名"，右边会显示记录数据分组的效果。选择不同表的数据查看方式，记录分组的依据是不一样的。

完成后单击"下一步"按钮，记录源为多表的报表一般不需要对记录进行二次分组，但是记录源来自单表的报表，则不会出现"请确定查看数据的方式："。

　　(4) 在"报表向导"窗口中选择作为排序依据的字段，单击"汇总选项"按钮，在弹出的"汇总选项"对话框中选择需要汇总计算的字段，可勾选"汇总""平均""最大""最小"复选框，单击"确定"按钮，关闭"汇总选项"对话框。完成对汇总字段的操作，单击"下一步"按钮。

　　(5) 设置报表的布局方式，打印方向设置为"纵向"，单击"下一步"按钮。

　　(6) 设置报表的标题，单击"完成"按钮。

　　(7) 切换至"打印预览"视图预览报表。

6.1.3　使用设计视图创建和编辑报表

　　"报表设计工具"选项组包含"设计""排列""格式""页面设置"4个选项卡，每个选项卡页面各有若干组功能按钮，用于报表及其控件的设计。

1. 设计报表的主题和背景

　　(1) 报表节的设置

　　Access 2010 默认报表包含三个节：页面页眉、主体和页面页脚。报表的任意一个节的空白处单击鼠标右键，选择"报表页眉/页脚""页面页眉/页脚"可以增加报表的节。单击"设计"选项卡中的"分组和汇总"下的"分组和排序"按钮对报表记录数据进行分组，报表增加组页眉和组页脚。

　　鼠标移动到节的底部或空白处的最右端，此时鼠标变成十字形状，按住鼠标左键不松开进行拖动可更改节的高度和宽度。，通过属性窗口为每个节设置不同的背景颜色、高度、可见性等。

　　(2) 报表的主题设置

　　在"设计"选项卡的"主题"组，提供了"主题""颜色"和"字体"三个按钮，用于设置报表的外观、颜色等格式。

　　(3) 设置报表背景图片

　　通过设置报表的图片属性或单击"报表设计工具"选项组中的"格式"选项卡下的"背景"组的"背景图像"按钮，设置背景图片的路径和文件名，为报表指定背景图片。

2. 报表的记录源和控件设置

　　在报表的"属性表"窗格中设置"记录源"属性，可以设置表或查询作为报表的记录源，或者单击"记录源"属性右边的省略号按钮，为报表创建一个新的查询作为记录源。

　　在"报表设计工具"选项组"设计"选项卡的"控件"工具组提供了一组可供报表设计使用的控件，这些控件的设计和属性设置的方法和窗体控件是一样的，同样也分成绑定型控件、非绑定型控件和计算型控件。

3. 为报表添加日期时间、页码和分页符

　　(1) 添加日期

　　在报表设计视图下，单击"设计"选项卡的"页眉/页脚"组，单击"日期和时间"按

钮，弹出"日期和时间"对话框，用户可选择需要的日期和时间的显示格式，完成选择后单击"确定"按钮，此时 Access 2010 会自动在报表的报表页眉节上添加日期和时间。

如需要在报表的其他节来显示日期和时间，我们可以使用在该节上添加文本框设置"控件来源"属性为=Date( )，设置"格式"属性，设定日期和时间的显示格式。

(2) 添加页码

在"设计"选项卡的"页眉/页脚"组，单击"页码"按钮，弹出"页码"对话框，设置完成后 Access 2010 会自动在报表的页面页眉节或页面页脚节上添加页码。

(3) 添加分页符

在报表打印输出时，如某一页内容需要分成几页来打印，可在需要分页打印处添加分页符。为报表添加分页符的操作如下：

① 在"设计"选项卡的"控件"组，单击"分页符"按钮。

② 单击报表需要分页打印处，此时该处最左边会出现一个"虚线"图标，完成分页设置。

4. 利用矩形框和线条控件为报表绘制装饰线和表格

在"设计"选项卡的"控件"组中有矩形框和线控件，可以利用这些控件及其属性的设置，在报表需要的节位置进行添加绘制。

5. 使用设计视图创建报表

使用报表设计视图创建报表操作步骤：

(1) 单击"创建"选项卡，在"报表"选项组中单击"报表设计"按钮，创建一个空白报表并进入报表设计视图。

(2) 打开报表的"属性表"窗格，设置"记录源"属性，可选择表或查询作为报表的记录源。单击"记录源"属性最右边省略号按钮进入到"查询生成器"界面，创建一个新查询作为报表的记录源。

(3) 单击"设计"选项卡，在"工具"组单击"添加现有字段"按钮，弹出"字段列表"窗格，将报表所需字段依次拖动到报表的主体节上，主体节会自动产生若干带关联标签的与字段绑定的文本框控件，可设置文本框控件的字体、字号、边框样式等属性；利用"排列"选项卡的"调整大小和排序"组中的"大小/空格"和 "对齐"调整控件的位置。

(4) "设计"选项卡的"控件"组选择"标签"控件，添加对应的标签控件到页面页眉节上，设置标签的标题属性为相应的字段名，设置标签控件的字体、字号、边框样式等属性；利用"排列"选项卡的"调整大小和排序"组中的"大小/空格"和 "对齐"下拉菜单，调整标签控件的位置和大小。

(5) 在"设计"选项卡的"页面/页脚"组，单击"标题"按钮，报表会自动增加报表页眉节和报表页脚节，在报表页眉节的标签控件中输入"学生成绩信息"作为报表的标题。

(6) 在"设计"选项卡的"控件"组单击"文本框"控件，在报表需要的节处(如报表页眉节)添加一个文本框控件，设置控件来源属性为=Date( )。

(7) 在"设计"选项卡的"页眉/页脚"组，单击"页码"按钮，弹出"页码"对话框，添加页码信息。

(8) 调整各个节的高度，以合适的空间容纳放置在节中的空间。单击"保存"按钮，输入报表名称，保存报表。

6. 报表的分组、排序和汇总

(1) 报表的排序

为报表指定"排序"规则的操作步骤：

① 单击"设计"选项卡"分组和汇总"组的"分组和排序"按钮，报表设计视图最下方出现"分组、排序和汇总"窗格。

② 单击"添加排序"按钮，出现"字段列表"窗格，单击需要设置为排序依据的字段(单击"表达式"会打开表达式生成器，设置表达式作为记录的排序依据)。Access 2010 允许通过多次单击"选择排序"按钮，设置多个字段或表达式作为记录排序的依据。排序的优先级别是第一行为最高，第二行次之，以此类推。

③ 设置好排序依据的字段或表达式，默认是"升序"，记录按设置规则由低到高排列。单击"升序"下拉列表可将"升序"改为"降序"，则记录按设置规则由高到低排列。

④ 默认排序依据的字段比较大小是"按整个值"，单击"按整个值"下拉列表可将设置排序的依据按字段值的其他形式进行比较。

(2) 报表的分组

报表设计时通常需要根据按字段的值是否相等将记录分成若干组，以便进行数据的汇总计算。Access 2010 报表分组操作步骤：

① 单击"设计"选项卡"分组和汇总"组的"分组和排序"按钮，在"排序、分组和汇总"窗格中单击"添加组"按钮，出现"字段列表"窗格，单击需要设置为分组依据的字段(单击"表达式"会打开表达式生成器，设置表达式作为记录的分组依据)。Access 2010 允许通过多次单击"添加组"按钮，设置多个字段或表达式作为记录多次分组的依据。

② 单击"无汇总"下拉列表出现"汇总"窗格，在"汇总方式"的下拉列表框设置需要计算的字段；"类型"下拉列表框选择计算公式，如合计、平均值、最大值、最小值等。

③ 单击"无页眉节""无页脚节"下拉列表可变为"有页眉节"或"有页脚节"，此时报表增加组页眉节或组页脚节。

④ 单击"将不同组放在同一页上"下拉列表，设置分组记录在页的显示方式。

⑤ 单击"添加排序"，设置分组记录的排序依据。

(3) 报表中使用"计算型"控件进行汇总计算

① 在主体节中增加文本框控件，用于对报表记录的横向计算，即对每一条记录的不同字段进行计算。主体节增加一个文本框控件，设置"控件来源属性"为"=计算表达式"。

② 在组页眉/组页脚节、页面页眉/页面页脚节、报表页眉/报表页脚节添加计算型控件，一般用于对一组记录、一页记录、所有记录的某些字段进行求和、计数、平均值、最大值、最小值计算，这个计算一般是对报表字段的纵向数据进行统计计算。

6.1.4 创建图表报表和标签报表

1. 创建图表报表

使用"图表"控件创建图表报表的操作步骤：

(1) 单击"创建"选项卡，在"报表"组中单击"报表设计"按钮，打开一张空报表。

(2) 在"设计"选项卡中选择"控件"组中的图表控件，并添加到报表的主体节上。

(3) 在弹出的"图表向导"窗口在"请选择用于创建图表的表或查询"下拉列表框中选择记录源。

(4) 单击"下一步"按钮，弹出"选定字段"对话框，选择以图表形式显示的字段。

(5) 单击"下一步"按钮，弹出"选择图形类型"对话框，选择直方图、折线图、饼图等图表类型。

(6) 单击"下一步"按钮，弹出"图表布局"对话框，对图表布局进行设置。

(7) 单击"下一步"按钮，弹出对话框，"请指定图表的标题"中可输入报表标题，并设置是否显示图例。

(8) 单击"完成"按钮，预览报表。

(9) 如需对图表进一步设计，可切换至设计视图，在设计视图下直接双击图表对象也可以进入编辑状态，鼠标右键单击图表，在弹出的快捷菜单中选择"图表选项"，出现"图表选项"对话框，可对图表的标题、图例、数据标签进行设置。

2. 创建标签报表

使用标签向导创建标签报表的操作步骤：

(1) 在"导航窗格"的"表"分组中选择报表记录源(表或查询)。

(2) 打开"创建"选项卡，在"报表"组中单击"标签"按钮，弹出标签尺寸设置选项卡，对标签报表的尺寸、度量单位、送纸方式进行设置。

(3) 单击"下一步"，在弹出的对话框中对标签报表文本的字体名称、字号、颜色进行设置。

(4) 单击"下一步"按钮，在弹出对话框中的"原型标签"输入要显示的字段标题并选择相应字段。其中{字段}中的字段是从"可用字段"列表框中选择的字段，"字段名:"是需要报表设计人员自行输入。

(5) 单击"下一步"按钮，弹出"设置排序"对话框，设置标签记录的排序。

(6) 单击"下一步"按钮，弹出对话框，设置标签报表的名字。

(7) 单击"完成"按钮，预览报表。

6.1.5 报表的导出

Access 2010 提供将报表导出为 PDF 或 XPS 文件格式的功能，这些文件保留原始报表的布局和格式，以便其他用户可以在脱离 Access 2010 环境下查阅报表信息。此外，Access 2010 还可以将报表导出为 Excel 文件、文本文件、XML 文件、rtf 文件、HTML 文档等。

将报表导出为 PDF 文件操作步骤如下:

(1) 打开数据库,在导航窗格下展开报表对象列表。

(2) 单击选择"报表"对象列表中要导出的报表。

(3) 单击"外部数据"选项卡,在"导出"组中单击"PDF 或 XPS"按钮。

(4) 在"发布为 PDF 或 XPS"对话框中设置文件保存位置、文件名、文件类型,选择保存类型为 PDF(*.pdf)。

(5) 单击"发布"按钮,完成操作后,在步骤(4)指定的路径下可以找到报表导出的 PDF 文件。

6.2　思考与练习

6.2.1　选择题

1. 下列关于报表的叙述中,正确的是(　　)。

　　A. 报表只能输入数据　　　　　　　　　　B. 报表只能输出数据

　　C. 报表可以输入和输出数据　　　　　　　D. 报表不能输入和输出数据

2. 在报表设计过程中,不适合添加的控件是(　　)。

　　A. 标签控件　　　　B. 图形控件　　　　C. 文本框控件　　　　D. 选项组控件

3. 要实现报表按某字段分组统计输出,需要设置的是(　　)。

　　A. 报表页脚　　　　B. 该字段的组页脚　　　　C. 主体　　　　D. 页面页脚

4. 在报表中要显示格式为"共 N 页,第 N 页"的页码,正确的页码格式设置是(　　)。

　　A. = "共" + Pages + "页,第" + Page + "页"

　　B. = "共" + [Pages] + "页,第" + [Page] + "页"

　　C. = "共" & Pages & "页,第" & Page & "页"

　　D. = "共" & [Pages] & "页,第" & [Page] & "页"

5. 在报表的视图中,能够预览显示结果,并且又能够对控件进行调整的视图是(　　)。

　　A. 设计视图　　　　B. 报表视图　　　　C. 布局视图　　　　D. 打印视图

6. 在报表中,要计算"数学"字段的最低分,应将控件的"控件来源"属性设置为(　　)。

　　A. = Min([数学])　　　B. = Min(数学)　　　C. = Min[数学]　　　D. Min(数学)

7. 使用什么创建报表时会提示用户输入相关的数据源、字段和报表版面格式信息(　　)。

　　A. 自动报表　　　　B. 图标报表　　　　C. 标签向导　　　　D. 报表向导

8. 通过(　　)设置,可一次性更改报表所有文本字体,字号及线条粗细等外观属性。

　　A. 图表　　　　B. 自动套用　　　　C. 自定义　　　　D. 主题

9. 报表页眉的作用是(　　)。

　　A. 显示报表中字段名或对记录的分组名

B. 显示报表的标题、图形或说明性文字

C. 显示本页的汇总说明

D. 显示整份报表的汇总说明

10. 要使打印的报表每页显示 3 列记录，在设置时应选择(　　)。

A. 工具箱　　　　　B. 页面设置　　　　　C. 属性表　　　　　D. 字段列表

11. 在一份报表中设计内容只出现一次的区域是(　　)。

A. 报表页眉　　　　　B. 页面页眉　　　　　C. 主体　　　　　D. 页面页脚

12. 如果要显示的记录和字段较多，并且希望可以同时浏览多条记录及方便比较相同字段，则应创建的报表类型是(　　)。

A. 纵栏式　　　　　B. 标签式　　　　　C. 表格式　　　　　D. 图表式

13. 在报表设计中将数据以图表形式显示出来可以使用(　　)。

A. 自动报表向导　　　　　　　　　B. 报表向导

C. 图表报表　　　　　　　　　　　D. 标签报表

14. 在基于"学生表"的报表中按"班级"分组，并设置一个文本框控件，控件来源属性设置为"=Count(*)"，关于该文本框说法中，正确的是(　　)。

A. 文本框如果位于页面页眉，则输出本页记录总数

B. 文本框如果位于班级页眉，则输出本班记录总数

C. 文本框如果位于页面页脚，则输出本班记录总数

D. 文本框如果位于报表页脚，则输出本页记录总数

15. 报表的分组统计信息显示于(　　)。

A. 报表页眉或报表页脚　　　　　　B. 页面页眉或页面页脚

C. 组页眉或组页脚　　　　　　　　D. 主体

16. 计算控件的控件来源属性一般设置为(　　)开头的计算表达式。

A. "-"　　　　　　　　　　　　　B. "="

C. ">"　　　　　　　　　　　　　D. "<"

17. 报表的作用不包括(　　)。

A. 分组数据　　　　B. 汇总数据　　　　C. 格式化数据　　　　D. 输入数据

18. 在报表的组页脚区域中要实现累加统计，可以在文本框中使用函数(　　)。

A. Max　　　　　　B. Sum　　　　　　C. Avg　　　　　　D. Count

19. 在报表的组页脚区域中要实现计数统计，可以在文本框中使用函数(　　)。

A. Max　　　　　　B. Sum　　　　　　C. Avg　　　　　　D. Count

20. 创建报表时，使用自动创建方式可以创建(　　)。

A. 纵栏式报表和标签式报表　　　　B. 标签式报表和表格式报表

C. 纵栏式报表和表格式报表　　　　D. 表格式报表和图表式报表

21. 下列选项中，在报表"设计视图"工具栏中有、而在窗体"设计视图"中没有的按钮是(　　)。

A. 代码　　　　　　B. 字段列表　　　　C. 工具箱　　　　D. 排序与分组

22. 报表的数据源不能是(　　)。

    A. 表　　　　　　　　B. 查询　　　　　　　C. SQL 语句　　　　　D. 窗体

23. 每张报表可以有不同的节，一张报表至少要包含的节是(　　)。

    A. 主体节　　　　　　　　　　　　　　　B. 报表页眉和报表页脚

    C. 组页眉和组页脚　　　　　　　　　　　D. 页面页眉和页面页脚

24. 在报表中要添加标签控件，应使用(　　)。

    A. 工具栏　　　　　　　B. 属性表　　　　　　C. 工具箱　　　　　　　D. 字段列表

25. 下列叙述中，正确的是(　　)。

    A. 在报表中必须包含报表页眉和报表页脚

    B. 在报表中必须包含页面页眉和页面页脚

    C. 报表页眉打印在报表每页的开头，报表页脚打印在报表每页的末尾

    D. 报表页眉打印在报表第一页的开头，报表页脚打印在报表最后一页的末尾

26. Access 中对报表进行操作的视图有(　　)。

    A. 报表视图、打印预览、透视报表和布局视图

    B. 工具视图、布局视图、透视报表和设计视图

    C. 打印预览、工具报表、布局视图和设计视图

    D. 报表视图、打印预览、布局视图和设计视图

27. 下列叙述中，正确的是(　　)。

    A. 在窗体和报表中均不能设置组页脚

    B. 在窗体和报表中均可以根据需要设置组页脚

    C. 在窗体中可以设置组页脚，在报表中不能设置组页脚

    D. 在窗体中不能设置组页脚，在报表中可以设置组页脚

28. 下列选项中，可以在报表设计时作为绑定控件显示字段数据的是(　　)。

    A. 文本框　　　　　　　B. 标签　　　　　　　C. 图像　　　　　　　　D. 选项卡

29. 要在报表的最后一页底部输出信息，应设置的是(　　)。

    A. 报表页眉　　　　　B. 页面页脚　　　　　　C. 报表页脚　　　　　D. 报表主体

30. 要在报表每一页的顶部输出相同的说明信息，应设置的是(　　)。

    A. 报表页眉　　　　　B. 报表页脚　　　　　　C. 页面页眉　　　　　D. 页面页脚

31. 要在报表的每页底部输出信息，应设置的是(　　)。

    A. 报表主体　　　　　B. 页面页脚　　　　　　C. 报表页脚　　　　　D. 报表页眉

32. 为窗体或报表上的控件设置属性值的宏操作是(　　)。

    A. Beep　　　　　　　B. Echo　　　　　　　C. MsgBox　　　　　　D. SetValue

6.2.2　简答题

1. 报表的组成有哪些部分？每个部分有什么作用？

2. 报表的视图有哪些？每个视图的作用是什么？

3. 报表的作用是什么？报表的数据来源有哪些？

4. 报表的类型有哪些？

5. 报表和窗体的区别？

6. 报表创建的方法有哪些？各自有什么特点？

7. 在报表中如何实现排序、分组和汇总？

8. 如何在报表中添加或删除报表页眉/报表页脚？

9. 创建图 6-1 所示的查询，为查询创建图表报表，打印预览效果如图 6-2 所示。

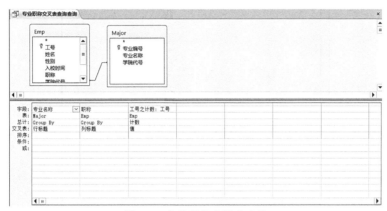

图 6-1 专业职称交叉表查询

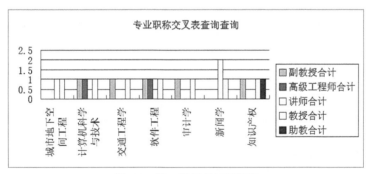

图 6-2 第 9 题报表打印预览

6.3 实验案例

实验案例 1

案例名称：使用"空报表"创建报表

【实验目的】

掌握使用"空报表"创建纵栏式报表的步骤和方法。

【实验内容】

打开"教务管理.accdb"数据库文件，按要求完成以下操作：

　　以 Emp 为记录源，使用"空报表"创建名为"教师信息"的纵栏式报表，报表打印预览效果如图 6-3 所示。(提示：默认"空报表"创建的是表格式报表，通过"排列"选项卡"表"组的"堆积"按钮可更改为纵栏式。)

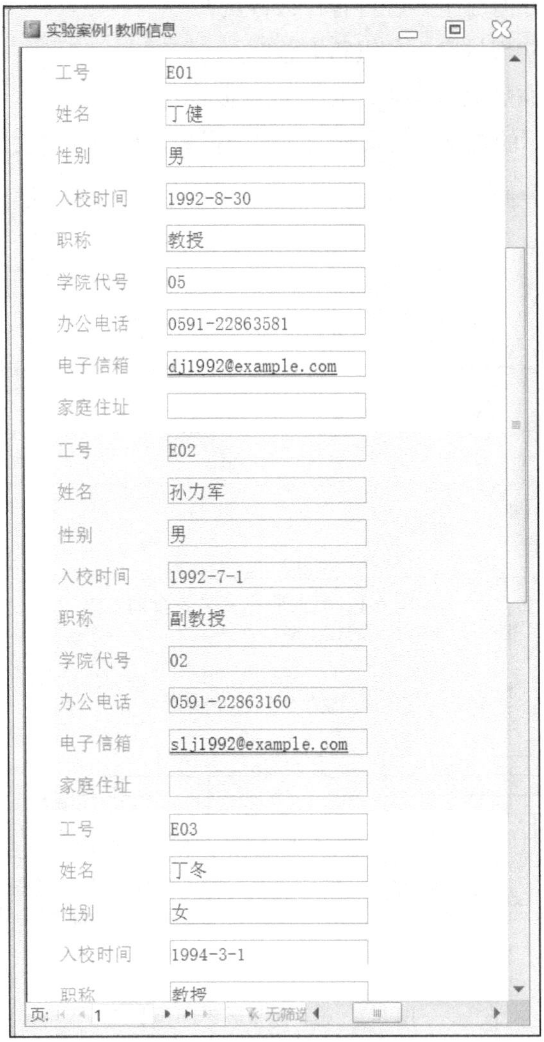

图 6-3　"教师信息"报表预览

【操作步骤】
　　略

实验案例 2

　　案例名称：创建图表报表
　　【实验目的】
　　掌握使用"图表"控件创建图表报表的步骤和方法。
　　【实验内容】
　　打开"教务管理.accdb"数据库文件，按要求完成以下操作：

以 Stu 为记录源，使用"图表"控件创建名为"各地学生生源比例"的图表报表，报表打印预览效果如图 6-4 所示，要求显示百分比和图例。

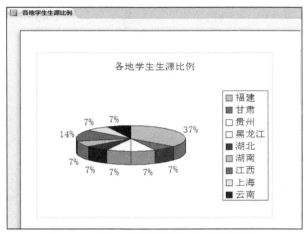

图 6-4 "各地学生生源比例"报表预览

【实验步骤】

(1) 单击"创建"选项卡，在"报表"组中单击"报表设计"按钮，打开一张空报表。

(2) 在"设计"选项卡中选择"控件"组中的图表控件，并添加到报表的主体节上。

(3) 在弹出的"图表向导"窗口，"请选择用于创建图表的表或查询"下拉列表框中选择 Stu 表。

(4) 单击"下一步"按钮，弹出"选定字段"对话框，选择以图表形式的"生源地"字段。

(5) 单击"下一步"按钮，弹出"选择图形类型"，选择"三维饼图"图表类型。

(6) 单击"下一步"按钮，弹出"图表布局"对话框，使用默认设置，不做任何改变。

(7) 单击"下一步"按钮，弹出对话框，"制定图表的标题"中可输入报表标题"各地学生生源比例"并设置显示图例。

(8) 单击"完成"按钮，预览报表。

(9) 切换至设计视图，双击图表对象进入图表编辑状态。鼠标右键单击图表，在弹出的快捷菜单中选择"图表选项"，出现"图表选项"对话框，在"数据标签"选项卡中勾选百分比复选框，完成设置后保存报表，切换至打印预览视图预览报表。

实验案例 3

案例名称：使用报表向导创建报表

【实验目的】

掌握使用"报表向导"创建报表的步骤和方法。

【实验内容】

(1) 创建"学院教师授课信息"查询，以 Emp、Dept、Course 表为数据源，所需字段及设计内容如图 6-5 所示。

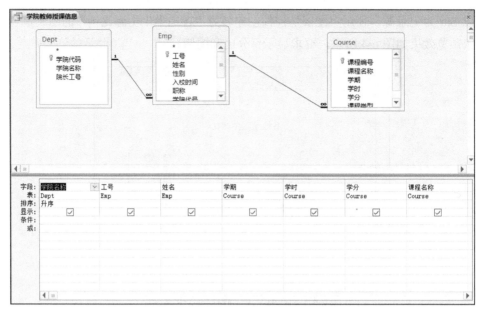

图 6-5 "学院教师授课信息"查询

(2) 以"学院教师授课信息"查询为记录源，使用报表向导创建"学院教师授课信息"报表，打印预览效果如图 6-6 所示。

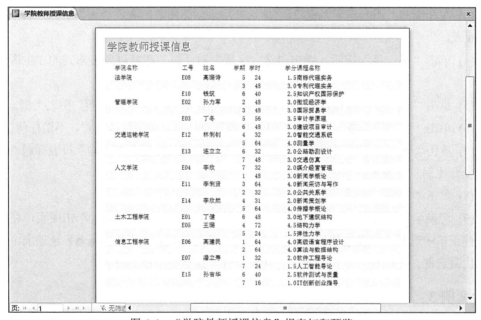

图 6-6 "学院教师授课信息"报表打印预览

【实验步骤】

(1) 以 Emp、Dept、Course 表为数据源创建"学院教师授课信息"查询，依次显示学院名称、工号、姓名、学期、学时、学分、课程名称字段。

(2) 单击"创建"选项卡下"报表"组的"报表向导"按钮，弹出"报表向导"对话框，在"表/查询"的列表框中选择"学院教师授课信息"查询，在"可用字段"下拉列表框中依次选择学院名称、工号、姓名、学期、学时、学分、课程名称字段，单击"下一步"按钮。

(3) 在"请确定查看数据的方式"列表框中选择"通过：Dept"。单击"下一步"按钮，不设置分组级别，单击"下一步"按钮。

(4) 不设置排序和汇总选项，单击"下一步"按钮。

(5) 选择"块"布局方式，单击"下一步"按钮。

(6) 输入报表标题为"学院教师授课信息"。

实验案例 4

案例名称：使用设计视图创建报表

【实验目的】

掌握使用报表设计视图创建和编辑报表的方法，通过添加控件、设置报表的各种属性设计或编辑报表的布局和外观，掌握使用设计视图的"排序、分组和汇总"设计分类汇总报表。

【实验内容】

(1) 打开"教务管理.accdb"数据库文件，以 Stu、Grade、Course 表为数据源，创建"学生课程成绩"查询，建立好表之间的关系；所需字段及设计内容如图 6-7 所示，按课程名称升序排序，总评成绩格式属性为"固定"，小数位数为 1(鼠标右键单击"字段："行的总评成绩字段，弹出字段的"属性表"窗格，设置该字段的相关属性)。

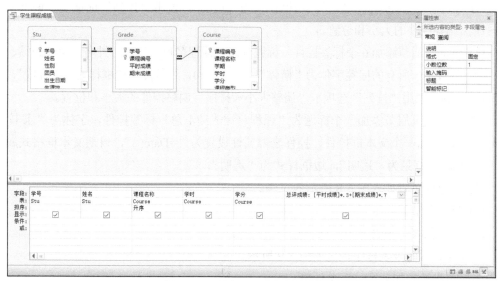

图 6-7 "学生课程成绩"查询设计

(2) 使用"报表设计"创建一个名为"课程总评成绩汇总"的空白报表，设置"学生课程成绩"查询为报表的记录源(也可在报表的记录源属性中使用查询生成器创建查询作为记录源)，将报表设计为如图 6-8 所示。

(3) 为报表设计增加按"课程名称"分组、计算各课程的总分。

【实验步骤】

(1) 以 Stu、Grade、Course 表为数据源，创建"学生课程成绩"查询。

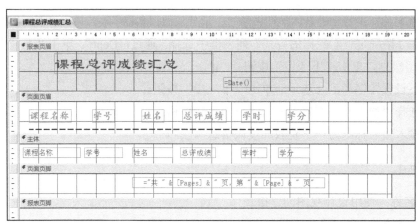

图 6-8 "课程总评成绩汇总"报表设计视图

(2) 单击"创建"选项卡，在"报表"选项组中单击"报表设计"按钮，创建一个空白报表并进入报表设计视图，添加"报表页眉/报表页脚"节。

(3) 打开报表的"属性表"窗格，设置"记录源"属性，选择"学生课程成绩"查询作为报表的记录源。

(4) 打开报表的"字段列表"窗格，依次将课程名称、学号、姓名、总评成绩、学时、学分字段拖动到主体节，删除文本框关联的标签控件，设置主体节所有的文本框字体为"宋体"，字号为 12，背景为"透明"，边框样式为"透明"，使用"排列"选项卡"调整大小和排序"调整控件的大小和位置。。

(5) 页面页眉节添加 6 个标签控件，标题分别为课程名称、学号、姓名、总评成绩、学时、学分，设定值所有的标签字体为"楷体"，字号为 14，线条控件边框样式为"虚线"，边框宽度为1pt，使用"排列"选项卡"调整大小和排序"调整控件的大小和位置。

(6) 在报表页眉节添加一个标题为"课程总评成绩汇总"标签控件，字体为"隶书"，字号为 22，添加一个文本框控件，控件来源属性设置为"=Date( )"，日期文本框格式属性为"长日期"，背景为"透明"，边框样式为"透明"。

(7) 在页面页脚插入图 6-8 所示的页码。

(8) 调整各节的高度至合适。

(9) 保存报表，报表名为"课程总评成绩汇总"。

设计完成后的报表打印预览如图 6-9 所示。

为报表设计增加分组、汇总计算。

(10) 打开刚完成的"课程总评成绩汇总"报表的设计视图。

(11) 单击"设计"选项卡"分组和汇总"组"排序和分组"按钮，设置"课程名称"为分组依据，将主体的"课程名称"文本框移动至"课程名称页眉"节。

(12) 在"课程名称页脚"节计算每门课程的总评成绩总和。

(13) 每门课程按总评成绩的降序排序。

(14) 调整各节和各控件的位置和外观。

设计完成后打印预览如图 6-10 所示。

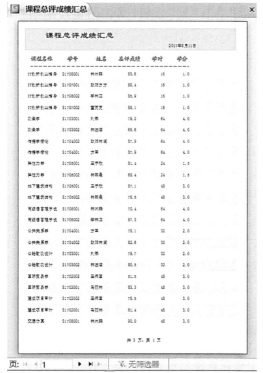

図 6-9　"课程总评成绩汇总"报表预览　　図 6-10　"课程总评成绩汇总"报表分组汇总设计预览

实验案例 5

案例名称：设计多列报表

【实验目的】

前 4 个实验案例中无论是表格式报表或纵栏式报表，都是单列报表。有时候需要多列显示在一页报表打印，一张报表分列打印多栏数据(以节省纸张)。本实验案例用于拓展学习将单列报表转换为多列报表的方法。

【实验内容】

(1) 使用报表设计视图设计图 6-11 所示名为 Grade 的报表，报表记录源为 Grade 表。

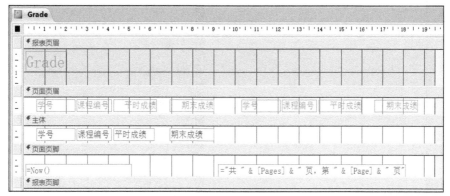

図 6-11　Grade 报表设计

(2) 在“页面设置”选项卡的“页面布局”组中单击“列”按钮，弹出图 6-12 所示“页面设置”对话框。

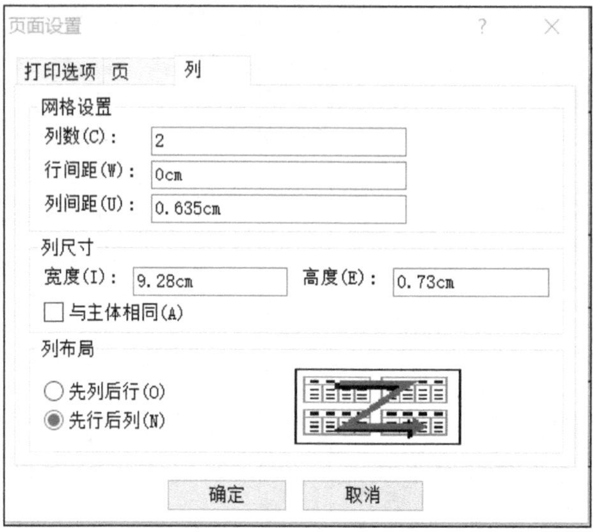

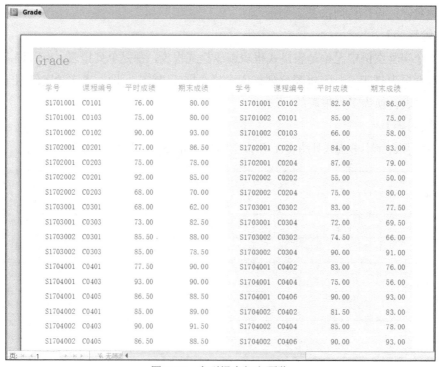

图 6-12　“页面设置”对话框

(3) 单击“列”选项卡，在“网格设置”中可设置多列报表的列数，在“列尺寸”中可设置多列报表中每一列记录数据显示的宽度，在“列布局”中可设置记录显示的顺序。本实验案例设置列数为 2，每列的宽度为 9.28cm，记录显示顺序为“先行后列”。完成操作后保存报表，多列报表打印预览如图 6-13 所示。

Grade

Grade

学号	课程编号	平时成绩	期末成绩	学号	课程编号	平时成绩	期末成绩
S1701001	C0101	76.00	80.00	S1701001	C0102	82.50	86.00
S1701001	C0103	75.00	80.00	S1701002	C0101	85.00	75.00
S1701002	C0102	90.00	93.00	S1701002	C0103	66.00	58.00
S1702001	C0201	77.00	86.50	S1702001	C0202	84.00	83.00
S1702001	C0203	75.00	78.00	S1702001	C0204	87.00	79.00
S1702002	C0201	92.00	85.00	S1702002	C0202	55.00	50.00
S1702002	C0203	68.00	70.00	S1702002	C0204	75.00	80.00
S1703001	C0301	68.00	62.00	S1703001	C0302	83.00	77.50
S1703001	C0303	73.00	82.50	S1703001	C0304	72.00	69.50
S1703002	C0301	85.50	88.00	S1703002	C0302	74.50	66.00
S1703002	C0303	85.00	78.50	S1703002	C0304	90.00	91.00
S1704001	C0401	77.50	90.00	S1704001	C0402	83.00	76.00
S1704001	C0403	93.00	90.00	S1704001	C0404	75.00	56.00
S1704001	C0405	86.50	88.50	S1704001	C0406	90.00	93.00
S1704002	C0401	85.00	89.00	S1704002	C0402	81.50	83.00
S1704002	C0403	90.00	91.50	S1704002	C0404	85.00	78.00
S1704002	C0405	86.50	88.50	S1704002	C0406	90.00	93.00

页: 1　无筛选器

图 6-13　多列报表打印预览

第7章 宏

7.1 知识要点

7.1.1 宏的作用及类型

1. 宏的概述

宏(Macro)指的是能被自动执行的一组宏操作,利用它可以增强对数据库中数据的操作能力。宏中包含的每个操作都有名称,是系统提供、由用户选择的操作命令,名称不能修改。这些命令由 Access 自身定义。

一个宏中的多个操作命令在运行时按先后次序顺序执行。如果宏中设计了条件,则操作会根据对应设置的条件决定能否执行。

常见的宏操作命令参见附录 C。

2. 宏的类型

- 独立宏,即数据库中的宏对象,其独立于其他数据库对象,被显示在导航窗格的"宏"组下。
- 嵌入宏,指附加在窗体、报表或其中的控件上的宏。嵌入宏通常被嵌入到所在的窗体或报表中,成为这些对象的一部分,由有关事件触发,如按钮的 Click 事件。嵌入宏没有显示在导航窗格的宏对象下。
- 数据宏,指在表上创建的宏。当向表中插入、删除和更新数据时将触发数据宏。数据宏也没有显示在导航窗格的宏对象下。

7.1.2 宏的设计与运行

1. 使用"宏"按钮创建独立宏

使用"宏"按钮创建独立宏的操作步骤:

(1) 单击"创建"选项卡,"宏与代码"组中单击"宏"按钮,打开宏设计视图。

(2) 单击"设计"选项卡中"显示/隐藏"组的"操作目录"按钮,显示"操作目录"窗格。

(3) 在"操作目录"窗格,按设计目的依次选择相应的程序流程和操作,添加到设计视图的宏。

(4) 设置宏操作命令所需参数。

(5) 保存并运行宏。

2. 嵌入宏的设计

嵌入宏是嵌入在窗体、报表或其控件的事件属性中的宏，它的创建不是直接通过"创建"选项卡。

设计嵌入宏的操作步骤：

(1) 打开窗体或报表的设计视图，在需要设计嵌入宏的控件的"属性表"窗格中选择运行嵌入宏的事件右边的省略号按钮，在弹出的"选择生成器"对话框中选择"宏生成器"，进入宏设计视图。

(2) 单击"设计"选项卡中"显示/隐藏"组的"操作目录"按钮，显示"操作目录"窗格。

(3) 在"操作目录"窗格，按设计目的依次选择相应的程序流程和操作，添加到设计视图的宏。

(4) 设置宏操作命令所需参数。

(5) 保存宏，但不能直接运行，只有相应的控件的事件被触发，嵌入宏才被执行。

3. 宏的运行

独立宏的运行有以下 4 种方法。

(1) 在宏设计视图中，单击"设计"选项卡"工具"组中的"运行"按钮，可以直接运行已经设计好的当前宏。

(2) 双击导航窗格上宏列表中的宏名，可以直接运行该独立宏。

(3) 在 Access 主窗口中单击"数据库工具"选项卡"宏"组中的"运行宏"按钮，打开"执行宏"对话框，直接在下拉列表中选择要执行的宏的名称或输入宏名，然后单击"确定"按钮，即可运行指定的宏。

(4) 在其他宏中使用 RunMacro 宏操作间接运行另一个已命名的宏。

嵌入宏的运行：导航窗格的"宏"列表下不显示嵌入宏，通过触发窗体、报表和按钮等对象的事件(如加载 Load 或单击 Click)来运行嵌入宏。

7.1.3　使用宏创建菜单

在 Access 2010 中，设计菜单使用宏来实现，而菜单系统本身也是依靠宏来运行的。创建菜单使用 AddMenu 操作。

1. 自定义功能区菜单设计

使用宏为特定窗体或报表创建自定义功能区菜单的一般步骤是：

(1) 创建一个主菜单宏，由若干个 AddMenu 操作组成，每个 AddMenu 操作对应一个主菜单项，并指定一个子菜单宏为该主菜单项定义子菜单。

(2) 分别为每个子菜单创建子菜单宏，子菜单宏由若干个子宏组成，每个子宏对应一个子菜单项，子宏的宏操作表示子菜单项的功能。

(3) 将自定义功能区菜单加载到特定窗体或报表的功能区。

2. 定义快捷菜单的设计

(1) 创建一个快捷菜单宏，方法与上述介绍的子菜单宏的创建方法相同。

(2) 创建一个用于打开快捷菜单的宏，只需包含 1 个 AddMenu 操作，"菜单宏名称"指定为上一步中创建的快捷菜单宏的名称。

(3) 将自定义快捷菜单加载到特定对象中。

7.2　思考与练习

7.2.1　选择题

1. 宏中的每个操作命令都有名称，这些名称(　　)。

    A. 可以更改　　　　　　　　　　　　　B. 不能更改

    C. 部分能更改　　　　　　　　　　　　D. 能调用外部命令进行更改

2. 用于打开窗体的宏命令是(　　)。

    A. OpenForm　　　B. OpenReport　　C. OpenQuery　　D. OpenTable

3. 下列宏命令中，(　　)是设置字段、控件或属性的值。

    A. SetLocalVar　　B. AddMenu　　　C. SetProperty　　D. RunApp

4. 退出 Access 的宏命令是(　　)。

    A. StopMacro　　　B. QuitAccess　　C. Cancel　　　D. CloseWindow

5. 下列对宏组描述正确的是(　　)。

    A. 宏组里只能有两个宏

    B. 宏组中每个宏都有宏名

    C. 宏组中的宏用"宏组名！宏名"来引用

    D. 运行宏组名时宏组中的宏依次被运行

6. 自动运行宏必须命名为(　　)。

    A. AutoRun　　　　B. AutoExec　　　C. RunMac　　　D. AutoMac

7. 下列关于宏的叙述中错误的是(　　)。

    A. 宏是能被自动执行的操作或操作的集合

    B. 构成宏的基本操作也叫宏操作

    C. 宏的主要功能是使操作自动进行

    D. 嵌入宏是在导航窗格上列出的宏对象

8. (　　)才能执行宏操作。

    A. 创建宏　　　B. 编辑宏　　　　　C. 运行宏　　　D. 删除宏

9. 要限制宏命令的操作范围，可以在创建宏时定义(　　)。

    A. 宏名称　　　B. 宏条件表达式　　C. 宏操作对象　　D. 宏操作目标

10. 在 Access 系统中，宏是按( )调用的。

    A. 名称   B. 变量   C. 编码   D. 关键字

11. 下列关于 AddMenu 的叙述中，( )是错误的。

    A. 一个 AddMenu 对应一个主菜单项

    B. "菜单名称"参数用来定义主菜单项名称

    C. "菜单宏名称"参数总与"菜单名称"参数同值

    D. "状态栏文字"参数用来定义选择该菜单项时在状态行上显示的提示文本

12. 使用宏创建自定义快捷菜单时，需定义一个包含( )个 AddMenu 操作的宏，用来打开快捷菜单。

    A. 0 个   B. 1 个

    C. 任意设置   D. 由菜单项的数目决定

13. 创建子菜单宏时，可以在子宏的( )中为菜单项设置访问键。

    A. 注释   B. 操作参数   C. 操作   D. 名称

7.2.2 简答题

1. 什么是宏？宏的作用是什么？

2. 什么是宏组？如何引用宏组中的宏？

3. 请说明嵌入宏与独立宏的区别。

4. 使用什么宏可在首次打开数据库时自动执行一个或一系列的操作？

5. 如何运行宏？

6. 宏操作 AddMenu 在创建自定义菜单中起到什么作用？

7.3 实验案例

实验案例 1

案例名称：创建宏组

【实验目的】

掌握创建宏组的方法，并能够运行和调试所创建的宏。

【实验内容】

创建一个 Stu 宏组，添加一个子宏 StuForm，作用是弹出一个消息框，提示信息为"下面将显示学生信息浏览窗体！"，单击"确定"按钮，将显示《案例教程》例 5-2 中创建的窗体。再添加一个子宏 StuGrade，作用是弹出一个消息框，提示信息为"下面将显示学生学习情况信息！"，单击"确定"按钮，将显示《案例教程》例 5-6 中创建的主/子窗体。

【实验步骤】

(1) 创建一个独立宏。

(2) 添加一个子宏，名称为 StuForm，在该子宏中依次添加两个操作 MessageBox 和

OpenForm，参数设置如图 7-1 所示。

(3) 添加一个子宏，名称为 StuGrade，在该子宏中依次添加两个操作 MessageBox 和 OpenForm，参数设置如图 7-1 所示。

图 7-1　实验案例 1 的宏组

实验案例 2

案例名称：创建自动运行宏

【实验目的】

掌握创建自动运行宏的方法，并能够运行和调试所创建的宏。

【实验内容】

创建一个自动运行宏 AutoExec，它的作用是打开数据库时，先弹出一个提示信息为"口令验证"的对话框，当用户输入的密码为 123123 时，出现"通过验证"消息框，单击"确定"按钮后打开《案例教程》例 5-16 中创建的导航窗体；当密码错误时，出现提示信息为"未通过验证"对话框，并关闭 Access 应用程序。

【实验步骤】

(1) 创建一个独立宏。

(2) 添加程序流程的 If 结构，条件行输入"InputBox("口令验证")="123123""，在 If 结构中依次添加 MessageBox 和 OpenForm 两个操作，参数设置如图 7-2 所示。

(3) 添加 Else 结构，在 Else 结构中依次添加两个操作 MessageBox 和 QuitAccess，参数设置如图 7-2 所示。

(4) 保存宏，名称为 AutoExec。

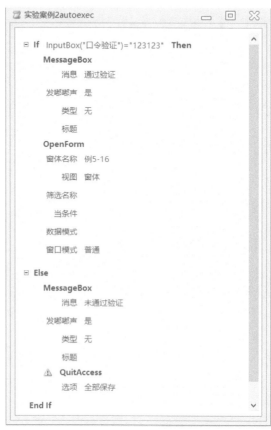

图 7-2　实验案例 2 的自动运行宏

实验案例 3

案例名称：创建条件宏

【实验目的】

掌握创建条件宏的方法，并能够运行和调试所创建的宏。

【实验内容】

创建一个条件宏，宏名为 ConditionMac，作用是弹出一个对话框，提示"打开学生信息报表吗？"，单击"确定"按钮则打开《案例教程》例 6-1 以 Stu 为记录源创建的基本报表，并最大化报表窗口。

【实验步骤】

(1) 创建一个独立宏。

(2) 添加程序流程的 If 结构，条件行输入"MsgBox("打开学生信息报表吗？",1)=1"，在 If 结构中依次添加 OpenReport 和 MaximizewWindow 两个操作,参数设置如图 7-3 所示。

　　(3) 保存宏,名称为 ConditionMac。

图 7-3　实验案例 3 的条件宏

实验案例 4

案例名称：创建嵌入宏

【实验目的】

掌握创建嵌入宏的方法,并能够运行和调试所创建的宏。

【实验内容】

　　(1) 创建一个名为"检验密码"的窗体,如图 7-4 所示。

图 7-4　"检验密码"窗体

　　(2) 为标题为"确定"的命令按钮 Command1 的 Click 事件创建一个嵌入宏,其作用是判断"检验密码"窗体的文本框中输入的密码是否为 xyz123,若正确,则关闭当前窗体；若密码错误,则弹出一个标题为"密码错误",提示信息为"密码错误,您不能使用本系统!"的对话框,同时焦点回到文本框。

　　(3) 为标题为"取消"的命令按钮 Command2 的 Click 事件创建一个嵌入宏,其作用是退出 Access。

【实验步骤】

　　(1) 打开"检验密码"窗体的设计视图。

　　(2) 选择命令按钮 Command1,打开"属性表"窗格,选择"事件"选项卡中 Click 事件右边的省略号按钮,在弹出的"选择生成器"对话框中选择"宏生成器",进入宏设计视图,依次选择 SetLocalVar、If- Else 分支结构,并在 If 结构中添加 CloseWindows 操作,在 Else 结构中添加 MessageBox 操作和 GotoControl,并设置图 7-5 所示的操作参数。

　　(3) 选择命令按钮 Command2,打开"属性表"窗格,选择"事件"选项卡中 Click 事件右边的省略号按钮,在弹出的"选择生成器"对话框中选择"宏生成器",进入宏设计视图，添加 QuitAccess 宏操作，保存后关闭宏设计视图。

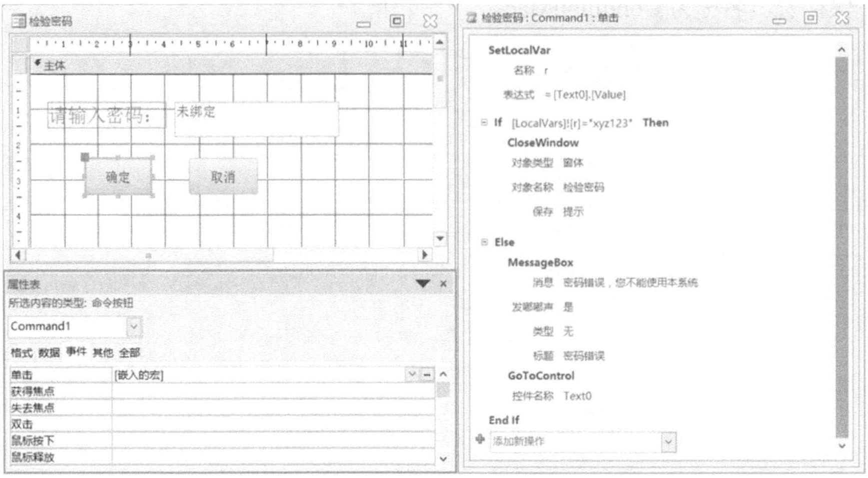

图 7-5　"确定"按钮的嵌入宏设计

实验案例 5

案例名称：用宏设计快捷菜单

【实验目的】

掌握用宏设计自定义快捷菜单的方法，并能将所创建的快捷菜单加载到特定对象中。

【实验内容】

(1) 创建一个名为"信息处理"的窗体，如图 7-6 所示。

图 7-6　"信息处理"窗体

(2) 设计"信息查询"按钮的快捷菜单，如图 7-6 所示，单击菜单项后会打开不同的查询(假设"学生信息查询""学生成绩查询"和"课程信息查询"均已建立)。

【实验步骤】

(1) 创建一个宏组，包含三个子宏，宏名和宏操作命令及参数设置如图 7-7 所示，保存宏名为"快捷菜单_r"。

(2) 创建一个独立宏，添加 AddMenu，菜单名称为"快捷菜单"，菜单宏名称为"快捷菜单_r"，设置结果如图 7-7 所示。

(3) 打开"信息处理"窗体的设计视图，选择"信息处理"命令按钮，在属性表窗格的事件选项卡中设置"键按下"事件为"快捷菜单"宏，如图 7-8 所示。

图 7-7　宏的快捷菜单设计

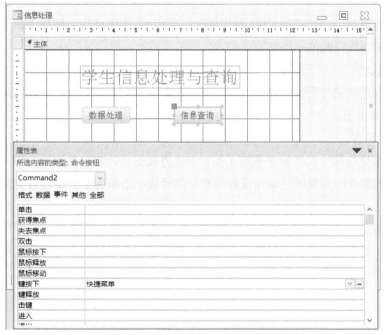

图 7-8　为命令按钮设置快捷菜单

第8章 VBA程序设计

8.1 知识要点

8.1.1 程序与程序设计语言

计算机程序是指为了完成预定任务用某种计算机语言编写的一组指令序列。计算机按照程序规定的流程依次执行指令，最终完成程序所描述的任务。简单来说，计算机程序主要包括数据输入、数据处理、数据输出三大部分。

1. 程序设计语言

(1) 机器语言

机器语言就是由计算机的 CPU 能识别的一组由 0、1 序列构成的指令码。机器语言是计算机硬件所能执行的唯一语言。

(2) 汇编语言

汇编语言用助记符号编写程序，用汇编语言编写的源程序要依靠计算机的翻译程序(汇编程序)翻译成机器语言后才能执行。

(3) 高级语言

高级语言是与具体机器指令系统无关、表达方式更接近于自然语言的第三代语言。高级语言编写的源程序需要经过编译或解释程序翻译成机器语言后才能被计算机执行。

(4) 面向对象程序设计语言

在面向对象的程序设计中，"类"和"对象"是两个基本的概念。在程序中，利用类来创建对象，对象具有属性，对象具有功能。程序的功能通过各个对象自身的功能和相互作用得以实现。

2. 算法

计算机程序设计的关键是设计算法。所谓算法，在数学上是指按照一定规则解决某一类问题的明确和有限的步骤。计算机算法是指以一步一步的方式来详细描述计算机如何将输入转换为所要求的输出的过程，或者说，是对计算机上执行的计算过程的具体描述。计算机算法有多种表示方式，其中自然语言描述和流程图表示是常用的方法。

3. 结构化程序设计方法

结构化程序设计方法的基本思想是自顶向下、逐步求精。从求解问题的角度看，是将大问题分解成子问题，将子问题分解成子子问题，直到本原问题。所有的子问题都解决，整个问题就解决了。

结构化程序设计的过程分三步：分析问题、设计算法和实现程序。

8.1.2　VBA 概述

1. 面向对象程序设计语言

对象是面向对象程序设计语言中最基本、最重要的概念，程序中的任何部分都可以称为对象，而任何一个对象都有属性、方法和事件。

(1) 属性

对象的属性是指为了使对象符合应用程序的需要而设计的对象的外部特征，如对象的大小、位置、颜色等。对象的属性值可以通过属性窗口直接设置或程序代码中的赋值语句完成。

在程序代码中通过赋值语句设置对象属性的格式：对象名.属性名=表达式

(2) 方法

对象的方法是系统预先设定的、对象能执行的操作，实际上是将一些已经编好的通用的函数或过程封装起来，供用户直接调用。

对象方法调用的格式：对象名.方法名　参数表

(3) 对象事件

对象事件是指在对象上发生的、系统预定义的能被对象识别的一系列动作。事件分为系统事件和用户事件。系统事件是由系统自动产生的事件；用户事件是由用户操作引发的事件。

(4) 事件过程

事件过程是指发生了某事件后所要执行的程序代码。事件过程是针对某一个对象的过程，而且与该对象的一个事件相联系。事件过程的一般格式：

```
Private Sub 对象名_事件名()
    程序代码
        End Sub
```

2. VBA 语言

VBA 是开发 Microsoft Office 应用程序的嵌入式程序设计语言。VBA 源自 VB，是面向对象的程序设计语言，与 Visual Basic 6.0 有相似的结构和开发环境。

3. VBE

VBE(Visual Basic Editor)是 VBA 程序的编辑、调试环境。VBE 主要窗口组成有代码窗口、立即窗口、本地窗口、监视窗口等。

(1) 代码窗口

代码窗口用来编写、显示及编辑 VBA 程序代码。

(2) 立即窗口

在立即窗口中键入或粘贴一行代码，按下 Enter 键可以执行该代码。程序中的

Debug.Print 语句也会将结果输出到立即窗口中。

(3) 本地窗口

本地窗口可自动显示出当前模块级别，以及在当前过程中的所有变量的声明和当前值。

(4) 监视窗口

当过程中有监视表达式定义时，监视窗口会自动出现，列出监视表达式及其值、类型与上下文。

VBE 编辑器为我们提供了比较方便的程序调试方法。一般来说，调试 VBA 程序可以使用多种方法在程序执行的某个过程中暂时挂起程序，并保持其运行环境，以供检查。检查的方法包括逐语句执行、设置断点、设置监视、插入 Stop 语句、使用 Debug 对象等。

4. 模块

模块是 Access 数据库 VBA 程序代码的集合。在 Access 中，模块有类模块和标准模块两种。

类模块是与某一特定对象相关联的模块，包括窗体模块、报表模块和自定义模块等。窗体模块是与某一窗体相关联的模块，主要包含该窗体和窗体上的控件所触发的事件过程。报表模块则是与某一报表相关联的模块，主要包含该报表和报表页眉页脚、页面页眉页脚、主体等对象所触发的事件过程。

标准模块独立于窗体和报表，是指用户专门编写的过程或函数，它可供窗体模块和其他标准模块调用。

8.1.3　数据类型、表达式和函数

1. 数据类型

VBA 为变量和表达式规定了丰富的数据类型。不同的数据类型所占用的存储空间不同，所表示的数据范围也有差异，所能进行的数据运算也有不同。

(1) 数值型数据

数值型数据类型有：Integer、Long、Single、Double、Currency 和 Byte。

① Integer(整型)和 Long(长整型)

Integer 和 Long 数据类型用于表示和存储整数。

Integer 型表示形式：±n%，其中 n 是 0~9 的数字，%为 Integer 的类型符号，可省略。

Long 型表示形式：±n&，其中 n 是 0~9 的数字，&为 Long 的类型符号，可省略。

② Single(单精度型)和 Double(双精度型)

Single 和 Double 数据用于存储浮点数(带小数部分的实数，小数点可位于数字的任何位置)。

Single(单精度型)数据有多种表示形式，类型符为!。

Double(双精度型)数据也有多种表示形式，类型符为#。

③ Currency(货币型)

货币型数值专门用于货币计算，类型符为@，表示为整数或定点实数，整数部分最多保留 15 位，小数部分最多保留 4 位。

(2) String(字符型)

String(字符型)数据指一切可以打印的字符和字符串，字符型数据的类型符为$。字符型数据是用英文双引号""括起来的一串字符，字符主要由英文字母、汉字、数字以及其他符号组成。

(3) Date(日期型)

Date(日期型)数据用来表示日期和时间，表示的日期值从公元 100 年 1 月 1 日～公元 9999 年 12 月 31 日，时间范围从 0：00～23：59：59。日期和时间数据必须用定界符"#"把数据括起来。

(4) Boolean(逻辑型)

Boolean(逻辑型)又称布尔型，用于逻辑判断，其数据只有 True 和 False 两个值。

Boolean(逻辑型)与数值型数据可以转换。当把数值型数据转换成逻辑型数据时，数值 0 转换成 False，非 0 数值转换成 True；反之，当把逻辑型数据转换成数值型数据时，True 转换成-1，False 转换成 0。

(5) Object(对象型)

Object(对象型)数据用来表示应用程序中的对象。可用 Set 语句指定一个被声明为 Object 数据类型的变量，来引用应用程序所识别的任意实际对象。

(6) Variant(可变型)

Variant(可变型)数据类型可以存储系统定义的所有类型的数据，若变量没有声明类型，则系统默认为 Variant(可变型)。

在赋值或运算时，Variant(可变型)的数据会根据需要进行必要的数据类型转换。

2. 常量

常量也称常数，它是一个始终保持不变的量。常量值自始至终不能被修改。常量有不同的数据类型，有不同的定界符号。常量也可以是一个表达式。VBA 中有三种形式的常量：直接常量、符号常量、固有常量和系统常量。

(1) 直接常量

直接常量是程序运行中直接给出的某种类型的数据。

(2) 符号常量

程序的开头预先用自己定义的符号来代表常量，称为符号常量。符号常量用 Const 语句来定义，格式：

　　Const 符号常量名 As 数据类型=表达式

符号常量一经定义，只能引用，不能用语句给符号常量赋新值。

(3) 固有常量

固有常量在 Access 的对象库中定义，在代码中可以直接引用代替实际值。固有常量名的前两个字母表示定义该常量的对象库，其中 Access 库的常量以 ac 开头，ADO 库的常量以 ad 开头，VB 库的常量以 vb 开头，如表示回车换行的 vbCrLf，表示颜色常量的 vbBlack、vbBlue、vbRed 等。

(4) 系统常量

系统常量有 4 个，有表示逻辑值的 True 和 False，Null 表示一个空值，Empty 表示对象尚未指定初始值。

3. 变量

(1) 变量的概念

变量是一组有名称的存储单元，在整个程序运行期间它的值是可以被改变的，所以称为变量。一旦定义了某个变量，该变量表示的是对应的计算机存储单元。在程序中使用变量名，就可以引用该内存单元及该内存单元存储的数据。

变量有变量名和数据类型两个特性。变量名用于在程序中标识不同的变量和存储在变量中的数据，数据类型则标识变量中可以保存的数据类型。

VBA 的变量有两种，一种是为 VBA 的对象自动创建的属性变量，并为变量设置默认值，在程序中可以直接使用，如引用该属性变量的值或赋给它新的属性值。另一种是内存变量，需要在程序中事先创建或声明，程序运行结束后从内存中释放。

(2) 内存变量的命名

变量的命名是为了给内存存储单元起一个名字，并通过名字(即变量名)来实现对内存单元的存取。变量的名字要符合一定的规则，VBA 变量的命名规则为：

① 变量名必须以字母(或汉字)开头，只能由字母、汉字、数字(0～9)和"_"组成，长度不超过 255 个字符。如 x，max，c1，b_1 等都是合法的变量名。

② 变量名在同一个变量作用域(即变量的使用范围)内必须是唯一的；

③ 变量名中的英文字母不区分大小写，如 A2、a2 指的是同一变量；

④ 变量名不能与系统使用的关键字相同或数据类型声明字符相同。系统使用的数据类型声明字符有 Integer、Single、Double、String 和 Date 等，系统常用的关键字有 as、do、while、for、select、dim、private 和 public 等。

⑤ 变量名不能与过程名、符号常量名、VBA 内部函数名相同。如 str 不能作为变量名。

(3) 变量的声明

使用变量前，最好先声明，即用一个语句定义变量的名称、数据类型和变量作用范围，以便系统根据数据类型分配相应的内存空间。这种声明称为显式声明。

① 显式声明的语句格式：

```
Dim|Private|Static|Public 变量名 [As 数据类型][,变量名[As 数据类型]…]
```

其中变量名应符合变量的命名规则，数据类型可以是 VBA 的数据类型名或数据类型符，如果声明中没有指定数据类型，那么系统默认变量为 Variant(变体型)。一个语句内声明的多个变量之间用逗号隔开。

② VBA 允许变量直接使用类型符显式声明，即在首次赋值时加类型符进行声明。

③ 隐式声明：如果一个变量未显式声明就直接使用，那么该变量就会被隐式声明为 Variant(变体型)。

(4) 变量的赋值

赋值就是通过赋值语句将常量或表达式的值赋给变量。

赋值的格式有：

> 内存变量名=表达式　　或　　对象名.属性值=表达式

(5) 变量的作用域

变量可被访问的范围称为变量的作用范围，也称为变量的作用域。

按其作用域，变量可分为全局变量、模块级变量和局部变量。

4. 数组

数组是一组具有相同数据类型、逻辑上相关的变量的集合。数组中各元素具有相同的名字、不同的下标，系统分配给它们的存储空间是连续的，组成数组的每个元素都可以通过索引(即数值下标)进行访问，各个元素的存取不影响其他元素。

数组必须先经显式声明才能使用，声明数组的目的是确定数组的名字、维数、大小和数据类型。VBA 中可以定义一维数组、二维数组和多维数组。

(1) 一维数组的声明

格式：

> Dim 数组名([下标下界 To]下标上界) [As 类型]

说明：

① 数组名的命名规则与变量命名规则相同。

② 数组的下标下界和下标上界必须是整型常量或整型常量表达式，且上界的值必须大于等于下界，一维数组的大小(即数组包含的元素个数)为：上界-下界+1。

③ 如果缺省[下标下界 To]部分，表示使用默认下界 0。可以通过在窗体模块或标准模块的声明段中加入语句：Option Base 1 将默认下界定义为 1，或者用语句：Option Base 0 将默认下界恢复为 0。

④ 格式中 As 部分的类型指明数组的类型，即数组元素的类型。一般情况下，数组只存放同一类型的数据，可以是 VBA 中常用的数据类型 Integer、Single、String 等。如果缺省[As 类型]，则数组的类型默认为 Variant(变体型)。

(2) 二维数组的声明

二维数组是有两个下标且上下界固定的数组，二维数组的下标 1 相当于行，下标 2 相当于列。二维数组的元素在内存中按先行(即下标 1)后列(即下标 2)的顺序存放。

格式：

> Dim 数组名([下标 1 下界 To] 下标 1 上界,[下标 2 下界 To] 下标 2 上界>) [As 类型]

(3) 动态数组的声明

动态数组是在数组声明时未给出数组的大小，而是到使用时才确定数组的大小，而且可以随时改变数组的大小，所以又称为可变大小数组。

动态数组的声明和建立需要分两步：首先通过 Dim 声明语句定义动态数组的名字和类型；其次在程序运行时可多次用 ReDim 语句按实际需要改变动态数组的维数和大小。

① 用 Dim 语句声明动态数组的名字、类型：

Dim 动态数组名( ) [As 类型]

② 用 ReDim 语句声明动态数组的维数、大小：

ReDim 动态数组名([下标 1 下界 To] 下标 1 上界,[下标 2 下界 To] 下标 2 上界) [As 类型]

(4) 数组元素的引用

通常由于数组元素的数量较多，而且能通过下标引用，因此数组的赋值和运算常常与程序控制结构中的循环语句结合使用。

一维数组的引用格式：

数组名(下标)

二维数组的引用格式：

数组名(下标 1,下标 2)

5. 运算符和表达式

运算是对数据的处理，运算符是描述运算的符号，表达式是通过运算符将常量、变量及函数等运算对象连接起来的式子。VBA 程序设计中有算术运算符及表达式、字符运算符及表达式、关系运算符及表达式、逻辑运算符及表达式和对象运算符及表达式。各运算符的优先级为：算术运算符→连接运算符→关系运算符→逻辑运算符。

(1) 算术运算符及算术表达式

算术运算符是 Integer、Long、Single 和 Double 等数值型数据运算的符号，常用的有+(加)、-(减)、*(乘)、/(除)、^(乘方)、\(整除)、mod(求余数)等。由算术运算符和数值型数据(含常量、变量)等组成的运算称为算术表达式，算术表达式的结果也是数值型数据。

在不同的算式运算符组成的混合运算中，按照( )、^、{*、/}、\、mod、{+、-}的优先级进行计算，相同优先级的运算符的运算顺序则从左到右，即圆括号的优先级最高，乘方(^)的优先级次之，乘(*)和除(/)是相同的优先级，加(+)和减(-)是相同的优先级且是算术运算的最低优先级。

(2) 字符运算符及字符表达式

字符串运算有+、&两种运算符号，都代表字符串的连接。字符运算符与字符型数据(字符串常量、字符串变量、字符串函数)等组成的表达式称为字符表达式，其结果也是字符类型数据。两个连接运算符的优先级相同。

虽然字符运算和算术运算都有"+"运算符，但两者的含义不一样，因此要特别注意区分应用。一般建议在字符运算中使用"&"运算符，"&"运算符的左右各留一个空格。

(3) 日期运算符及日期表达式

日期运算符有+、-等，代表日期数据的加减运算。由日期型数据、数值型数据、日期型函数及日期运算符组成的表达式称为日期表达式。

① 两个日期型数据相减，则结果为数值，表示两个日期之间相隔的天数。

② 一个日期型数据加上或减去一个数值型数据(天数)，结果为另一个日期型数据。

(4) 关系运算符及关系表达式

关系运算又称为比较运算，主要运算符有=(等于)、>(大于)、>=(大于或等于)、<(小于)、<=(小于或等于)、<>(不等于)等。关系运算的优先级相同。相同类型的数据才能进行关系运算，关系运算的结果为逻辑值，即关系表达式成立则结果为"True(真)"，关系表达式不成立则结果为"False(假)"。

相同类型的数据与关系运算符组成的表达式称为关系表达式。数据类型不同，关系运算的规则也不同。

① 数值型数据按数值大小运算。

② 日期型数据按年月日的整数形式 yyyymmdd 的值比较大小。

③ 字符型数据按字符的 ASCII 码值大小比较。系统默认不区分英文大小写。汉字按拼音字母的顺序比较大小。

(5) 逻辑运算符及逻辑表达式

逻辑运算的运算对象为逻辑型数据。常用的逻辑运算符有 And、Or、Not 三种。逻辑表达式的值也为逻辑值。逻辑运算的优先顺序为 And、Or、Not。

① And(逻辑与)：参加运算的逻辑值都是 True，结果才会是 True。

② Or(逻辑或)：参加运算的逻辑值只要有一个是 True，结果就会是 True。

③ Not(逻辑非)：对逻辑值取相反的值。即 True 变 False，False 变 True。

(6) 对象运算符和表达式

①"!"运算符

"!"运算符的作用是引用用户定义的对象，如窗体、报表或窗体和报表上的控件等。

②"."运算符

"."运算符的作用是引用一个 Access 对象的属性、方法等。

6. VBA 内部函数

VBA 自带了大量的函数过程，每个函数完成某个特定的功能。这些函数可以直接在 VBA 程序中使用，不需要用户自己定义，称为内部函数。内部函数的调用格式为：函数名(参数 1,参数 2,...)，调用时只要正确给出函数名和参数，就会产生返回值。

(1) 数学函数

① Int(x):返回不超过 x 的最大整数。

② Round(x,n)：对 x 四舍五入，保留 n 位小数。

③ Rnd：产生大于等于 0 且小于 1 的随机数。Rnd 通常与 Int 函数搭配使用，其中生成[a,b]范围内的随机整数可采用公式：Int(Rnd*(b-a+1)+a)。

(2) 字符处理函数

① Len(s)：返回给定字符串 s 的长度，一个字符包括空格代表一个长度。

② Mid(s,n1,n2)：截取给定字符串 s 中从第 n1 位开始的 n2 个字符，若省略 n2，那么截取从第 n1 位开始的所有后续字符。

③ Trim(s)：去除字符串 s 左右两边的连续空格，其余位置不受影响。

④ Space(n)：产生 n 个空格组成的串。

(3) 日期函数

① Date 或 Date( )：返回计算机系统的当前日期(年/月/日)。

② Time 或 Time( )：返回计算机系统的当前时间(小时:分钟:秒)。

③ Year(d)：返回日期型数据 d 中的年份。

(4) 类型转换函数

① Asc(s)：返回给定字符 s 首字母的 ASCII 值。

② Chr(n)：返回给定数值对应的字符。

(5) 输入输出函数

① 输入函数 InputBox，常用格式：

　　变量名=InputBox(提示信息[,[标题][,默认值]])

功能：弹出一个对话框，显示提示信息和默认值，等待用户输入数据。若输入结束并单击"确定"或按回车按钮，则函数返回文本框的字符串值；若无输入或单击"取消"，则返回空字符串""。

若不需要返回值，则可以使用 InputBox 的命令形式：

　　InputBox 提示信息[,[标题][,默认值]]

② 输出函数 MsgBox，常用格式：

　　变量名=MsgBox(提示信息[,[按钮形式][,标题]])

功能：弹出一个信息框，显示信息，等待用户单击其中一个按钮，并返回一个整数值赋给变量，以表明用户单击了那个按钮。

若不需要返回值，则可以使用 MsgBox 的命令形式：

　　MsgBox 提示信息[,[按钮形式][,标题]]

函数的返回值指明了用户在信息框中选择了哪一个按钮。

8.1.4　程序控制结构

1. VBA 基本语句

(1) 代码书写规则

① 通常一个语句占一行，每个语句行以回车键结束。允许同一行有多条语句，每条语句之间用冒号分隔；

② 如果语句太长，可使用续行符(一个空格后面跟一个下画线"_")，将长语句分成多行。但关键字和字符串不能分为两行；

③ 代码中的各种运算符、标点符号都应采用英文半角表示，英文字母不区分大小写(字符串常量除外)，关键字和函数名的首字母系统会自动转换为大写，其余转为小写；

④ 在程序中适当添加一些注释，以提高程序的可读性，有助于程序的调试和维护；

⑤ 建议采用缩进格式来反映代码的逻辑结构和嵌套关系，一般缩进两个字符。

(2) VBA 基本语句

① 注释语句

即对程序代码作的说明或解释，包括对所用变量、自定义函数或过程、关键性代码的注释，以便更好地理解、调试程序。注释语句不会被执行。注释语句的格式：

> Rem 注释内容　　或　' 注释内容

② 声明语句

声明语句通常放在程序的开始部分，通过声明语句可以定义符号常量、变量、数组变量和过程。当声明一个变量、数组和过程时，也同时定义了其作用范围。如 Dim 语句、Private 语句等都是声明语句。

③ 赋值语句

赋值语句是最基本、最常用的语句，它是将常量或表达式的值赋给变量。基本格式：

> 变量名=表达式　或　对象名.属性名=表达式

赋值语句具有计算和赋值的双重功能，即先计算表达式的值，再把值赋给变量。变量名或对象属性名的类型应与表示的数据类型相同或相容，相容数据类型赋值时，系统会自动进行数据类型的转换。

赋值号 "=" 与数学上的等号意义不同。

赋值号 "=" 与关系运算符中的 "=" 不同。

2. 顺序结构

顺序结构是面向过程程序设计最基本的控制结构，程序运行时按照程序代码的先后顺序依次执行。按照计算机程序设计的一般步骤，主要包含以下一些语句，如数据类型说明语句、数据输入语句、数据处理计算语句、结果输出语句等。

3. 分支结构

分支结构，也称选择结构，是指在程序执行的过程中出现多种不同的数据处理方法，通过条件表达式的不同取值执行相应分支里的程序代码。VBA 的分支结构有 If 语句和 Select Case 情况语句。

(1) If 语句

If 语句是最常用的选择结构语句。If 语句有多种不同的表示，如单行 If 语句、多行 If 语句、If 语句嵌套等形式。

① 单行 If 语句

单行 If 语句，是一种双分支选择语句，根据条件在两个分支中选择其一执行。单行 If

语句有两种格式。

格式 1：

If 条件 Then 语句序列 1 [Else 语句序列 2]

格式 2：

```
     If 条件  Then
语句序列 1
[Else
语句序列 2]
     End If
```

② 多行 If 语句

多行 If 语句由多行语句组成，首行 If 语句作为起始语句，终止语句是末行的 End If 语句，它不但可以实现单分支和双分支，又能实现多分支，而且结构清晰，可读性好。多行 If 语句的格式如：

```
If 条件表达式 1 Then
    语句序列 1
ElseIf 条件表达式 2 Then
    语句序列 2
……
ElseIf 条件表达式 n then
    语句序列 n
[Else
    语句序列 n+1]
End If
```

(2) Select Case 语句

Select Case 语句又称为情况语句，在某些特定的条件比如把一个表达式的不同取值情况作为不同的分支时用 Select Case 语句比用 If 语句更方便、紧凑。

Select Case 语句语法格式如下：

```
Select Case 测试表达式
    Case  值列表 1
        语句序列 1
    Case  值列表 2
        语句序列 2
    …
    Case  值列表 n
        语句序列 n
```

```
    Case Else
        语句序列 n+1
End Select
```

(3) 选择结构的嵌套

If 分支语句和 Select Case 情况语句均可以互相嵌套使用,即其中的某个分支有可以是一个 If 分支语句或 Select Case 情况语句,选择结构的嵌套形式多种多样,但要层次清楚,内、外层分支结构不能出现交叉现象。

4. 循环结构

循环结构是指根据指定条件的当前值来决定一行或多行语句是否需要重复执行。VBA中常用的循环语句有 For 循环语句、While 循环语句和 Do 循环语句。

(1) For 循环语句

当循环次数预先能够知道或者需处理的数据在一定的取值范围内递增或递减时,采用For 语句较为合适。For 语句的好处在于语法简单,结构紧凑,不容易出现语法错误。

For 循环语句基本结构:

```
For  循环变量=初值  To  终值  Step  步长
        循环体语句序列
Next  循环变量
```

(2) While 循环语句

While 循环语句可以根据指定条件控制循环的执行。格式如:

```
While  条件表达式
        循环体语句序列
Wend
```

(3) Do 循环语句

Do 循环语句与 While 循环语句一样是根据给定条件控制循环的执行。Do 循环语句有四种格式,其中"当型循环"是先判断条件然后执行循环体,"直到型循环"是先执行循环再判断条件;有的是条件成立时执行循环,有的是条件不成立时才执行循环。

```
① Do While 条件
        循环体语句序列
Loop
```

```
② Do Until 条件
        循环体语句序列
Loop
```

③ Do

　　循环体语句序列

Loop While 条件

④ Do

　　循环体语句序列

Loop Until 条件

8.1.5　过程与函数

VBA 有两种过程：子过程(Sub 过程)和函数过程(Function 过程)。两种过程类似，都是要经过定义后才能调用，不同的是子过程的调用是一个语句，调用的结果是执行子过程的代码，而函数过程的调用是作为表达式的一个组成部分，调用的结果是函数的返回值。

1. 过程及过程的调用

VBA 过程分为事件过程和通用过程。其中事件过程与用户窗体中的某个对象相联系，当特定的事件发生在特定的对象上时，事件过程就会运行。而通用过程并不需要与用户窗体中的某个对象相联系，通用过程必须由其他过程显式调用。

(1) 事件过程的定义格式

　　Private Sub 控件名_事件名(形参表)

　　　　过程体语句序列

　　End Sub

(2) 通用过程的定义格式

　　Private Sub 过程名(形参表)

　　　　过程体语句序列

　　End Sub

(3) 通用过程的调用格式

格式一：Call　过程名(实参表)

格式二：过程名　实参表

2. 函数及函数的调用

(1) 函数过程的定义格式

　　Private Function 函数名(形参表　as　类型)

　　　　过程体语句序列

　　　　函数名=表达式

　　End Function

(2) 函数过程的调用

被调用的函数必须作为表达式或表达式的一部分，常见的方式是在赋值语句中调用函数。

函数调用格式：

　　变量名=函数名(实参表)

3. 参数传递

(1) 形参和实参

在 Sub 过程定义的 Sub 语句或 Function 过程定义的 Function 语句中出现的参数称为形参，在 Sub 过程调用的 Sub 语句或 Function 过程调用的 Function 语句中出现的参数称为实参。

(2) 按值传递

定义过程时形参用 ByVal 关键字说明，调用时实参把值传递给对应的形参。主调过程对被调过程的数据传递是单向的，在过程中对形参的任何操作都不会影响到实参。

(3) 按地址传递

定义过程时形参用 ByRef 关键字说明或不加说明，调用时实参把地址传递给对应的形参。

主调过程对被调过程的数据传递是双向的，既把实参的值由形参传给被调过程，又把改变了的形参值由实参带回主调过程。

8.2　思考与练习

8.2.1　选择题

1. 下列算术运算符中优先级最低的是(　　　)。
   A. /　　　　　　　　　B. \　　　　　　　　　C. Mod　　　　　　　D. *
2. 以下(　　　)是合法的 VBA 变量名。
   A. _xyz　　　　　　　B. x+y　　　　　　　　C. xyz123　　　　　　D. integer
3. 下列变量的数据类型为长整型的是(　　　)。
   A. x%　　　　　　　　B. x!　　　　　　　　　C. x$　　　　　　　　D. x&
4. 定义了二维数组 A(4 ,-1 to 3)，该数组的元素个数为(　　　)。
   A. 20　　　　　　　　B. 24　　　　　　　　　C. 25　　　　　　　　D. 36
5. 设有正实数 x(含一位小数)，下列 VBA 表达式中，(　　　)不能对 x 四舍五入取整。
   A. Round(x)　　　　　B. Int(x)　　　　　　　C. Int(x+0.5)　　　　D. Fix(x+0.5)
6. 在 VBA 中，表达式"Date:" & #10/12/2017#的值是(　　　)。
   A. Date:#10/12/2017#　　　　　　　　　　B. Date:2017-10-12
   C. Date:2017/12/10　　　　　　　　　　　D. Date&10/12/2017

7. 在 VBA 中，函数表达式 Right("VB 编程技巧",4)的值是(   )。

  A. 编程技巧   B. 技巧   C. VB 编程   D. VB 编

8. 函数 Mid("欢迎学习 Access!",5,6)的返回值是(   )。

  A. 习 Acce   B. Access   C. 欢迎学习   D. ccess!

9. 在 VBA 中，表达式 CInt("12") + Month(#8/15/2017#)的值为(   )。

  A. 27   B. 20   C. 128   D. 1215

10. 执行下面程序段后，变量 Result 的值为(   )。

```
a = 6
b = 5
c = 4
If Not(a + b > C)And (a + c > B)And (b + c > A)Then
    Result = "Yes"
Else
    Result = "No"
End If
```

  A. False   B. Yes   C. No   D. True

11. 有如下程序段，当输入 a 的值为-6 时，执行后变量 b 的值为(   )。

```
a = InputBox("input a:")
Select Case a
        Case Is > 0
    b = a + 1
        Case 0, -10
    b = a + 2
        Case Else
    b = a + 3
End Select
```

  A. -2   B. -3   C. -4   D. -5

12. 由 For i=1 to 9 step -3 决定的循环结构，其循环体将被执行(   )次。

  A. 0   B. 1   C. 4   D. 5

13. 执行下面程序段后，变量 i，s 的值分别为(   )。

```
s=0
For i = 1 To 10
  s=s+1
  i=i*2
Next i
```

  A. 15,3   B. 14,3   C. 16,4   D. 17,4

14. 执行下面程序段后，数组元素 a(3)的值为(　　　)。

```
Dim a(10) As Integer
For i = 0 To 10
   a(i) = 2 * i
Next i
```

    A. 4　　　　　　　　B. 6　　　　　　　　C. 8　　　　　　　　D. 10

15. 执行下面程序段后，变量 Result 的值为(　　　)。

```
n = 6
s = 0
For i = 1 To n - 1
   If n Mod i = 0 Then s = s + i
Next i
If n = s Then
   Result = "Yes"
Else
   Result = "No"
End If
```

    A. False　　　　　　B. Yes　　　　　　　C. No　　　　　　　D. True

16. 执行下面程序段后，变量 p，q 的值为(　　　)。

```
p = 2
q = 4
While Not q > 5
   p = p * q
   q = q + 1
Wend
```

    A. 20，5　　　　　　B. 40，5　　　　　　C. 40，6　　　　　　D. 40，7

17. 执行下面程序段后，变量 y 的值为(　　　)。

```
x = 49
y = 42
r = x Mod y
While r <> 0
   x = y
   y = r
   r = x Mod y
Wend
```

    A. 49　　　　　　　B. 42　　　　　　　C. 7　　　　　　　D. 0

18. 有过程：Sub Proc(x As Integer, y As Integer)，不能正确调用过程 Proc 的是
(　　　)。

    A. Call Proc(3,4)　　　　　　　　　B. Call Proc(3+2,4)

    C. Proc 3,4+2　　　　　　　　　　D. Proc(3,4)

19. 有下面函数，F(3)+F(2)的值为(　　　)。

```
Function F(n As Integer) As Integer
   Dim i As Integer
```

```
        F = 0
        For i = 1 To n
          F = F + i
        Next i
    End Function
```
　A. 2　　　　　　　　B. 6　　　　　　　　C. 8　　　　　　　　D. 9

20. 有如下函数

```
    Function Fun(a As Integer, b As Single) as Single
        Fun = a * b
    End Sub
```

　执行下面程序段后，变量 c 的值为(　　)。

```
    Dim m%,n!,c!
    m = 4
    n = 0.8
    c=Fun(m, n)
```
　A. 3.2　　　　　　　B. 4.8　　　　　　　C. 4.6　　　　　　　D. 2.4

8.2.2 填空题

1. VBA 是＿＿＿＿＿＿＿＿程序设计语言。

2. VBA 的模块有两种类型，分别是＿＿＿＿＿＿和＿＿＿＿＿＿。

3. 模块的过程从形式上看，有＿＿＿＿＿＿和＿＿＿＿＿＿两种。

4. 数据类型中，整型的类型名是＿＿＿＿，类型符是＿＿＿＿；单精度的类型名是＿＿＿＿，类型符是＿＿＿＿；字符型的类型名是＿＿＿＿，类型符是＿＿＿＿。

5. 变量的作用范围有＿＿＿＿＿、＿＿＿＿＿＿和＿＿＿＿＿＿三种。

6. 在数组的声明语句中，若缺省下标的下界，则默认下界为＿＿＿＿。

7. 如果有数组声明语句：Dim x(-2 to 3) As Integer，则表示共有＿＿＿个数组元素可供使用，它们分别是＿＿＿＿＿＿＿＿＿＿＿＿＿＿＿＿＿＿＿＿＿＿＿＿。

8. 如果变量 x 能被变量 y 整除，则可以用表达式＿＿＿＿＿＿＿＿＿表示。

9. 有表达式：10/3>3 Or 7<6 And 23+5>30，则表达式的结果是＿＿＿＿＿＿。

10. 要产生一个[200,300]之间的随机整数，可以用表达式＿＿＿＿＿＿＿＿＿实现。

11. 有一个字符串变量 s，如果截取从第 6 位起以后的所有字符串，可以用表达式＿＿＿＿＿＿表示。

12. 假设日期型变量 d 存放某人的出生日期，要计算此人现在的年龄，可以用表达式＿＿＿＿＿＿表示。

13. 求一个字符 c 的 ASCII 值，可以使用表达式＿＿＿＿＿＿。

14. 在 Access 中，要弹出对话框，输出某些信息，可以用表达式＿＿＿＿＿＿来实现。

15. VBA 程序中可以使用＿＿＿＿＿、＿＿＿＿＿＿和＿＿＿＿＿＿三种基本控制结构。

16. VBA 程序中的分支结构语句有＿＿＿＿＿、＿＿＿＿＿＿和＿＿＿＿＿＿三种。

17. VBA 程序中的循环结构语句有＿＿＿＿＿、＿＿＿＿＿＿和＿＿＿＿＿＿三种。

18. 如果 For 循环缺省了 Step 语句，那么说明步长值是_____。

19. While 循环语句中，如果一开始循环条件就不成立，则循环体执行_____次。

20. 在 VBA 中，实参和形参的传递方式有_____和_____两种。

8.2.3　简答题

1. 什么是计算机程序设计？请列举几种常用的计算机程序设计语言，并简述其特点。

2. VBA 有哪些常用的数据类型?常量如何表示?变量怎样命名?

3. VBA 有哪些常用的表达式和函数？

4. VBA 有几种程序控制结构？

5. 试述 VBA 各种分支结构语句的异同点？

6. 试述 VBA 各种循环结构语句的特点？

7. VBA 中的子过程和函数有什么不同？

8.2.4　程序设计题

1. 输入公里数，转换成对应的英里数输出。(1 英里=1.609 公里)

2. 输入一个四位整数，输出该数的各位数字之和。

3. 假设当前时间为 2017 年 9 月 11 日零点整，求现在距 2050 年 1 月 1 日零点所剩的天数和小时数。

4. 输入半径，求圆的周长和面积。

5. 随机产生两个大写英文字母并依次输出。

6. 输入任意两个实数，交换后输出。

7. 求一元二次方程 $ax^2+bx+c=0$ 的实根。

8. 输入一个整数，判断是否完数。(完数指真因子的和等于自身的数，例如 6 是完数，6=1+2+3)

9. 输入一个四位整数，判断是否回文数。(回文数指该数正读反读一样，如 1221)

10. 输入一个整数，判断是奇数或偶数。

11. 输入一个小于 10 的自然数 n，求 1+2!+3!+…+n!

12. 输入两个整数，分别求最大公约数和最小公倍数。

13. 随机产生 10 个 100 以内的正整数，求它们的平均值及大于平均值的数的个数。

14. 输入任意一串字符，逆序输出。

15. 输入一串字符，统计其中数字、大写英文字母、小写英文字母和其它字符的个数。

16. 输入一串含空格的字符串，去除字符串中所有的空格。

17. 阶梯问题。登一阶梯，若每步跨 2 阶，最后余 1 阶；若每步跨 3 阶，最后余 2 阶；若每步跨 5 阶，最后余 4 阶；若每步跨 6 阶，最后余 5 阶；若每步跨 7 阶，刚好到达阶梯顶部。求阶梯数。

18. 猴子吃桃问题。猴子第一天摘下若干桃子，当即吃了一半，不过瘾，又多吃两个。以后每天如此，到第 10 天，只剩下一个桃子。求猴子第一天摘的桃子数量。

8.3　实验案例

实验案例 1

案例名称：创建标准模块及通用过程

【实验目的】

掌握 VBA 创建标准模块及在标准模块中创建通用过程的方法。

【实验内容】

利用 VB 编辑器创建一个标准模块，在标准模块中创建一个通用子过程，子过程的功能是调用 InputBox 输入信息，调用 MsgBox 输出信息。

【实验步骤】

(1) 打开 Access 2010，创建"VBA 实验案例.accdb"空白数据库。

(2) 打开 VB 编辑器，创建名为"实验案例 1"的标准模块。

(3) 在标准模块"实验案例 1"中，创建通用子过程，过程名"输入输出"。

(4) 在子过程中，调用 InputBox 函数输入密码，如 123456；调用 MsgBox 函数输出相应的信息，如"密码错误，请重新输入！"。界面如图 8-1 和图 8-2 所示。

(5) 保存过程和模块，并运行。

图 8-1　调用 InputBox 函数输入密码　　　图 8-2　调用 MsgBox 函数输出登录信息

【参考代码】

标准模块代码

```
Public Sub 输入输出( )
    x = InputBox("请输入密码", "密码输入")
    y = MsgBox("密码错误，请重新输入!", 1, "登录信息")
End Sub
```

实验案例 2

案例名称：创建窗体及事件过程

【实验目的】

掌握在 VBA 中创建窗体及不同事件过程的方法。

【实验内容】

创建图 8-3 所示"解方程"窗体，单击"计算"按钮实现功能：在 Text1 中输入 x 的值，通过方程 y=3x+1，计算出 y 的值并输出到 Text2 中；单击"清空"按钮实现：清除 Text1 和 Text2 的内容。如在 Text1 中输入 3，则 Text2 中输出 10。

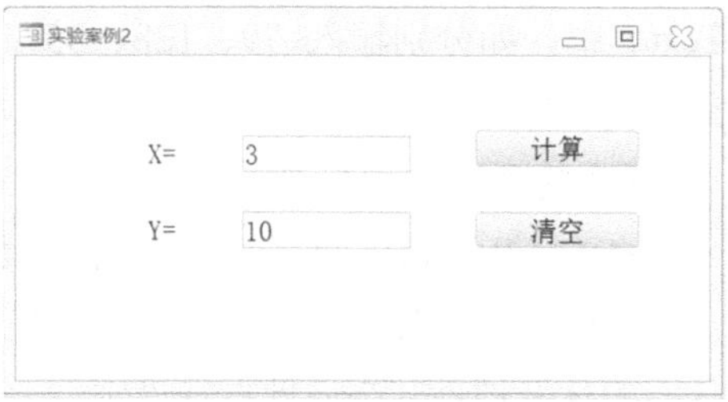

图 8-3　"解方程"窗体

【实验步骤】

(1) 打开"VBA 实验案例.accdb"数据库。

(2) 在数据库中创建如题目所要求的窗体，窗体及控件其余属性自行设定。

(3) 在窗体中，鼠标右击"计算"按钮，在弹出的快捷菜单中选择"事件生成器"→"代码生成器"，打开 VBE 的代码窗口，为"计算"按钮的 Click 事件编写相应的代码。

(4) 同样，在窗体中，鼠标右击"清空"按钮，在弹出的快捷菜单中选择"代码生成器"，打开 VBE 的代码窗口，为"清空"按钮的 Click 事件编写如下相应代码：

```
Text1.Value=""
Text2.Value=""
```

(5) 保存窗体，并运行。

【参考代码】

(1)"计算"按钮的 Click 事件代码

```
Private Sub Command1_Click( )
    Dim x As Single, y As Single
    x = Text1.Value
    y = 3 * x + 1
    Text2.Value = y
End Sub
```

(2)"清空"按钮的 Click 事件代码

```
Private Sub Command2_Click( )
    Text1.Value = ""
    Text2.Value = ""
End Sub
```

实验案例 3

案例名称：用单行 If 语句实现分支结构

【实验目的】

掌握 VBA 程序设计中单行 If 分支语句的使用方法。

【实验内容】

创建图 8-4 所示"求 3 个数的最大值"窗体，单击"最大值"按钮实现功能：求出

Text1、Text2 和 Text3 中的最大值并输出到 Text4 中。如分别输入 79、128、35，则输出最大值 128。

【实验步骤】

(1) 打开"VBA 实验案例.accdb"数据库。

(2) 在数据库中创建如题目所要求的窗体，窗体及控件其余属性自行设定。

图 8-4   "求 3 个数的最大值"窗体

(3) 在窗体中，鼠标右击"最大值"按钮，在弹出的快捷菜单中选择"事件生成器"→"代码生成器"，打开 VBE 的代码窗口，为"最大值"按钮的 Click 事件编写相应的代码。

(4) 应用单行 If 分支语句进行 3 个数的比较运算，结构如：If 条件 Then 语句序列。

(5) 保存窗体，并运行。

【参考代码】

"计算"按钮的 Click 事件代码

```
Private Sub Command1_Click( )
    Dim x As Single, y As Single, z As Single
    x = Text1.Value
    y = Text2.Value
    z = Text3.Value
    max = x
    If y > max Then max = y
    If z > max Then max = z
    Text4.Value = max
End Sub
```

实验案例 4

案例名称：用多行 If 语句实现分支结构

【实验目的】

掌握 VBA 程序设计中多行 If 分支语句的使用方法。

【实验内容】

创建图 8-5 所示"水仙花数判断"窗体，单击"判断"按钮实现功能：判断 Text1 中输入的数是否水仙花数，将判断结果输出到 Text2 中，判断结果如"*是水仙花数或*不是水仙花数"。其中水仙花数指一个三位正整数的各位数字的立方和等于它本身。如 Text1 中输入 153，Text2 中输出"153 是水仙花数"。

图 8-5   "水仙花数判断"窗体

【实验步骤】

(1) 打开"VBA 实验案例.accdb"数据库。

(2) 在数据库中创建如题目所要求的窗体，窗体及控件其余属性自行设定。

(3) 在窗体中，鼠标右击"判断"按钮，在弹出的快捷菜单中选择"事件生成器"→"代码生成器"，打开 VBE 的代码窗口，为"判断"按钮的 Click 事件编写相应的代码。

(4) 应用多行 If 分支语句进行水仙花数的条件判断，结构如下：

```
If 条件 Then
  语句序列 1
    Else
      语句序列 2
    End If
```

(5) 保存窗体，并运行。

【参考代码】

"判断"按钮的 Click 事件代码

```
Private Sub Command1_Click()
  Dim x As Integer, y As String
  x = Text1.Value
  a = x Mod 10
  b = x \ 10 Mod 10
  c = x \ 100
  If x = a ^ 3 + b ^ 3 + c ^ 3 Then
    y = x & "是水仙花数"
  Else
    y = x & "不是水仙花数"
  End If
  Text2.Value = y
End Sub
```

实验案例 5

案例名称：用多行 If 分支语句和 Select Case 情况语句实现分支结构

【实验目的】

掌握 VBA 程序设计中多行 If 分支语句和 Select Case 情况语句的使用方法，比较两种语句在执行多分支选择结构的相同和不同之处。

【实验内容】

创建图 8-6 所示具有星期转换功能的窗体，单击"转换"按钮实现功能：将 Text1

图 8-6　"星期转换"窗体

中输入的数字转换成对应的星期，并输出到 Text2 中。转换规则：0-星期日，1-星期一，2-星期二，3-星期三，4-星期四，5-星期五，6-星期六。如 Text1 中输入 5，单击"转换"按钮，Text2 中输出"星期五"。

【实验步骤】

(1) 打开"VBA 实验案例.accdb"数据库。

(2) 在数据库中创建如题目所要求的窗体，窗体及控件其余属性自行设定。

(3) 在窗体中，鼠标右击"转换"按钮，在弹出的快捷菜单中选择"事件生成器"→"代码生成器"，打开 VBE 的代码窗口，为"转换"按钮的 Click 事件编写相应的代码。

(4) 应用多行 If 分支语句及 Select Case 语句进行条件判断。

① 多行 If 分支语句结构格式如下：

```
If  条件 1 Then
    语句序列 1
ElseIf  条件 2    Then
    语句序列 2
……
Else
    语句序列 n
End If
```

② Select Case 情况语句格式如下：

```
Select Case  测试表达式
    Case  值列表 1
        语句序列 1
    Case  值列表 2
        语句序列 2
    ……
    Case Else
        语句序列 n
End Select
```

(5) 保存窗体，并运行。

【参考代码】

"转换"按钮的 Click 事件代码

```
Private Sub Command1_Click( )
    Dim x As Integer, y As String
    x = Val(Text1.Value)
    Select Case x
        Case 0
            y = "星期日"
        Case 1
            y = "星期一"
        Case 2
            y = "星期二"
        Case 3
            y = "星期三"
        Case 4
            y = "星期四"
        Case 5
```

```
            y = "星期五"
        Case 6
            y = "星期六"
    End Select
    Text2.Value = y
End Sub
```

实验案例 6

案例名称：用 While 语句和 Do While …Loop 语句实现循环结构

【实验目的】

掌握 VBA 程序设计中 While 循环语句和 Do While …Loop 循环语句的使用方法，比较两种语句的相同和不同之处。

【实验内容】

创建图 8-7 所示"求阶乘"窗体，单击"计算"按钮实现功能：计算出 Text1 中输入的整数的阶乘值，并输出到 Text2 中。如在 Text1 中输入 5，则 Text2 中输出 120。考虑 Text1 输入的整数的范围。

图 8-7　"求阶乘"窗体

【实验步骤】

(1) 打开"VBA 实验案例.accdb"数据库。

(2) 在数据库中创建如题目所要求的窗体，窗体及控件其余属性自行设定。

(3) 在窗体中，鼠标右击"计算"按钮，在弹出的快捷菜单中选择"事件生成器"→"代码生成器"，打开 VBE 的代码窗口，为"计算"按钮的 Click 事件编写相应的代码。

(4) 应用 While 循环语句及 Do While…Loop 循环语句编写相应代码。

① While 循环语句结构格式如下：　　　　② Do While…Loop 循环语句格式如下：

```
While 条件表达式                      Do While 条件表达式
    循环体语句序列                        循环体语句序列
Wend                                 Loop
```

(5) 保存窗体，并运行。

【参考代码】

"计算"按钮的 Click 事件代码

```
Private Sub Command1_Click()
    Dim x As Integer, y As Single
    x = Text1.Value
    i = 1
    y = 1
    Do While i <= x
```

```
            y = y * i
            i = i + 1
        Loop
        Text2.Value = y
    End Sub
```

实验案例 7

案例名称：用 For 语句实现循环结构

【实验目的】

掌握 VBA 程序设计中 For 循环语句的使用方法。

【实验内容】

创建图 8-8 所示"两数间的整数和"窗体，单击"计算"按钮实现功能：计算出从 Text1 中输入的第一个整数到 Text2 中输入的第二个整数之间的所有整数的和，并输出到 Text3 中。如在 Text1 中输入 1，Text2 中输入 100，则 Text3 中输出 5050；如在 Text1 中输入 50，Text2 中输入 10，则 Text3 中输出 1230。考虑两个整数的大小关系。

图 8-8　"两数间的整数和"窗体

【实验步骤】

(1) 打开"VBA 实验案例.accdb"数据库。

(2) 在数据库中创建如题目所要求的窗体，窗体名为"两数间的整数和"，窗体及控件其余属性自行设定。

(3) 在窗体中，鼠标右击"计算"按钮，在弹出的快捷菜单中选择"事件生成器"→"代码生成器"，打开 VBE 的代码窗口，为"计算"按钮的 Click 事件编写相应的代码。

(4) 应用 For 循环语句编写相应代码，格式如下：

```
    For 循环变量=初值 To 终值
        循环体语句序列
            Next
```

(5) 保存窗体，并运行。

【参考代码】

"计算"按钮的 Click 事件代码

```
    Private Sub Command1_Click()
        Dim x As Integer, y As Integer, s As Long
        x = Val(Text1.Value): y = Val(Text2.Value)
        s = 0
        If x > y Then
```

```
        t = x: x = y: y = t
    End If
    For i = x To y
        s = s + i
    Next i
    Text3.Value = Str(s)
End Sub
```

实验案例 8

案例名称：用 For 语句实现循环结构嵌套

【实验目的】

掌握 VBA 程序设计中循环嵌套的使用方法。

【实验内容】

创建图 8-9 所示"百元买百鸡"窗体，单击
"求解"按钮实现功能：将所有可能的答案显示
在文本框 Text1 中。百元买百鸡问题：公鸡 8 元
1 只，母鸡 6 元钱 1 只，鸡仔 2 元钱 4 只。问百
元能买几只公鸡，几只母鸡，几只鸡仔。

【实验步骤】

(1) 打开"VBA 实验案例.accdb"数据库。

图 8-9　"百元买百鸡"窗体

(2) 在数据库中创建如题目所要求的窗体，窗体名为"百元买百鸡"，窗体及控件其余
属性自行设定。

(3) 在窗体中，鼠标右击"求解"按钮，在弹出的快捷菜单中选择"事件生成器"→
"代码生成器"，打开 VBE 的代码窗口，为"求解"按钮的 Click 事件编写相应的代码。

(4) 应用 For 循环语句嵌套编写相应代码，格式如下：

```
For 循环变量 i=初值 To 终值
    For 循环变量 j=初值 To 终值
        For 循环变量 k=初值 To 终值
            循环体语句序列
            Next  k
        Next  j
    Next  i
```

(5) 保存窗体，并运行。

【参考代码】

"求解"按钮的 Click 事件代码

```
Private Sub Command1_Click( )
    Dim s As String
```

```
        For i = 1 To 100
          For j = 1 To 100
            For k = 1 To 100
              s = ""
              If i + j + k = 100 And 8 * i + 6 * j + k * 0.5 = 100 Then
                s = "公鸡" & i & "只," & "母鸡" & j & "只," & "鸡仔" & k & "只"
                Text1.Value = Text1.Value & s
              End If
            Next k
          Next j
        Next i
      End Sub
```

实验案例 9

案例名称：用 Do Until ... Loop 语句实现循环结构

【实验目的】

掌握 VBA 程序设计中"直到型"循环的使用方法。

【实验内容】

创建图 8-10 所示"求 π 的近似值"窗体，单击"求解"按钮实现功能：根据公式 π/4=1-1/3+1/5-1/7+…+1/n 计算 π 的近似值，当最后一项的绝对值小于 10^{-5} 时，停止计算。

图 8-10　"求 π 的近似值"窗体

【实验步骤】

(1) 打开"VBA 实验案例.accdb"数据库。

(2) 在数据库中创建如题目所要求的窗体，窗体名为"求 π 的近似值"，窗体及控件其余属性自行设定。

(3) 在窗体中，鼠标右击"求解"按钮，在弹出的快捷菜单中选择"事件生成器"→"代码生成器"，打开 VBE 的代码窗口，为"求解"按钮的 Click 事件编写相应的代码。

(4) 应用 Do Until ... Loop 语句实现"直到型"循环，格式如下：

```
Do Until  条件
    循环体语句序列
Loop
```

(5) 保存窗体，并运行。

【参考代码】

"求解"按钮的 Click 事件代码

```
Private Sub Command1_Click( )

    Dim pi As Single, n As Long, t As Integer

    pi = 0

    n = 1

    t = 1

    Do Until 1 / n < 0.00001

        pi = pi + t / n

        t = -t

        n = n + 2

    Loop

    Text1.Value = pi * 4

End Sub
```

实验案例 10

案例名称：在立即窗口中输出九九乘法表

【实验目的】

掌握 VBE 编辑器中立即窗口的使用。

【实验内容】

创建图 8-11 所示"输出九九乘法表"窗体，单击"输出"按钮实现功能：在立即窗口中输出九九乘法表，如图 8-12 所示。

【实验步骤】

(1) 打开"VBA 实验案例.accdb"数据库。

(2) 在数据库中创建如题目所要求的窗体，窗体名为"输出九九乘法表"，窗体及控件其余属性自行设定。

(3) 在窗体中，鼠标右击"输出"按钮，在弹出的快捷菜单中选择"事件生成器"→"代码生成器"，打开 VBE 的代码窗口，为"输出"按钮的 Click 事件编写的代码。

(4) 应用 For 循环语句嵌套编写相应代码，格式如下：

```
For 循环变量 i=初值 To 终值

    循环体语句序列 1

    For 循环变量 j=初值 To 终值

        循环体语句序列 2

    Next  j

    …

Next  i
```

(5) 用 Debug.Print 语句实现在立即窗口中输出内容。

(6) 保存窗体，并运行。

图 8-11 "输出九九乘法表"窗体

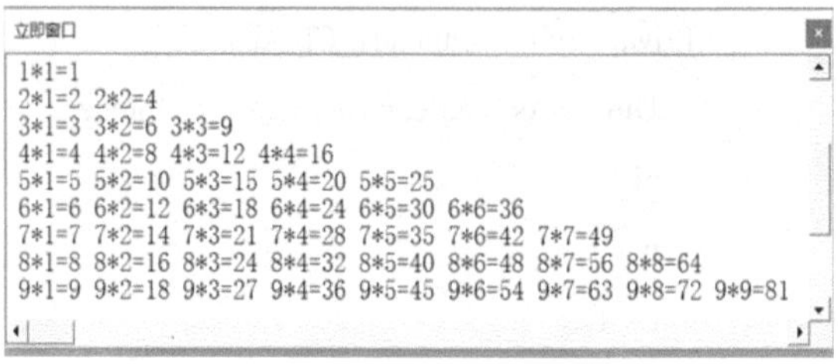

图 8-12 九九乘法表

【参考代码】

"输出"按钮的 Click 事件代码

```
Private Sub Command1_Click( )
    Dim i As Integer, j As Integer, s As String
    For i = 1 To 9
        s = ""
        For j = 1 To i
            s = s & i & "*" & j & "=" & i * j & " "
        Next
        Debug.Print s
    Next
End Sub
```

第9章 ADO数据库编程

9.1 知识要点

9.1.1 数据库引擎和接口

VBA 通过数据库引擎工具来实现对 Access 数据库的访问。

VBA 主要提供 3 种数据库访问接口。

1. 开放数据库互连应用程序接口(ODBC API)

ODBC 是数据库服务器的一个标准协议，是微软公司开发和定义的一套访问关系型数据库的标准接口，它为应用程序和数据库提供了一个定义良好、公共且不依赖数据库管理系统(DBMS)的应用程序接口(API)，并且保持着与 SQL 标准的一致性。API 的作用是为应用程序设计者提供单一和统一的编程接口，使同一个应用程序可以访问不同类型的关系数据库。

2. 数据访问对象(DAO)

DAO 既提供了一组具有一定功能的 API 函数，也提供了一个访问数据库的对象模型，在 Access 数据库应用程序中，开发者可利用其中定义的一系列数据访问对象(如 Database、RecordSet 等)，实现对数据库的各种操作。

3. 动态数据对象(ADO)

ADO 是基于组件的数据库编程接口，ADO 提供了一个用于数据库编程的对象模型，开发者可利用其中的一系列对象，如 Connection、Command、Recordset 对象等，实现对数据库的操作。ADO 是对微软的所支持的数据库进行操作的最有效和最简单直接的方法，是功能强大的数据访问编程模式。

9.1.2 ADO

ADO 是一个便于使用的应用程序层接口，是为微软公司最新和最强大的数据访问规范对象链接嵌入数据库(Object Linking and Embedding DataBase，OLE DB)而设计的。ADO 以 OLE DB 为基础，对 OLE DB 底层操作的复杂接口进行封装，使应用程序通过 ADO 中极简单的 COM 接口，就可以访问来自 OLE DB 数据源的数据，这些数据源包括关系及非关系数据库、文本和图形等。ADO 在前端应用程序和后端数据源之间使用了最少的层数，将访问数据库的复杂过程抽象成易于理解的具体操作，并由实际对象来完成，使用起来简单方便。

9.1.3 ADO 主要对象

1. ADO 对象模型

ADO 定义了一个可编程的对象集，主要包括 Connection、Recordset、Command、Parameter、Field、Property 和 Error 共 7 个对象。

ADO 对象集中包含了三大核心对象，即 Connection(连接)、Recordset(记录集)和 Command(命令)对象。在使用 ADO 模型对象访问数据库时，Connection 对象通过连接字符串包括数据提供程序、数据库、用户名及密码等参数建立与数据源的连接；Command 对象通过执行存储过程、SQL 命令等，实现数据的查询、增加、删除、修改等操作；Recordset 对象可将从数据源按行返回的记录集存储在缓存中，以便对数据进行更多的操作。

2. Connection 对象

Connection 对象代表应用程序与指定数据源进行的连接，包含了关于某个数据提供的信息以及关于结构描述的信息。应用程序通过 Connection 对象不仅能与各种关系数据库(如 SQL Server、Oracle、Access 等)建立连接，也可以同文本文件、Excel 电子表等非关系数据源建立连接。

(1) Connection 对象的常用属性有 ConnectionString，即连接字符串，指在连接数据源之前设置的所需要的数据源信息，如数据提供程序、数据库名称、用户名及类型等。

设置 ConnectionString 属性的语法：

> 连接对象变量.ConnectionString="参数 1=值；参数 2=值；……"

(2) Connection 对象的常用方法有 Open(打开连接)和 Close(关闭连接)。

① Open 方法用于实现应用程序与数据源的物理连接。Open 方法的格式：

> 连接对象变量.Open ConnectionString,User D,Password

② Close 方法用于断开应用程序与数据源的物理连接，即关闭连接对象。Close 方法的格式：

> 连接对象变量.Close

Close 方法只是断开应用程序与数据源的连接，而原先存在于内存中的连接变量并没有释放，还继续存在。为了节省系统的资源，最好也要把内存中的连接变量释放。释放连接变量的格式：

> Set 连接变量=Nothing

(3) 使用 Connection 对象与指定数据源的连接的一般步骤如下：

① 创建 Connection 对象变量。

② 设置 Connection 对象变量的 ConnectionString 属性值。

③ 用 Connection 对象变量的 Open 方法实现与数据源的物理连接。

④ 待对数据源的操作结束后，用 Connection 对象变量的 Close 方法断开与数据源的连接。

⑤ 用 Set 命令将 Connection 对象变量从内存中释放。

3. Recordset 对象

Recordset(记录集)对象表示的是来自基本表或命令执行结果的记录全集。Recordset 对象包含某个查询返回的记录，以及那些记录中的游标。所有的 Recordset 对象中的数据在逻辑上均使用记录(行)和字段(列)进行构造，每个字段表示为一个 Field 对象。不论在任何时候，Recordset 对象所指的当前记录均为集合内的单个记录。使用 ADO 时，通过 Recordset 对象几乎可对数据进行所有的操作。

(1) 在使用 ADO 的 Recordset 对象之前，应先声明并初始化一个 Recordset 对象，例如：

Dim rs As ADODB.Recordset

Set rs=New ADODB.Recordset

(2) 创建了记录集对象变量后，就可以通过记录集对象的 Open 方法连接到数据源，并获取来自数据源的查询结果即记录集。

记录集对象变量的 Open 方法语法：

记录集对象变量.Open Source,ActiveConnecion,,CursorType,LockType,Options

(3) Recordset(记录集)对象的常用属性和方法

① ActiveConnection 属性。通过设置 ActiveConnection 属性使记录集对象要打开的数据源与已经定义好的 Connection 对象相关联。ActiveConnection 属性值可以是有效的 Connection 对象变量或设置好参数值的 ConnectionString 连接字符串。

② RecordCount 属性。返回 Recordset 记录集对象中记录的个数。

③ BOF 和 EOF 属性。如果当前记录在 Recordset 对象的第一条记录之前，那么 BOF 属性值为 True，否则都为 False；如果当前记录在 Recordset 对象的最后一条记录之后，那么 EOF 属性值为 True，否则都为 False；根据这个属性，可循环整个记录集中的所有记录，即当 EOF 的属性值为 True 时，则可知已经循环完所有记录。

④ AddNew 方法。在记录集对象中增加记录，格式：

记录集对象变量.AddNew

⑤ Delete 方法。在记录集对象中删除当前记录，格式：

记录集对象变量.Delete

⑥ Update 方法。立即更新方式，将记录集对象中当前记录的更新内容立即保存到所连接数据源的数据库中，格式：

记录集对象变量. Update

⑦ Move 方法。可以使用记录集对象的 MoveFirst、MoveLast、MoveNext、MovePrevious 和 Move 等方法将记录指针移动到指定的位置。

MoveFirst：记录指针移动到记录集的第一条记录；

MoveLast：记录指针移动到记录集的最后一条记录；

MoveNext：记录指针向前(向下)移动一条记录；

MovePrevious：记录指针向后(向上)移动一条记录；

Move n 或 Move −n 记录指针向前或向后移动 n 条记录。

⑧ Close 方法。可以关闭一个已打开的 Recordset 对象，并释放相关的数据和资源。格式：

> 记录集对象变量.Close

如果同时还要将 Recordset 对象从内存中完全释放，则还应设置 Recordset 对象为 Nothing。格式：

> Set 记录集对象变量=Nothing

⑨ Fields 集合。Recordset 对象还包含一个 Fields 集合，记录集的每一个字段都有一个 Field 对象。如果引用 Recordset 对象当前记录的某个字段数据，格式：

> 记录集对象变量.Fields(字段名).Value，可简化为：记录集对象变量 (字段名)

(4) 在应用 ADO 的 Recordset 对象进行数据库的连接和数据记录的访问中，主要有 3 种不同的方法可以实现。

① 创建 Connection 连接对象建立与指定数据源的连接，并将该 Connection 连接对象作为 Recordset 记录集对象 Open 方法中 ActiveConnection 属性的值；

② 不创建 Connection 连接对象，直接用有效的 ConnectionString 连接字符串作为 Recordset 记录集对象 Open 方法中 ActiveConnection 属性的值；

③ 由于在大部分的 Access 应用中，应用程序与数据源通常在同一个数据库中，这种情况下就可以缺省方法 2 中 ConnectionString 连接字符串的相关参数设置，直接将 ConnectionString 连接字符串的属性值设置为 "CurrentProject.Connection"，即表示连接的是当前数据库。

4. Command 对象

Command(命令)对象用以定义并执行针对数据源的具体命令，即通过传递指定的 SQL 命令来操作数据库，如建立数据表、删除数据表、修改数据表的结构等操作。应用程序也可以通过 Command 对象查询数据库，并将运行结果返回给 Recordset(记录集)对象，以完成更多的增加、删除、更新、筛选记录等操作。

(1) 在使用 Command 对象前，应声明并初始化一个 Command 对象，例如：

```
Dim comm As ADODB.Command
Set comm=New ADODB.Command
```

(2) Command 对象的常用属性和方法

① ActiveConnection 属性。通过设置 ActiveConnection 属性使 Command 对象与已经定义并且打开的 Connection 对象相关联。ActiveConnection 属性值可以是有效的 Connection 对象变量或设置好参数值的 ConnectionString 连接字符串。

② CommandText 属性。表示 Command 对象要执行的命令文本，通常是数据表名、完成某个特定功能的 SQL 命令或存储过程的调用语句等。

③ Execute 方法。Command 对象最主要的方法，用来执行 CommandText 属性所指定的 SQL 语句或存储过程等。Execute 方法有以下两种。

其一是有返回记录集的执行方式，格式：

　　Set 记录集对象变量=命令对象变量. Execute

其二是无返回记录集的执行方式，格式：

　　命令对象变量. Execute

④ 将 Command 对象从内存中完全释放，需要用 Set 语句设置 Command 对象为 Nothing。格式：

　　Set 命令对象变量=Nothing

9.1.4　ADO 在 Access 中的应用

1. 引用 ADO 类库

ADO 是面向对象的设计方法，有关 ADO 的各个对象的定义都集中在 ADO 类库中。在默认情况下，VBA 并没有加载 ADO 类库。因此在进行数据库编程时，要使用 ADO 对象，首先要引用 ADO 类库。

2. ADO 数据库编程的一般方法

在 Access 应用程序开发中，在当前数据库下使用 ADO 的 Recordset 对象访问数据库并对数据操作的一般方法如下。

(1) 首先用 Dim 语句声明一个 Recordset 变量，并用 Set 语句实例化。

(2) 使用 Recordset 变量的 Open 方法连接数据源，并返回所查询的记录内容。由于连接的是当前数据库，因此 Open 方法中的 ActiveConnecion 参数值可以直接设置为 CurrentProject.Connection，数据源一般设置为 SQL 查询语句或数据表名，同时根据实际需要，游标类型和记录锁定类型的参数值可以都设置为 2。

(3) 根据需要对 Recordset 对象中的数据进行操作，如用"记录集对象变量(字段名)"引用 Recordset 对象中字段的值，对字段进行更新、删除、计算等操作。

(4) 对数据操作完成后，用 Close 方法关闭记录集对象，并用 Set 命令将记录集对象从内存中释放。

9.2　思考与练习

9.2.1　选择题

1. ADO 中的三个最主要的对象是(　　)。

　　A. Connection、Recordset 和 Command　　　B. Connection、Recordset 和 Field

　　C. Recordset、Field 和 Command　　　　　　D. Connection、Parameter 和 Command

2. ADO 用于存储来自数据库基本表或命令执行结果的记录集的对象是(　　)。

　　A. Connection　　　　B. Record　　　　C. Recordset　　　　D. Command

3. ADO 用于实现应用程序与数据源相连接的对象是(　　)。

    A. Connection　　　　B. Field　　　　　　　C. Recordset　　　　D. Command

4. ADO 用于执行 SQL 命令的对象是(　　)。

    A. Connection　　　　B. Field　　　　　　　C. Recordset　　　　D. Command

5. 往记录集对象 my_rs 中添加一个新的记录,应使用的命令是(　　)。

    A. my_rs AddNew　　B. my_rs.Append　　　C. my_rs Append　　D. my_rs.AddNew

6. 设 rs 为记录集对象,则 rs.MoveLast 的作用是(　　)。

    A. 记录指针从当前位置向后移动 1 条记录

    B. 记录指针从当前位置向前移动 1 条记录

    C. 记录指针移到最后一条记录

    D. 记录指针移到最后一条记录之后

7. 若 Recordset 对象的 BOF 属性值为 "真",表示记录指针当前位置在(　　)。

    A. Recordset 对象第一条记录之前

    B. Recordset 对象第一条记录

    C. Recordset 对象最后一条记录之后

    D. Recordset 对象最后一条记录

8. 若 Recordset 对象的 EOF()值为 True,则记录指针当前位置在(　　)。

    A. Recordset 对象末记录之后　　　　　　B. Recordset 对象末记录

    C. Recordset 对象首记录之前　　　　　　D. Recordset 对象首记录

9. 设 rs 为记录集对象变量,则 Set rs=nothing 的作用是(　　)。

    A. 关闭 rs 对象中当前的记录　　　　　　B. 将 rs 对象从内存中释放

    C. 关闭 rs 对象,但不从内存中释放　　　D. 关闭 rs 对象中最后一条记录

10. 若要将记录集对象 rs 从内存中完全释放,应使用命令(　　)。

    A. Set rs=Nothing　　B. Set rs Nothing　　　C. rs.Close　　　　D. Set rs Close

9.2.2　填空题

1. VBA 主要提供了_____、_____和_____3 种数据库访问接口。

2. ADO 的全称是_____。

3. ADO 对象模型的三个核心对象是_____、_____和_____。

4. ADO 中 Connection 对象用于数据源连接参数设置的属性是_____。

5. ADO 中 Command 对象用于传递操作数据库命令如 SQL 语句等的属性是_____。

6. ADO 模型中用于存储来自数据库的表或命令执行结果的记录集对象是_____。

7. Recordset 对象中的 BOF 属性表示_____,EOF 属性表示_____。

8. 要将 Recordset 对象中当前记录的更新内容保存到数据库中,可以用_____方法。

9. 要将 Recordset 对象中记录的指针向前移动一条记录,应该用_____方法。

10. 在 Access 应用 ADO 进行数据库编程中,如果连接的是当前数据库,那么 Recordset 对象的 ActiveConnection 属性可以设置为_____。

9.2.3　简答题

1. Access 应用程序设计中有哪几种类型数据访问接口？

2. 什么是 ADO？ADO 的核心对象有哪些？

3. Recordset 对象有哪些常用的属性和方法，有什么作用？

4. Access 中使用 ADO 的 Recordset 对象访问数据库的一般步骤有哪些？

9.2.4　程序设计题

1. 打开"教务管理.accdb"数据库，设计浏览 Stu 数据表中学生基本信息的窗体，功能如下：

(1) 窗体刚打开时，窗体各文本框中显示 Stu 表第一条记录的相应字段的内容。

(2) 单击窗体上的 4 个记录指针移动按钮，分别是首记录、末记录、前一条记录和后一条记录，可依次在窗体文本框中显示 Stu 表对应记录的各字段的内容。

2. 打开"教务管理.accdb"数据库，在第 1 题的基础上，设计修改 Stu 数据表中学生基本信息的窗体，新增功能如下：

(1) 单击"增加记录"按钮，将窗体上新增的记录保存到 Stu 表中。

(2) 单击"删除记录"按钮，将 Stu 表中相应记录删除。

(3) 单击"更新"记录按钮，将窗体上当前记录的修改结果保存到 Stu 表中。

3. 打开"教务管理.accdb"数据库，设计窗体，按学期查询 Course 表中的课程名称，并统计该学期全部课程的门数、平均学时和总学分，详细功能如下：

(1) 在组合框 Combo1 中选择某一学期，则窗体上对应的列表框 List1 中显示该学期的有课程名称；

(2) 在窗体对应的文本框 Text1 中显示该学期全部课程的门数。

(3) 在窗体对应的文本框 Text2 中显示该学期全部课程的平均学时。

(4) 在窗体对应的文本框 Text2 中显示该学期全部课程的总学分。

4. 打开"教务管理.accdb"数据库，设计按学号查询 Grade 表和 Course 表中该学生修课程和课程学期总评成绩的窗体，功能如下：

(1) 在组合框 Combo1 中选择某一学号，则窗体上对应的列表框 List1 中显示该学生选修的所有课程名称和该课程的总评成绩，其中总评成绩=平时成绩*30%+期末成绩*70%。

(2) 在窗体对应的文本框 Text1 中显示该学生所选课程门数。

(3) 在窗体对应的文本框 Text2 中显示该学生所选全部课程的平均总评成绩。

9.3　实验案例

实验案例 1

案例名称：按指定条件获取记录集，并逐条浏览记录

【实验目的】

掌握使用 Recordset 对象的属性和方法进行 Access 数据库编程的基本方法。

【实验内容】

创建图 9-1 所示"按学号浏览 Grade 表"窗体。实现功能：根据 Grade 表的内容，在组合框 Combo1 中选择某一学号，则窗体上对应的文本框中显示该生所选修的第一门课的课程编号和该课程的总评成绩，其中总评成绩=平时成绩*30%+期末成绩*70%；单击窗体上的 4 个记录指针移动按钮，分别是首记录、末记录、前一条记录和后一条记录，可依次在窗体文本框中显示该生所选修的其余课程的课程编号和该课程的总评成绩。

图 9-1　"按学号浏览 Grade 表"窗体

【实验步骤】

(1) 打开"教务管理.accdb"数据库。

(2) 在数据库中创建如题目所要求的窗体，窗体名为"按学号浏览 Grade 表"，窗体组合框 Combo1 的数据源为 Stu 表的学号字段，窗体及控件其余属性自行设定。

(3) 在窗体中，鼠标右击组合框 Combo1，在弹出的快捷菜单中选择"事件生成器"→"代码生成器"，打开 VBE 的代码窗口，为 Combo1 的 Change 事件编写相应的代码。

(4) 在 VBE 的代码窗口中，为 4 个按钮的单击事件编写相应的代码。

(5) 保存窗体，并运行。

【参考代码】

(1) 窗体通用段声明记录集变量 rs

```
Dim rs As ADODB.Recordset
```

(2) 组合框 Combo1 的 Change 事件代码

```
Private Sub Combo1_Change( )
    Set rs = New ADODB.Recordset
    rs.Open "select * from grade where 学号='" & Combo1 & "'", CurrentProject.Connection, 2, 2
    Text1.Value = rs("课程编号")
    Text2.Value = rs("平时成绩") * 0.3 + rs("期末成绩") * 0.7
End Sub
```

(3) "首记录"按钮的 Click 事件代码

```
Private Sub Command1_Click( )
    rs.MoveFirst
    Text1.Value = rs("课程编号")
    Text2.Value = rs("平时成绩") * 0.3 + rs("期末成绩") * 0.7
End Sub
```

(4)"末记录"按钮的 Click 事件代码

```
Private Sub Command2_Click( )
    rs.MoveLast
    Text1.Value = rs("课程编号")
    Text2.Value = rs("平时成绩") * 0.3 + rs("期末成绩") * 0.7
End Sub
```

(5)"上一条记录"按钮的 Click 事件代码

```
Private Sub Command3_Click( )
    rs.MovePrevious
    If rs.BOF Then
        rs.MoveFirst
    End If
    Text1.Value = rs("课程编号")
    Text2.Value = rs("平时成绩") * 0.3 + rs("期末成绩") * 0.7
End Sub
```

(6)"下一条记录"按钮的 Click 事件代码

```
Private Sub Command4_Click( )
    rs.MoveNext
    If rs.EOF Then
        rs.MoveLast
    End If
    Text1.Value = rs("课程编号")
    Text2.Value = rs("平时成绩") * 0.3 + rs("期末成绩") * 0.7
End Sub
```

实验案例 2

案例名称：按指定条件从表中获取记录集

【实验目的】

掌握使用 Recordset 对象的属性和方法进行 Access 数据库编程的基本方法。

【实验内容】

创建图 9-2 所示"按学期查询课程名称"窗体。实现功能：根据 Course 表的内容，在组合框 Combo1 中选择某一学期，则窗体上对应的列表框 List1 中显示该学期所有课程的名称。

图 9-2　"按学期查询课程名称"窗体

【实验步骤】

(1) 打开"教务管理.accdb"数据库。

(2) 在数据库中创建如题目所要求的窗体，窗体名为"按学期查询课程名称"，窗体组合框 Combo1 的数据源为 Course 表的学期字段(取唯一值)，窗体及控件其余属性自行设定。

(3) 在窗体中，鼠标右击组合框 Combo1，在弹出的快捷菜单中选择"事件生成器" → "代码生成器"，打开 VBE 的代码窗口，为 Combo1 的 Change 事件编写相应的代码。

(4) 保存窗体，并运行。

【参考代码】

组合框 Combo1 的 Change 事件代码

```
Private Sub Combo1_Change( )
    Dim rs As ADODB.Recordset,str1$
    Set rs = New ADODB.Recordset
    List1.RowSource = ""
    str1 = "select * from course where  学期=" & Combo1.Value &" ' "
    rs.Open str1, CurrentProject.Connection, 2, 2
    Do While Not rs.EOF
        List1.AddItem rs("课程名称")
        rs.MoveNext
    Loop
End Sub
```

实验案例 3

案例名称：按指定条件从多个表中获取记录集

【实验目的】

掌握使用 Recordset 对象的属性和方法进行 Access 数据库编程的基本方法。

【实验内容】

创建图 9-3 所示"按教师工号统计课程信息"窗体。实现功能：根据表 Emp 和 Course 的内容，在组合框 Combo1 中选择某一教师工号，则窗体上对应的文本框中显示该教师所授课程门数及总学时。

图 9-3　"按教师工号统计课程信息"窗体

【实验步骤】

(1) 打开"教务管理.accdb"数据库。

(2) 在数据库中创建如题目所要求的窗体，窗体名为"按教师工号统计课程信息"，窗体组合框 Combo1 的数据源为 Emp 表的工号字段，窗体及控件其余属性自行设定。

(3) 在窗体中，鼠标右击组合框 Combo1，在弹出的快捷菜单中选择"事件生成器" → "代码生成器"，打开 VBE 的代码窗口，为 Combo1 的 Change 事件编写相应的代码。

(4) 保存窗体，并运行。

【参考代码】

组合框 Combo1 的 Change 事件代码

```
Private Sub Combo1_Change( )
```

```
Dim rs As ADODB.Recordset
Set rs = New ADODB.Recordset
Dim str1 As String
Text1 = ""
Text2 = ""
str1 = "select count(*) as ms,sum(学时) as ks    from course where 教师工号='" & Combo1.Value & "'"
rs.Open str1, CurrentProject.Connection, 2, 2
Text1.Value = rs("ms")
Text2.Value = rs("ks")
End Sub
```

实验案例 4

案例名称：修改及删除数据表的记录

【实验目的】

掌握使用 Recordset 对象的属性和方法进行 Access 数据库记录的编辑操作。

【实验内容】

创建图 9-4 所示"按工号编辑教师信息"窗体。实现功能：根据 Emp 表，在组合框 Combo1中选择某一位教师工号，则窗体上对应的文本框中显示该教师的工号、姓名、职称、学院代号和办公电话等信息；单击"修改"按钮将窗体上修改过的教师信息保存到 Emp 表中；单击"删除"按钮将删除 Emp 表中的相应记录。

图 9-4　"按工号编辑教师信息"窗体

【实验步骤】

(1) 打开"教务管理.accdb"数据库。

(2) 在数据库中创建如题目所要求的窗体，窗体名为"按工号编辑教师信息"，窗体组合框 Combo1 的数据源为 Emp 表的工号字段，窗体及控件其余属性自行设定。

(3) 在窗体中，鼠标右击组合框 Combo1，在弹出的快捷菜单中选择"事件生成器"→"代码生成器"，打开 VBE 的代码窗口，为 Combo1 的 Change 事件编写相应的代码。

(4) 在 VBE 的代码窗口中，为"修改"和"删除"两个按钮的单击事件编写相应的代码。

(5) 保存窗体，并运行。

【参考代码】

(1) 组合框 Combo1 的 Change 事件代码

```
Private Sub Combo1_Change( )
    Set rs = New ADODB.Recordset
    Dim str1 As String
    str1 = "Select * From emp Where 工号='" & Combo1.Value & "'"
```

```
        rs.Open str1, CurrentProject.Connection, 2, 2
        Text1.Value = rs("姓名")
        Text2.Value = rs("职称")
        Text3.Value = rs("学院代号")
        Text4.Value = rs("办公电话")
    End Sub
```

(2) "修改" 按钮的 Click 事件代码

```
    Private Sub Command1_Click( )
        Dim qr As Integer
        qr = MsgBox("确定修改当前记录吗？", 1 + 32, "询问")
        If qr = 1 Then
            rs("姓名") = Text1.Value
            rs("职称") = Text2.Value
            rs("学院代号") = Text3.Value
            rs("办公电话") = Text4.Value
            rs.Update
            MsgBox "记录已修改！", 0 + 64, "提示"
        Else
            MsgBox "操作取消！", 0 + 64, "提示"
        End If
    End Sub
```

(3) "删除" 按钮的 Click 事件代码

```
    Private Sub Command2_Click( )
        Dim qr As Integer
        qr = MsgBox("确定删除当前记录吗？", 1 + 32, "询问")
        If qr = 1 Then
            rs.Delete
            MsgBox "当前记录已删除！", 0 + 64, "提示"
            Text1.Value = ""
            Text2.Value = ""
            Text3.Value = ""
            Text4.Value = ""
        Else
            MsgBox "操作取消！", 0 + 64, "提示"
        End If
    End Sub
```

第10章 数据库应用系统开发案例

10.1 知识要点

10.1.1 软件

软件指的是计算机系统中与硬件相互依存的另一部分，包括程序、数据和相关文档的完整集合。根据应用目标的不同，软件可分应用软件、系统软件和支撑软件(或工具软件)。

软件工程是将系统化的、规范的、可度量的方法应用于软件的开发、运行和维护的过程，即将工程化应用于软件中。

软件工程过程是把输入转换为输出的一组彼此相关的资源和活动。

软件生命周期分为 3 个阶段：软件定义阶段→软件开发阶段→软件维护阶段。

10.1.2 软件测试

软件测试是为了发现错误而执行程序的过程。软件测试是保证软件质量的重要手段，其主要过程涵盖了整个软件生命期，包括需求定义阶段的需求测试、编码阶段的单元测试、集成测试以及其后的确认测试、系统测试、验证软件是否合格、能否交付用户使用等。

软件测试的方法有多种，从是否需要执行被测软件的角度，可以分为静态测试和动态测试；若按功能划分，可以分为白盒测试和黑盒测试。

软件测试的实施过程主要分 4 个步骤：单元测试、集成测试、确认测试(验收测试)和系统测试。

10.1.3 程序调试

软件测试是尽可能多地发现软件中的错误，而程序调试的任务是诊断和改正程序中的错误。软件测试贯穿整个软件生命周期，程序调试主要在开发阶段。

10.1.4 Access 2010 数据库开发特色

Access 2010 支持创建两种类型的数据库：客户端数据库和 Web 数据库。

Access 2010 主窗口的"数据库工具"选项卡中自带文档管理器、性能分析器和表分析器等数据库分析工具，这些工具为数据库应用程序开发人员提供了帮助。

10.1.5 Access 2010 支持的字符集

Access 支持 ANSI-89 和 ANSI-92 这两种结构化查询语言标准，因此支持两个通配符集。

通常，在对 Access 数据库.accdb 文件运行查询及查找和替换操作时，使用 ANSI-89 通配符。在与 Microsoft SQL Server 数据库连接的 Access 文件运行查询时，使用 ANSI-92 通配符。

10.1.6　Access 数据库应用系统开发平台

Access 以其灵活、便捷的性能，备受开发小型应用系统的大众欢迎。目前国内有高效免费的 Access 开发平台：上海盟威 Access 软件快速开发平台和 Office 中国 Access 通用平台。

10.2　思考与练习

10.2.1　选择题

1. 程序调试的主要任务是(　　　)。
   A. 检查错误　　　　　　　　　　　　B. 改正错误
   C. 发现错误　　　　　　　　　　　　D. 挖掘软件的潜能
2. 下列不属于程序调试基本步骤的是(　　　)。
   A. 分析错误原因　　　　　　　　　　B. 错误定位
   C. 修改设计代码以排除错误　　　　　D. 进行回归测试，防止引入新错误
3. 在修改程序错误时应遵循的原则有(　　　)。
   A. 注意修改错误本身而不仅仅是错误的征兆和表现
   B. 修改错误的是源代码而不是目标代码
   C. 遵循在程序设计过程中的各种方法和原则
   D. 以上 3 个都是
4. 下列不属于使用软件开发工具好处的是(　　　)。
   A. 减少编写程序代码工作量
   B. 保证软件开发的质量和进度
   C. 节约软件开发人员的时间和精力
   D. 使软件开发人员将时间和精力花费在程序的编写和调试上
5. 下列叙述中正确的是(　　　)。
   A. 软件测试应该由程序开发者来完成　　B. 程序经调试后一般不需要再测试
   C. 软件维护只包括对程序代码的维护　　D. 以上 3 种说法都不对

10.2.2　填空题

1. Access 2010 支持创建＿＿＿＿＿＿＿和＿＿＿＿＿＿＿＿两种类型的数据库。
2. 程序调试的任务是＿＿＿＿＿＿＿＿。
3. 软件测试是＿＿＿＿＿＿的过程，它属于软件生命周期的＿＿＿＿阶段。

4. 用 Access 开发的数据库应用程序属于_____软件。

5. 在对程序进行了成功的测试之后将进行程序的_____。

10.2.3　简答题

1. 什么是计算机软件？它具有哪些特点？

2. 软件测试与程序调试之间是怎样的关系？

3. 软件的生命周期分为哪几个阶段？

4. 开发数据库应用系统时，树型控件 TreeView 适于什么结构的数据展示？

10.3　实验案例

实验案例 1

案例名称：参赛歌手数据库的操作实验

【实验目的】

掌握数据表、查询和报表的基本操作。

【实验内容】

在"第 10 章实验案例"文件夹下打开数据库"实验案例 1.accdb"，完成如下操作：

(1) 数据表的基本操作

① 修改"歌手"表的表结构，将"歌手编号"字段类型改为文本型，字段大小为 5，并设置为主键。

② 在"歌手"表的"性别"字段与"国籍"字段之间添加一个整型的数字字段"年龄"。

③ 设置"歌手"表的"性别"字段只能输入"男"或"女"；"国籍"字段的默认值是"中国"。

④ 建立"歌手"表与"歌曲"表之间的"参照完整性"关系。

(2) 利用"参赛者"表，创建名为"选送人数"的查询，统计每个选送城市的参赛人数，列出"选送城市"和"人数"字段。

(3) 利用"参赛者""评委"和"评分"3 张表，创建名为"选手得分情况"的查询。要求查询来自福州的歌手的得分情况，列出"选手姓名""选送城市""评委姓名"和"分数"字段。

(4) 利用"参赛者""评委"和"评分"3 张表，创建名为"参赛选手信息"的报表，显示"选手编号""选手姓名""性别""选送城市""评委姓名"和"分数"字段。查看数据方式为"通过参赛者表"，并在汇总选项中计算参赛者的平均分数，其他选项默认。设置报表标题为"参赛选手信息"。

【请思考】

如果参赛者的平均得分的计算方式是：将评委的打分去掉一个最高分和一个最低分之

后求平均，"参赛选手信息"报表又该如何创建？

实验案例 2

案例名称：演艺经纪公司数据库的操作实验

【实验目的】

掌握数据表、查询和宏的基本操作。

【实验内容】

在"第 10 章实验案例"文件夹下打开数据库"实验案例 2.accdb"，完成如下操作：

(1) 数据表的基本操作

① 修改"经纪公司"表的表结构，添加两个字段："是否上市"(数据类型：是/否，格式：真/假)和"成立时间"(数据类型：日期/时间)。

② 分析"经纪公司"表各字段，设置一个主键字段。

③ 向"经纪公司"表添加两条记录：

公司名称	地址	法人代表	是否上市	成立时间
新视野	福州市八一七北路 9 号	李大为	√	2015-02-01
VR&AR	厦门市鹭岛路 200 号	赵一爽		2017-09-17

(2) 利用"参演情况"表，创建名为"总片酬统计"的查询。统计各影片支出的总片酬，列出"片名"和"总片酬"两个字段，并按"总片酬"降序显示。

(3) 利用"演员"表和"参演情况"表，创建名为"参演影片数"的查询，统计各演员参演的影片数量，列出"姓名"和"参演影片数量"两个字段。

(4) 创建一个名为 MacroPWD 的条件宏，作用是：弹出一个提示信息为"请输入密码"的输入框，当输入的密码为 success 并单击"确定"按钮，则以只读方式显示"电影"表的内容。否则，弹出提示信息为"密码错误！"的消息框。

实验案例 3

案例名称：仓库管理数据库的操作实验

【实验目的】

掌握数据表、查询、报表和宏的基本操作。

【实验内容】

在"第 10 章实验案例"文件夹下打开数据库"实验案例 3.accdb"，完成如下操作：

(1) 数据表的基本操作

① 打开"仓库信息"表，删除"编号"字段，并将"仓库编号"设置为主键；将"仓库面积"字段的数据类型修改为数字型；设置"安全性能"字段只允许输入"安全"或者"不安全"，若输入错误，提示"错误，请重新输入！"。

② 在"仓库信息"表中添加如下一条记录：

仓库编号	仓库名称	仓库面积	建成日期	安全性能
V2017	食品仓库 V	1900	2017-09-19	安全

③ 建立"仓库信息"表与"仓库安排"表之间的"参照完整性"关系。

(2) 为"仓库信息"表与"仓库安排"表创建一个名为"仓库使用情况"的查询，查询 2016 年李姓使用者使用仓库的信息，依次显示"仓库名称""仓库面积""使用者"和"使用年份" 4 个字段。要求："使用年份"从"仓库安排"表的"使用日期"得出。

(3) 使用报表向导，为"仓库信息"表与"仓库安排"表创建一个名为"仓库使用一览表"的报表，输出信息包括："使用者""使用日期""仓库名称"和"仓库面积" 4 个字段，并按照"仓库面积"每 1000 为单位进行分组，报表标题为"仓库使用一览表"。

(4) 创建一个名为 MacroCon 的宏，作用是弹出一个提示信息是"打开仓库信息表吗？"的对话框，单击"是"命令按钮，以只读方式显示"仓库信息"表；如果单击"否"，则弹出提示信息为"任务结束"的消息框。

实验案例 4

案例名称：旅游景点数据库的操作实验

【实验目的】

掌握数据表、查询、报表和宏的基本操作。

【实验内容】

在"第 10 章实验案例"文件夹下打开数据库"实验案例 4.accdb"，完成如下操作：

(1) 数据表的基本操作

① 打开"导游信息"表，以"姓名"字段建立索引，索引允许有重复值。

② 在"导游信息"表的"姓名"字段后添加一个"性别"字段，其数据类型为"是/否"。"导游工号"字段的第一位字符 M 指男性，F 指女性。请补充填写"导游信息"表中各记录的性别值，"性别"字段的值"-1"代表男性，"0"代表女性。

③ 在"导游信息"表中添加如下一条记录：

导游工号	姓名	性别	出生日期	联系电话
F0003	齐梦圆	0	1999/11/17	270959185

(2) 为"旅游景点评价"表创建一个名为"景区评价"的查询，按照"景区名称"进行分组，查询各景点评价信息，依次显示"景区编号""景点评价的最高值""景点评价的最低值"和"景点评价的平均值" 4 个字段。

(3) 为"游客信息"表和"旅游景点评价"表创建一个名为"上海游客评价"的查询，查询 30～50 岁的上海游客的旅游评价信息，依次输出"姓名""年龄""景区名称""景点评价"和"联系电话" 5 个字段。

(4) 使用报表向导，为"游客信息"表创建一个名为"游客信息一览表"的报表，输出信息包括："姓名""性别""年龄""来源地"和"联系电话" 5 个字段，并对来源地分组，按年龄降序排，报表标题为"游客信息一览表"。

(5) 创建一个名为 MacroInfo 的宏，弹出一个标题为"注意"、提示信息为"下面将显示游客基本信息"的对话框(只显示"确定"按钮),单击"确定"按钮,以只读方式打开"游客信息"表,并最大化该窗口。

实验案例 5

案例名称:员工管理数据库的操作实验

【实验目的】

掌握数据表、查询、报表和宏的基本操作。

【实验内容】

在"第 10 章实验案例"文件夹下打开数据库"实验案例 5.accdb",完成如下操作:

(1) 数据表的基本操作

① 打开"员工信息"表,设置"出生日期"字段有效性规则为 1997-01-01 以前出生;

② 在"员工信息"表中输入以下记录:

员工编号	部门编号	员工姓名	性别	出生日期	移动电话	备注
A005	Z-DB	闵建杰	男	1959-10-09	18076543210	部门经理

(2) 利用"加班"表创建名为"上半年加班统计"的查询。查询"加班"表中 2017 年 1 月至 6 月的加班,并统计每位员工的加班天数,依次以"员工编号""部门编号"和"加班天数"3 个字段显示。

(3) 创建名为"男性员工出差情况"的查询,从"员工信息"表和"出差"表中查询男性员工的出差情况,依次列出"部门编号""员工编号""员工姓名"和"差旅天数"4 个字段,并按差旅天数升序显示。

(4) 使用报表向导,为"员工信息"表创建一个名为"按性别显示员工信息"的报表,输出信息依次包括"性别""出生日期""员工编号""员工姓名""部门编号"和"移动电话",按"性别"分组,"出生日期"升序显示员工信息,并设置报表标题为"按性别显示员工信息"。

(5) 创建名为 MacroEmp 的宏。运行该宏时,弹出一个提示信息为"请输入查询密码"的输入框,当输入 admin 并单击"确定"按钮后,以编辑方式显示"员工信息"表中的内容;否则计算机扬声器发出嘟声,并显示消息为"密码错误!"、标题为"警示"的消息框。

实验案例 6

案例名称:大学生成绩管理系统

【实验目的】

掌握数据库创建的方法和步骤,熟悉小型数据库应用系统的开发过程。

【实验内容】

本系统包括 6 张基本表:

(1) 教师表(教师编号,教师姓名,性别,职称,通讯地址,邮政编码,电话,电子信箱);

(2) 教师任课表(课程编号,教师编号);

(3) 课程表(课程编号，课程名称，学时，学分，课程性质，备注)；

(4) 学生表(学号，姓名，性别，出生日期，是否团员，照片，入学时间，入学成绩，专业编号，简历)；

(5) 学生成绩表(学号，课程编号，开课时间，成绩)；

(6) 专业表(专业编号，专业名称，所属系)。

请依据本校情况，建立表结构并录入记录。例如，专业表的记录如图 10-1 所示。

图 10-1　专业表

可以主要利用窗体、查询、报表和宏的功能实现系统。

打开"大学生成绩管理系统.accdb"，即进入登录界面，如图 10-2 所示。单击界面的图片，进入密码窗体，如图 10-3 所示。

图 10-2　大学生成绩管理系统登录界面

图 10-3　密码窗体

密码验证通过后，可以进入主界面，如图 10-4 所示。

若密码不是 fjut，则要求重新输入。

主界面提供 6 项功能：基本信息管理、选课信息管理、学生成绩管理、系统信息管理、打印报表和退出系统。

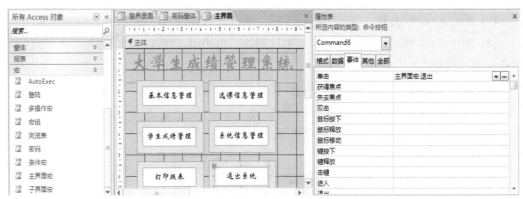

图 10-4　大学生成绩管理系统主界面

实验案例 7

案例名称：中国行政区划管理系统

【实验目的】

掌握数据库创建的方法和步骤，熟悉小型数据库应用系统的开发过程。

【实验内容】

行政区划是国家为便于行政管理而分级划分的区域，行政区划亦称行政区域。截至 2017 年 11 月，我国共有一级行政区(省级行政区)：34 个(23 个省、5 个自治区、4 个直辖市和 2 个特别行政区)；二级行政区(地级行政区)：334 个(294 个地级市、7 个地区、30 个自治州、3 个盟)；三级行政区(县级行政区)：2876 个(986 个市辖区、363 个县级市、1356 个县、117 自治县、49 个旗、3 个自治旗、1 个特区、1 个林区)；四级行政区(乡级行政区)：39862 个(2 个区公所、8105 个街道、20883 个镇、10720 个乡、989 个民族乡、152 个苏木、1 个民族苏木)；在乡级行政区之下，还有 559702 个村委会和 102777 个居委会，它们不算是行政单位，只是基层自治组织。其中，省以下行政区划单位统计不包括港澳台。

5 个自治区及其成立时间：内蒙古自治区(1947 年 5 月 1 日)、新疆维吾尔自治区(1955 年 10 月 1 日)、广西壮族自治区(1958 年 3 月 5 日)、宁夏回族自治区(1958 年 10 月 25 日)、西藏自治区(1965 年 9 月 9 日)。

我国按照行政区划代码分为华北、华东、中南、东北、西南、西北六大区域，以下将港澳台地区单独列为一张表。各行政区划省份直辖市信息如表 10-1 至表 10-7 所示。

表 10-1　中国行政区划华北地区

名称	简称	政府住地邮编	行政代码
北京	京	100001	110000
天津	津	300040	120000
河北	冀	050052	130000
山西	晋	030072	140000
内蒙古	内蒙古	010055	150000

表 10-2　中国行政区划东北地区

名称	简称	政府住地邮编	行政代码
辽宁	辽	110032	210000
吉林	吉	130051	220000
黑龙江	黑	150001	230000

表 10-3　中国行政区划华东地区

名称	简称	政府住地邮编	行政代码
上海	沪/申	200003	310000
江苏	苏	210024	320000
浙江	浙	310025	330000
安徽	皖	230001	340000
福建	闽	350003	350000
江西	赣	330046	360000
山东	鲁	250011	370000

表 10-4　中国行政区划中南地区

名称	简称	政府住地邮编	行政代码
河南	豫	450003	410000
湖北	鄂	430071	420000
湖南	湘	410000	430000
广东	粤	510031	440000
广西	桂	530012	450000
海南	琼	570203	460000

表 10-5　中国行政区划西南地区

名称	简称	政府住地邮编	行政代码
重庆	渝	400015	500000
四川	川/蜀	610016	510000
贵州	贵/黔	550004	520000
云南	云/滇	650021	530000
西藏	藏	850000	540000

表 10-6　中国行政区划西北地区

名称	简称	政府住地邮编	行政代码
陕西	陕/秦	710004	610000
甘肃	甘/陇	730030	620000

(续表)

名称	简称	政府住地邮编	行政代码
青海	青	810000	630000
宁夏	宁	750001	640000
新疆	新	830041	650000

表 10-7　中国行政区划港澳台地区

名称	简称	政府住地邮编	行政代码
香港	港	999077	810000
澳门	澳	999078	820000
台湾	台	999079	710000

请分析本案例背景知识,网上浏览全国行政区划信息查询平台(http://202.108.98.30/map)更多信息,使用 Access 2010 创建"中国行政区划管理系统"。

基本要求:背景知识中按一级行政区划代码有 7 张表,每张表有 4 个相同的字段名:名称、简称、政府住地邮编和行政代码。要求开发的数据库应用系统对 7 张表中的 4 个字段均可以查询,还可以通过行政代码的首字符查询归属地区;若查询自治区信息,要显示自治区成立时间。

拓展思考:基于本案例,若还要添加对二、三级行政区的管理,需要添加哪些实体?原数据表预留空间是否够用?如何进一步提高查询效率?若再添加对四、五级行政区的管理,是否要考虑 Access 向 SQL Server 数据库的迁移?

实验案例 8

案例名称:大学生竞赛综合管理系统

【实验目的】

掌握数据库创建的方法和步骤,熟悉小型数据库应用系统的开发过程。

【实验内容】

大学生竞赛为大学生所熟悉,设计大学生竞赛管理系统,不仅契合了高校各类赛事管理的实际需求,也适于关系数据库理论的实践升华。以第 1 章"实验案例 4"为基础,借鉴互联网"中国大学生计算机应用设计大赛"(http://www.jsjds.org/Index.asp)展示信息的方式,开发大学生竞赛综合管理系统。

大学生竞赛综合管理系统应依据用户要求,方便实现对数据库中各类数据的查询和输出;依据业务的需求,系统管理员可以随时对系统的数据进行编辑、更新和动态管理;合理安排赛事信息分类、检索方式,为用户提供方便快捷、人性化的管理服务。

(1) 根据竞赛实际管理业务需求和 E-R 图,对竞赛报名、参赛学生、参赛作品、评审专家、评审指标、赛事议程、赛场安排等管理活动涉及的数据进行收集、整理,系统基本的 E-R 模型如图 10-5 所示。利用 Access 设计和创建数据库及其各表,对数据表进行优化,实施关系完整性设置，并向数据库表中录入数据。注意：对于多对多关系可以通过两个一对多关系实现。

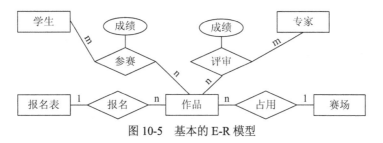

图 10-5　基本的 E-R 模型

(2) 采用 Access 的窗体和自动宏设计，自动执行进入系统权限设置和调用各子系统界面，并设计各种信息的浏览与发布窗口。

(3) 利用 Access 的筛选、查询功能，按照用户的指定要求和已建立的数据库表及关系，实现对系统中各种数据的动态筛选、查询，得到符合用户需求的综合信息和应用结果。

(4) 利用 Access 的报表功能对赛事管理信息进行多维分析、统计、计算、汇总，并能打印出相关报表和图表。

(5) 利用 Access 的模块功能，在 VBE 中编写代码，对系统实现多种应用与管理操作。

实验案例 9

案例名称：高校学生社团管理系统

【实验目的】

掌握数据库创建的方法和步骤，熟悉小型数据库应用系统的开发过程。

【实验内容】

大学生校园文化丰富多彩，校方鼓励在校学生在完成专业学习的同时，创办和参加各类社团。以第 1 章"实验案例 5"为基础，开发高校学生社团管理系统。

高校学生社团管理系统需要对社联/社团数据和事务进行管理，以人机友好的界面展示校团委和社联/社团相关信息。

社联/社团的基础数据包括：社联/社团基本信息、部门信息、成员信息、往届干部信息、活动信息、器材场地信息等。系统的用户要设置权限，对这些数据进行安全的增、删、改、查操作。

系统要提供一些事务处理的管理，主要是对相关申请的提交与审核(例如入团申请、成立社团申请、活动申请等)、活动的发布以及对社联/社团内部部门及成员的管理等。

系统要对一些数据进行统计分析，其中包括收支的统计分析、社团活动的统计分析等。

系统总体 E-R 模型如图 10-6 所示。为体现高校以生为本的理念，利用 Access 设计时应首先考虑学生用户的使用体验。

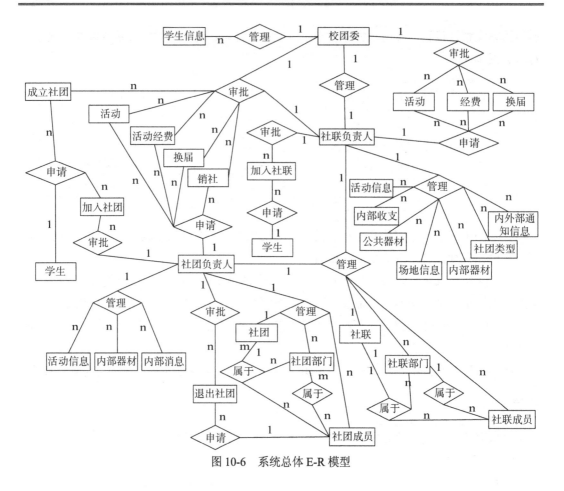

图 10-6　系统总体 E-R 模型

实验案例 10

案例名称：大学生村官管理系统

【实验目的】

掌握数据库创建的方法和步骤，熟悉小型数据库应用系统的开发过程。

【实验内容】

大学生村官是指应届全日制普通高校本科及以上学历毕业生，走进农村担任村党支部书记助理、村主任助理或其他职务。本系统主要针对大学生村官管辖村落的工作信息进行管理，包括以下内容。

(1) 村情：大学生村官所管辖的自然村的历史、政治及经济状况的了解和记录，对重大事件发生时间、地点及产生效果等信息进行管理。

(2) 民情：大学生村官所管辖的自然村的村民信息及村民需求的了解和记录。

(3) 业绩：村官在任期间进行的行政管理、村民管理、经济管理等取得的成绩；新科技产业有关的技术管理、招商引资等信息进行管理。

(4) 日常工作：本村行政事务处理、精神文明建设、开展的经济种植业、畜牧业、新科技产业等日常工作信息进行管理。

(5) 学习日志：村官个人的学习记录和学习计划等信息进行管理。

(6) 日常生活：村官个人的基本信息和日常工作、生活的流水账等信息进行管理。

(7) 交友日志：村官个人的友人信息，以及与友人一起活动的记录信息进行管理。

设计逻辑模型，可用以下关系模式表示：

(1) 村民(村民编号，姓名，性别，民族，身份证号，所属村庄，政治面貌，学历，婚姻状况)。

(2) 村情(村情编号，事件背景，发展记录，参与人，效果记录)。

(3) 村史大事件(事件编号，事件名称，发生时间，发生地点，产生效果，备注)。

(4) 业绩(业绩编号，业绩成果，事件名称，参与人)。

(5) 日常日志表(日志编号，事件，时间，地点，联系人，备注)。

(6) 学习日志表(日志编号，学习类型，时间，备注)。

(7) 交友日志表(日志编号，时间，地点，友人 ID，备注)。

(8) 友人(友人 ID，姓名，性别，民族，身份证号，政治面貌，学历，婚姻状况，毕业学校，从事行业，联系电话，QQ 号，微信号，联系地址)。

(9) 个人工作表(工作编号，村官姓名，工作时间，工作地点，工作目的，经过描述，参与人员)。

(10) 生活日志表(日志编号，生活类别，时间，地点，消费，备注)。

请实地调研某地大学生村官的生活与工作，进一步完善关系模式，确定各关系之间的联系，开发一个大学生村官信息管理系统。

实验案例 11

案例名称：物流管理数据库系统

【实验目的】

掌握数据库创建的方法和步骤，熟悉利用 TreeView 控件开发小型数据库应用系统。

【实验内容】

安装 TreeView 控件，以展示层次结构分明的数据。

物流管理系统的主要功能：物流业务管理、辅助信息管理、物流报表、系统设置等。

(1) 物流业务管理包括托运单管理、运输单管理、车辆信息管理、司机管理等。

(2) 辅助信息管理包括部门管理、车辆类型、货物类别、运输线路等。

(3) 物流报表包括年应收汇总、日期区间年应收汇总、未付款项、日期区间未付款项、托运单、日期区间托运单、运输单、日期区间运输单等。

(4) 系统设置包括更换用户、修改密码、菜单管理、启动属性的设置与恢复等。

物流管理系统设计 15 张表，如图 10-7 所示。系统窗体对象如图 10-8 所示。利用 TreeView 控件设计的层次结构动态菜单。如图 10-9 所示。

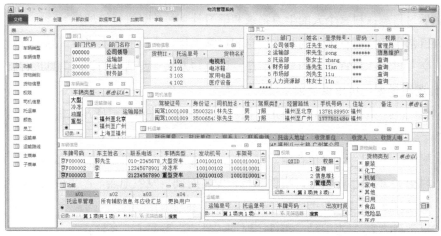

图 10-7　数据表信息

图 10-8　系统窗体对象

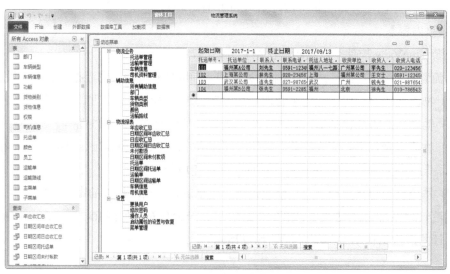

图 10-9　系统动态菜单

第11章 模拟试卷

11.1 模拟试卷(一)

一、选择题(共 15 小题，每小题 2 分，共 30 分)

1. 不属于数据库系统三级模式结构的是(　　)。
   A. 外模式　　　　　　B. 概念模式　　　　　　C. 内模式　　　　D. 核模式

2. 对关系模型性质的描述中，正确的是(　　)。
   A. 一个关系中允许存在两个完全相同的属性名
   B. 一个关系中允许存在两个完全相同的元组
   C. 关系中的元组可以调换顺序
   D. 关系中各个属性值是可分解的

3. 如果某字段需要存储音频或视频，则该字段应定义为(　　)类型。
   A. OLE 对象　　　　B. 查阅向导　　　　　　C. 备注　　　　D. 文本

4. 关于 Access 字段属性的叙述中，正确的是(　　)。
   A. 有效性规则是对字段内容的文本注释
   B. 有效性文本用于不满足有效性规则时的信息提示
   C. 可以对任意类型的字段设置默认值
   D. 可以对任意类型的字段更改其大小

5. 如果将"教师"表中所有教师的"任教年限"字段增加一年，应该使用(　　)。
   A. 删除查询　　　　B. 更新查询　　　　　　C. 追加查询　　　D. 生成表查询

6. 与条件表达式"价格 Not Between 200 And 300"等价的表达式是(　　)。
   A. 价格 Not In (200,300)
   B. 价格>=200 And 价格<=300
   C. 价格<200 And 价格>300
   D. 价格<200 Or 价格>300

7. "教师"表有"教师编号"(文本型)、"学院"(文本型)等字段，要查询各个学院的教师人数，正确的 SQL 语句是(　　)。
   A. Select 学院,Count(教师编号)　From 教师
   B. Select 学院,Count(教师编号)　From 教师 Group By 学院
   C. Select Count(教师编号)　From 教师 Order By 学院
   D. Select 学院,Count(教师编号)　From 教师 Order By 学院

8. 若要设置窗体的背景色每隔 10 秒钟改变一次，需设置窗体的"计时器间隔"为( )。

    A. 10000   B. 1000   C. 100   D. 10

9. 如果要窗体中显示"教师"表中"姓名"字段的值，可使用( )文本框。

    A. 对象型   B. 绑定型   C. 非绑定型   D. 计算型

10. 要统计报表每页某字段的数据，应将计算表达式放在( )。

    A. 主体节   B. 报表页眉/报表页脚

    C. 页面页眉/页面页脚   D. 组页眉/组页脚

11. 停止当前正在执行的宏的指令为( )。

    A. RunApp   B. StopMacro   C. StopApp   D. RunMacro

12. 执行下面程序段后，变量 b 的值为( )。

```
Dim a As String, b As String
a = "h"
Select Case a
Case "0" To "9"
    b = "Number"
Case "A" To "Z"
    b = "Capital"
Case "a" To "z"
    b = "Lowercase"
Case Else
    b = "Other"
End Select
```

    A. "Number"   B. "Capital"   C. "Lowercase"   D. "Other"

13. 定义了二维数组 A(3 to 8,3)，该数组的元素个数为( )。

    A. 36   B. 25   C. 24   D. 20

14. 设 rs 为记录集对象，rs.BOF( )的值为 True，表示( )。

    A. 记录指针在 Recordset 对象第一条记录之前

    B. 记录指针在 Recordset 对象第一条记录

    C. 记录指针在 Recordset 对象最后一条记录之后

    D. 记录指针在 Recordset 对象最后一条记录

15. 以下关于 Access 2010 安全的叙述错误的是( )。

    A. 使用信任中心可以为 Access 创建信任位置并设置安全选项

    B. 将数据库编译成.accde 格式文件的目的是防止 VBA 代码、窗体、报表被修改

    C. 如果信任中心将数据库评估为不受信任，则 Access 将在禁用模式(即关闭所有可执行内容)下打开该数据库

    D. 压缩数据库是为了提高数据库的安全性

二、操作题(共 5 小题，第 1 小题 10 分，第 2、3 小题各 7 分，第 4 小题 5 分，第 5 小题 6 分，共 35 分)

考试文件夹下的数据库 Acopr01.accdb 中已建立"订单""图书信息""销售部门""销售员"各表，各表记录信息如图 11-1 所示。

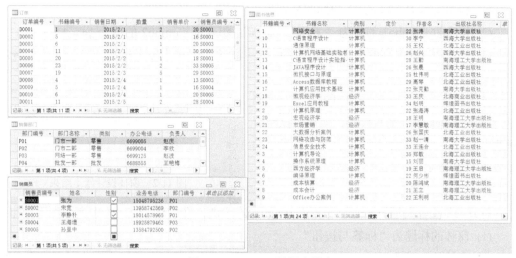

图 11-1　Acopr01 数据库的表

打开 Acopr01.accdb 数据库，完成以下操作。

1. 表的基本操作

(1) 设置"销售部门"表的"类别"字段的有效性规则，只允许输入"零售"或"批发"，否则提示"输入非法"。

(2) 在"销售部门"表添加以下两条记录：

部门编号	部门名称	类别	办公电话	负责人
P05	网络二部	零售	6699123	吴斯仁
P06	批发二部	批发	6699124	赵布道

(3) 建立"销售部门"表和"销售员"表之间的"参照完整性"关系。

2. 以"图书信息"表为数据源，创建一个名为"出版社作者"的查询，查询北海工业出版社并且作者姓张的图书信息，显示字段依次为"书籍名称""定价""作者名"。

3. 创建一个名为"订单销售额"的查询，查询"订单"表中每笔订单的销售额情况，结果依次列出"订单编号"和"销售额"，并按"销售额"降序排列。(每笔订单的销售额=数量×销售单价)

4. 以"订单"表、"销售部门"表、"销售员"表为数据源，使用报表向导创建一个名为"销售员订单统计"的报表，输出信息包括"销售员编号""姓名""部门名称""类别""数量""单价"，查看数据方式为"通过销售员"，统计每个销售员的订单数量的总和。

5. 创建一个名为"验证码"的宏，弹出一个提示信息为"请输入验证码"的输入框，当输入 abc 并单击"确定"按钮时，显示"图书信息"表的内容，否则弹出"验证码错误"提示框。

三、设计题(共 4 小题，第 1 小题 7 分，第 2 小题 8 分，第 3、4 小题各 10 分，共 35 分)

1. 窗体设计题 1

打开考生文件夹下的 Access 数据库 Prog0101.accdb，在窗体 FormCombo 中完成如下操作：

(1) 标签 Label1 和 Label2 的标题分别为"字体"和"字号"。

(2) 组合框 Combo1 的值为"宋体""隶书"；组合框 Combo2 的值为 14、16。

(3) 文本框 Text1 高度为 1cm(567 磅)，显示内容为"祝大家考试成功！"，字体大小为 12 号，居中对齐。

(4) 命令按钮 Command1 的标题为"确定"，对其 Click 事件编写代码，实现根据组合框选中的项目，设置文本框的字体和字号。结果如图 11-2 所示。

图 11-2　窗体设计题 1 结果

2. 窗体设计题 2

打开考生文件夹下的 Access 数据库 Prog0102.accdb，在窗体 FLabel1 中完成如下操作：

(1) 窗体的标题为"标签与按钮"。

(2) 窗体的记录选择器、导航按钮、分隔线为"否"，运行自动居中，边框样式为"细边框"。

(3) 添加一个名为 Label1 的标签控件，标题为"我是标签"，字体为"宋体"，字号为 12，加粗，大小正好容纳，字体颜色为 RGB(255,0,0)。

(4) 添加两个命令按钮，其中一个名为 Command1，标题为"显示(S)"；另一个名为 Command2，标题为"隐藏(H)"；其中 S 和 H 是访问键。

(5) 编写命令按钮 Command1 和 Command2 的单击事件代码，实现窗体运行时，单击 Command1 按钮，显示标签控件 Label1；单击 Command2 按钮，隐藏标签控件 Label1。完成结果如图 11-3 所示。

图 11-3　窗体设计题 2 结果

3. 程序设计题

打开考生文件夹下的 Access 数据库 Prog0103.accdb，在窗体 Cal_No2 中编写"计算"按钮的 Click 事件代码，实现如下功能：

将文本框 Tex1 的值赋值给 x，按下列分段函数求 y，并将 y 的值显示在标签 Label3。完成结果如图 11-4 所示。

$$y = \begin{cases} |x-5| & (x \le 0) \\ \sqrt{x^2-1} & (0 < x \le 5) \\ 3x+2 & (x > 5) \end{cases}$$

图 11-4　Cal_No2 窗体

4. ADO 编程题

打开考生文件夹下的 Access 数据库 Prog0104.accdb，含有 Book 表和窗体 FormBook。要求补充窗体 FormBook 上的组合框 Combo1 的 Change 事件代码，实现如下功能：

(1) 组合框 Combo1 选择某一书号后，查询书名、单价、数量并显示于相应的文本框。

(2) 在文本框 Text4 中显示该图书的总价(单价×数量)，运行结果如图 11-5 所示。

图 11-5　FormBook 窗体

```
Option Compare Database

Private Sub Combo1_Change()
''' 不得删改本行注释
    Dim rs As ADODB.Recordset
    Dim strSQL As String
    Set rs = New ADODB.Recordset
    strSQL = 【1】              '本行需要补充代码(补充完毕务必删除【1】)
    rs.Open 【2】               '本行需要补充代码(补充完毕务必删除【2】)
    If 【3】 Then               '本行需要补充代码(补充完毕务必删除【3】)
        Text1 = rs("书名")
        Text2 = rs("单价")
        Text3 = rs("数量")
        Text4 = 【4】           '本行需要补充代码(补充完毕务必删除【4】)
    End If
    rs.Close
    Set rs = Nothing
End Sub
```

11.2 模拟试卷(二)

一、选择题(共 15 小题，每小题 2 分，共 30 分)

1. 关系数据库的设计过程中不包含(　　)。
   A. 概念数据库设计　　　　　　　　B. 逻辑数据库设计
   C. 大数据设计　　　　　　　　　　D. 关系的规范化

2. 若要查询"学生"表中所有学生的姓名，需要进行的关系运算是(　　)。
   A. 选择　　　　　B. 投影　　　　　C. 连接　　　　　D. 交叉

3. 在 ACCESS 数据库的表设计视图中，不能进行的操作是(　　)。
   A. 修改字段的数据类型　　　　　　B. 设置索引
   C. 增加字段　　　　　　　　　　　D. 添加记录

4. 有以下两个关系：
   学生(学号，姓名，性别，出生日期，专业号)；
   专业(专业号，专业名称，专业负责人)。
   在这两个关系中，学号和专业号分别是学生关系和专业关系的主键，则外键是(　　)。
   A. 专业关系的"专业号"　　　　　　B. 专业关系的"专业名称"
   C. 学生关系的"学号"　　　　　　　D. 学生关系的"专业号"

5. 下列关于 ACCESS 查询的叙述中，错误的是(　　)。
   A. 查询的数据源来自于表或已有的查询
   B. 查询的结果可以作为其他数据库对象的数据源
   C. 查询可以检索数据、追加、更改和删除数据
   D. 查询不能生成新的数据表

6. 设"教材表"中有"教材名称""教材数量""教材类别"和"出版社"等字段，若要统计各个出版社出版的各类教材的总量，比较好的查询方式是(　　)。
   A. 选择查询　　　　B. 参数查询　　　　C. 交叉表查询　　　　D. 操作查询

7. "假设"成绩"表中有"学号""课程编号""成绩"这 3 个字段，若向"成绩"表中插入新的记录，错误的语句是(　　)。
   A. INSERT INTO 成绩 VALUES("S07001","C0701",87)
   B. INSERT INTO 成绩(学号,课程编号) VALUES("S07001","C0701")
   C. INSERT INTO 成绩(学号,课程编号,成绩) VALUES("S07001","C0701")
   D. INSERT INTO 成绩(学号,课程编号,成绩) VALUES("S07001","C0701",87)

8. 在 ACCESS 中，按照控件与数据源的关系可将控件分为(　　)。
   A. 绑定型、非绑定型、对象型　　　　B. 计算型、非计算型、对象型
   C. 对象型、绑定型、计算型　　　　　D. 绑定型、非绑定型、计算型

9. 若窗体中有命令按钮 Command1，要设置 Command1 对象为不可用(即运行时显示为灰色状态)，可使用语句(   )。

    A. Command1=False   B. Command1.Enabled=False

    C. Enabled=False   D. Command1.Enabled=True

10. 在报表设计视图中，计算"实发工资"字段的总计值，应设置控件源属性为(   )。

    A. =Sum([实发工资])   B. =Sum[实发工资]

    C. =Count([实发工资])   D. =Count[实发工资]

11. Access 提供的宏命令 QuitAccess 的功能是(   )。

    A. 结束 Access   B. 关闭查询   C. 退出宏   D. 退出报表

12. 执行下面程序段后，变量 X 的值为(   )。

```
X = 2
Y = 4
WHILE  NOT  Y > 4
    X = X * Y
    Y = Y + 1
WEND
```

    A. 2   B. 4   C. 8   D.20

13. VBA 中，表达式 7*5 MOD 2^(9\4)-3 的值为(   )。

    A. 3   B. 7   C. 1   D. 0

14. 设 Rs 为记录集对象变量，则"Rs.Close"的作用是(   )。

    A. 关闭 Rs 对象，但不从内存中释放   B. 关闭 Rs 对象，同时从内存中释放

    C. 关闭 Rs 对象中当前记录   D. 关闭 Rs 对象中最后一条记录

15. 对用户访问数据库的权限加以限制是为了保护数据库的(   )。

    A. 完整性   B. 并发性   C. 一致性   D. 安全性

二、操作题(共 5 小题，第 1 小题 10 分，第 2、3 小题各 7 分，第 4 小题 5 分，第 5 小题 6 分，共 35 分)

考试文件夹下的数据库 Acopr02.accdb 中已建立"学生""成绩""课程""专业""教师"各表，各表记录信息如图 11-6 所示。

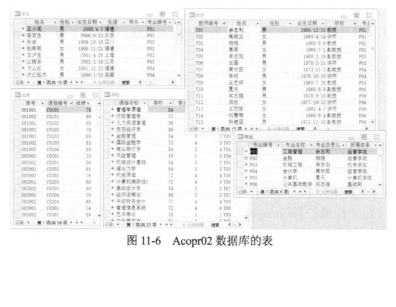

图 11-6 Acopr02 数据库的表

打开 Acopr02.accdb 数据库，完成以下操作。

1. 表的基本操作

(1) 设置"学生"表的"出生日期"字段的有效性规则，只允许输入 1998 年 1 月 1 日以后(包含 1998 年 1 月 1 日)的日期，否则提示"出生日期超出范围"。

(2) 在"学生"表添加以下两条记录：

学号	姓名	性别	出生日期	生源	专业编号
S05001	白芸	女	1999-6-13	安徽	P05
S05002	周梅花	女	2000-7-10	河北	P05

(3) 建立"学生"表和"成绩"表之间的"参照完整性"关系。

2. 以"教师"表为数据源，创建一个名为"王姓讲师情况"的查询，查询教师表中所有姓"王"讲师的信息，显示字段依次为"教师编号""姓名""性别"和"年龄"，并按年龄升序排列。

3. 创建一个名为"各学期课程统计"的查询，汇总查询"课程"表各个学期的课程门数和学分总和情况，结果依次列出"学期""课程数量""学分总数"，并按"学期"升序排列。

4. 以"学生"表、"成绩"表、"课程"表为数据源，使用报表向导创建一个名为"学生成绩信息"的报表，输出信息包括"学号""姓名""性别""课程名称""成绩"，查看数据方式为"学生"，统计每个学生的各门课程的成绩总和，布局为"阶梯"，方向为"纵向"。

5. 创建一个名为"显示副教授信息"的宏，弹出一个提示信息为"只显示副教授信息吗？"、标题为"询问"的消息框，如图 11-7 所示。单击"是"按钮时，显示"教师"表所有副教授的记录信息；单击"否"按钮时，显示"教师"表所有教师的记录信息。

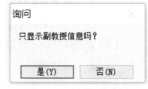

图 11-7　消息对话框

三、设计题(共 4 小题，第 1 小题 7 分，第 2 小题 8 分，第 3、4 小题各 10 分，共 35 分)

1. 窗体设计题 1

打开考生文件夹下的 Access 数据库 Prog0201.accdb，在窗体 FormPicture 中完成如下操作：

(1) 窗体的标题为"图片"。

(2) 窗体的记录选择器、导航按钮、分割线为"否"，运行自动居中，边框样式为"细边框"。

(3) 命令按钮 Command1 的标题为"导入图片(P)"，命令按钮 Command2 的标题为"缩小(P)"，其中 P 和 S 是访问键。

(4) 编写命令按钮 Command1 和 Command2 的单击事件代码，实现窗体运行时，单击 Command1 按钮，图像控件 Image1 显示考生文件夹下的图片文件 Img001.jpg；单击 Command2 按钮，使得图像控件 Image1 的宽度和高度为原来的一半。完成后窗体运行效果如图 11-8 所示。

图 11-8 窗体设计题 1 结果

2. 窗体设计题 2

打开考生文件夹下的 Access 数据库 Prog0202.accdb，在窗体 FormPassword 中完成如下操作：

(1) 窗体的标题为"系统登录窗口"。

(2) 窗体的记录选择器、导航按钮、分割线为"否"，运行自动居中，背景颜色为自定义颜色 RGB(180，222，233)。

(3) 添加一个带关联标签的文本框，标题为"口令"的标签名为 Label1，字体为"宋体"，字号为 12 号，对应的文本框名为 Text1，并设置输入掩码为"密码"。

(4) 添加两个命令按钮，其中一个名为 Command1，标题为"确定"；另一个名为 Command2 标题为"清除"。

(5) 添加一个标签控件 Label2，标题为"请输入口令"。

(6) 编写命令按钮 Command1 和 Command2 的单击事件代码，实现窗体运行时，在文本框 Text1 中输入 123456，单击 Command1 按钮，标签控件 Label2 显示"欢迎使用本系统"；如果输入其他字符后单击 Command1 按钮，标签控件 Label2 显示"口令错，请重新输入密码"；单击 Command2 按钮，文本框 Text1 内容清空，且标签控件 Label2 显示"请输入口令"。完成后窗体运行效果如图 11-9 所示。

图 11-9 窗体设计题 2 结果

3. 程序设计题

打开考生文件夹下的 Access 数据库 Prog0203.accdb，在窗体 FormPrime 中编写"判断素数"按钮的 Click 事件代码，实现如下功能：

在文本框 Tex1 中输入一个自然数，判断该数是否为素数(只能被 1 和本身整除的自然数)，并将判断结果显示在标签控件 Label2。窗体运行效果如图 11-10 所示。

图 11-10　FormPrime 窗体

4. ADO 编程题

打开考生文件夹下的 Access 数据库 Prog0204.accdb，含有"学生"表和窗体 Turn_Grade。要求补充窗体 Turn_Grade 上的"等级评定"按钮的 Click 事件代码，实现如下功能。

(1) 打开"学生"表，依据每条记录的"综合分"字段值进行等级评定，等级评定结果保存在当前记录的"等级"字段中。

(2) 等级评定规则：

综合分≥90，等级为"优秀"；80≤综合分＜90，等级为"良好"；70≤综合分＜80，等级为"中等"；60≤综合分＜70，等级为"及格"；综合分＜60，等级为"不及格"。运行结果如图 11-11 所示。

图 11-11　Turn_Grade 窗体

```
Private Sub Command1_Click( )
    '成绩等级评定

    ' *** User Code Begin ***
```

```
Dim rs As ADODB.Recordset
Set rs = 【1】                          '本行需补充代码(补充完毕务必删除【1】)
rs.Open "select * from 学生", CurrentProject.Connection, 2, 2
Do While 【2】                          '本行需补充代码(补充完毕务必删除【2】)
    Select Case rs("综合分")
        Case Is >= 90
            rs("等级") = "优秀"
        Case Is >= 80
            【3】                        '本行需补充代码(补充完毕务必删除【3】)
        Case Is >= 70
            rs("等级") = "中等"
        Case Is >= 60
            rs("等级") = "及格"
        Case Else
            rs("等级") = "不及格"
    End Select
    【4】                                '本行需补充代码(补充完毕务必删除【4】)
    【5】                                '本行需补充代码(补充完毕务必删除【5】)
Loop
rs.Close
Set rs = Nothing

' *** User Code End ***

等级评定后学生信息.Form.RecordSource = "select  *  from  学生"

MsgBox "完成等级评定！", 0 + 64, "提示"

End Sub
```

11.3　模拟试卷(三)

一、选择题(共 15 小题，每小题 2 分，共 30 分)

1. 在关系模型中，主键可由(　　)。
   A. 至多一个属性组成
   B. 一个或多个其值能唯一标识该关系中任何元组的属性组成
   C. 多个任意属性组成
   D. 一个且只有一个属性组成

2. (　　)反映了"主键"与"外键"之间的引用规则。
   A. 关系　　　　　　　　　　　　B. 实体完整性
   C. 参照完整性　　　　　　　　　D. 用户自定义完整性

3. 某字段由 3 位英文字母和 2 位数字组成，控制该字段输入的正确掩码是(　　)。

    A. 99　　　　　　B. 99900　　　　　C. 000LL　　　　　D. LLL00

4. 为了限制"婚姻"(文本型)字段只能输入"已婚"或"未婚"，该字段的有效性规则是(　　)。

    A. ="已婚" or "未婚"　　　　　　　　B. Between "已婚" Or "未婚"

    C. [婚姻]="已婚" And [婚姻]="未婚"　　D. "已婚" And "未婚"

5. 设"学生"表中有"学号"(文本类型)和"生源"(文本类型)等字段，将学号为"S01002"的学生的生源改为"北京"，正确的 SQL 语句是(　　)。

    A. Update　学号="S01002" Set　生源="北京"

    B. Update　生源="北京" From　学生

    C. Update　学生　Set　生源="北京" Where　学号="S01002"

    D. Update From　学生　Where　学号="S01002" SET　生源="北京"

6. 将表 A 的记录添加到表 B 中，要求保持表 B 中原有的记录，可以使用的查询是(　　)。

    A. 选择查询　　B. 更新查询　　　　C. 追加查询　　　　D. 生成表查询

7. "成绩"表中有"成绩"(数字型)等字段，要查询成绩为 60 分和 100 分记录，正确的 SQL 语句是(　　)。

    A. Select * From　成绩　Where　成绩=60 Or　成绩=100

    B. Select * From　成绩　Where　成绩=60 And　成绩=100

    C. Select * From　成绩　Where　成绩　Between 60,100

    D. Select * From　成绩　Where　成绩　Between 60 And 100

8. 在窗体设计中主体节要显示教师表中"姓名"字段的值，可使用(　　)文本框。

    A. 对象型　　　　　B. 绑定型　　　　　C. 非绑定型　　　　D. 计算型

9. 若窗体中有图像控件 Image1，要设置 Image1 对象为不可见(即，运行时\不在窗体上显示该控件)，可使用语句(　　)。

    A. Image1=False　　　　　　　　　B. Command1.Enabled=False

    C. Enabled=False　　　　　　　　　D. Image1.Visible= False

10. Access 2010 报表对象的数据源可以是(　　)。

    A. 表、查询或窗体　　　　　　　　B. 表或查询

    C. 表、查询或 SQL 命令　　　　　　D. 表、查询或报表

11. 宏是一个或多个(　　)的集合。

    A. 操作　　　　　B. 表达式　　　　　C. 对象　　　　　D. 条件

12. 有如下过程

```
Sub S(ByVal a As Integer, ByVal b As Single)
    b = a + b
End Sub
```

执行下面程序段后，变量 n 的值为(　　)。

```
Dim m%, n!
```

```
m = 5
n = 0.8
S m, n
```

  A. 0.8   B. 5   C. 5.8   D. 出错

13. 执行下面程序段后，变量 i, s 的值为( )。

```
s=0
For i = 1 To 10
    s=s+1
    i=i*2
Next i
```

  A. 15,3   B. 14,3   C. 16,4   D. 17,4

14. 以下关于 ADO 对象的叙述中，错误的是( )。

  A. Connection 对象用于连接数据源

  B. Recordset 对象用于存储取自数据库源的记录集

  C. Command 对象用于定义并执行对数据源的具体操作：如增加、删除、更新、筛选记录。

  D. 用 Recordset 对象只能查询数据，不能更新数据

15. 对数据库进行设置密码的操作，则该数据库以( )方式打开。

  A. 只读   B. 共享   C. 独占   D. 独占只读

二、操作题(共 5 小题，第 1 小题 10 分，第 2、3 小题各 7 分，第 4 小题 5 分，第 5 小题 6 分，共 35 分)

  考试文件夹下的数据库 Acopr03.accdb 中已建立"借书信息""图书信息""借阅者信息""语数类别""用户信息"各表，各表记录信息如图 11-12 所示。

图 11-12　Acopr03 数据库的表

  打开 Acopr03.accdb 数据库，完成以下操作。

1. 表的基本操作

(1) 设置"用户信息"表的"用户类型"字段的默认值是"借阅者",索引为"有(有重复)"。

(2) 在"用户信息"表添加以下两条记录：

用户名	密码	用户类型
Ls9685	9685	借阅者
Zc1735	1735	借阅者

(3) 建立"用户信息"表和"借阅者信息"表之间一对一的"参照完整性"关系。

2. 以"图书信息"表和"图书类别"表为数据源，创建一个名为"2016 年度工业技术类图书"的多表查询，查询 2016 年度出版的工业技术类的图书信息，查询结果显示字段依次为"书名""类别名称""现存量"和"入库日期"，并按"入库日期"字段降序排列。

3. 以"借阅者信息"表、"借书信息"表、"图书信息"表为数据源，创建一个名为"读者借阅出版社图书次数统计"的交叉表查询，实现按姓名分别统计每个读者借阅各出版社图书的次数，"姓名"字段为行标题，"出版单位"字段为列标题，按"用户名"字段进行"计数"统计。

4. 以"图书类别"表、"图书信息"表为数据源，使用报表向导创建一个名为"图书类别可借数量报表"的报表，输出字段依次为"类别名称""书名""出版单位""出版日期""现存量"，数据查看方式为"通过：图书类别"，按书名升序排序，统计每个类别图书的现存量的合计汇总，其他选项默认，"出版日期"字段显示为长日期格式。

5. 创建一个名为"查找出版社信息"的宏，以只读方式打开"图书信息"表，利用FindRecord 在记录的所有字段中查找"高等教育出版社"，找到后弹出一个提示对话框，标题为"继续"，信息为"按确定按钮继续查找下一条记录"，单击"确定"按钮后，则继续查找并将记录指针定位在下一条满足条件的记录。如图 11-13 所示。

图 11-13 消息对话框

三、设计题(共 4 小题，第 1 小题 7 分，第 2 小题 8 分，第 3、4 小题各 10 分，共 35 分)

1. 窗体设计题 1

打开考生文件夹下的 Access 数据库 Prog0301.accdb，在窗体 MarinePrice 中完成如下操作：

(1) 窗体的标题为"海产品价格"，无导航按钮，无记录选择器，窗体运行时自动居中。

(2) 选项卡控件中，"页 1"和"页 2"的标题分别为"价格设定"和"价格查看"。

(3) 标签控件 Label2 的字体为"微软雅黑"，字体颜色为 RGB(255,0,0)，字号为 14，加粗，文字靠左对齐。

(4) 窗体运行时，在"价格设定"页的列表框中选择一个海产品，然后在文本框中输入单价，编写命令按钮 Command1 的单击事件代码，实现在"价格显示"页的标签控件 Label2 中显示选中的海产品及单价信息，如图 11-14 所示。

图 11-14　MarinePrice 窗体运行效果

2. 窗体设计题 2

打开考生文件夹下的 Access 数据库 Prog0302.accdb，在窗体 SetColor 中完成如下操作：

(1) 窗体的标题为"设置颜色"。

(2) 窗体的记录选择器、导航按钮、分割线为"否"，运行自动居中。

(3) 修改矩形框 Box1 的宽度为 6cm，高度为 4cm，边框样式为实线，边框宽度为 3Pt。

(4) 选项组 Frame1 关联标签 Label3 的标题为"选择颜色"。

(5) 分别编写选项组的三个单选按钮 Option1、Option2、Option3 的鼠标按下事件 (MouseDown)，实现单击单选按钮，矩形框 Box1 的背景颜色为相应颜色。提示：红色 RGB(255,0,0)，绿色 RGB(0,255,0)，蓝色 RGB(0,0,255)。完成后窗体运行效果如图 11-15 所示。

图 11-15　SetColor 窗体运行效果

3. 程序设计题

打开考生文件夹下的 Access 数据库 Prog0303.accdb，在窗体 CalCulator 中编写"="按钮的 Click 事件代码，实现如下功能：

在文本框 Text1 和 Text2 中分别输入一个数，实现这两个数的加、减、乘、除的运算(对应于组合框 Combo1 的"+""-""*""/"选项)，并将计算断结果显示在文本框控件 Text3，若除数为 0, 则文本框控件 Text3 显示 "除数不能为 0"。窗体运行效果如图 11-16 所示。

图 11-16　CalCulatore 窗体运行效果

4. ADO 编程题

打开考生文件夹下的 Access 数据库 Prog0304.accdb, 含有 Stock 表和窗体 StockAccount。要求补充窗体 StockAccount 上的组合框控件的 Change 事件代码, 实现如下功能:

(1) 在组合框中选取一个股票代码, 则在对应的文本框显示该股票代码的买入价、现价、持有数量。

(2) 在文本框 Text1 中显示该股票的盈亏金额, 盈亏金额=(现价-买入价)×持有数量。运行结果如图 11-17 所示。注: 不等增删窗体上的控件, 不得更改控件的名称。

图 11-17　StockAccount 窗体

```
Private Sub Combo1_Change()
    Dim rs As ADODB.Recordset
    Set rs = New ADODB.Recordset
    Dim strSQL As String
    strSQL = 【1】 & Combo1.Value & ""
'本行需要补充代码, 编写 SQL 语句(补充完毕务必删除【1】)
    rs.Open 【2】
'本行需要补充代码, 打开记录集(补充完毕务必删除【2】)
    If Not rs.EOF() Then
        Text2 = rs("买入价")
        Text3 = rs("现价")
        Text4 = rs("持有数量")
        Text1 = 【3】
'本行需要补充代码, 计算盈亏金额并赋值给 text1(补充完毕务必删除【3】)
    End If
```

```
        rs.Close
            【4】
'本行需要补充代码，将记录集从内存中完全释放(补充完毕务必删除【4】)
        End Sub
```

11.4　模拟试卷(四)

一、选择题(共 15 小题，每小题 2 分，共 30 分)

1. 在关系数据模型中，属性的取值范围称为(　　)。

　　A. 键　　　　　　　B. 域　　　　　　C. 元组　　　　　D. 列

2. 关系数据规范化的意义是(　　)。

　　A. 保证数据的安全性和完整性

　　B. 提高查询速度

　　C. 减少数据操作的复杂性

　　D. 消除关系数据的插入、删除和修改异常以及数据冗余

3. 设置字段默认值的意义是(　　)。

　　A. 使字段值不为空

　　B. 在未输入字段值之前，系统将默认值赋予该字段

　　C. 不允许字段值超出某个范围

　　D. 保证字段值符合范式要求

4. 以下关于 Access 表的叙述中，正确的是(　　)。

　　A. 表一般包含一到两个主题信息

　　B. 表的数据表视图只用于显示数据

　　C. 表设计视图的主要工作是设计和修改表的结构

　　D. 在表的数据表视图中，不能修改字段名称

5. 将某表中商品的单价上调 5%，应选用的查询方式是(　　)。

　　A. 参数查询　　　　B. 追加查询　　　　C. 更新查询　　　　D. 选择查询

6. 设"学生"表中有"姓名"和"生源"等字段，若按生源地汇总学生数量，正确的 SQL 语句是(　　)。

　　A. Select Dist 生源 From 学生

　　B. Select 学生数量 From 学生 Group By 生源

　　C. Select 姓名 From 学生 Order By 生源

　　D. Select Count(*) From 学生 Group By 生源

7. 若要查找文本型字段"设备"中包含字符串 COMPUTER 的记录，则正确的 Where 子句是(　　)。

A. Where 设备 Like "*COMPUTER" and 设备 Like "COMPUTER*"

B. Where 设备="*COMPUTER*"

C. Where 设备 Like "*COMPUTER" Or Like "COMPUTER*"

D. Where 设备 Like "*COMPUTER*"

8. 在窗体中，位于(　　)中的内容在打印预览或打印时才显示出来。

A. 主体　　　　　　B. 窗体页眉　　　　C. 页面页眉　　　　D. 窗体页脚

9. 下面关于列表框的叙述中，正确的是(　　)。

A. 列表框可以包含一列或几列数据

B. 窗体运行时可以直接在列表框中输入新值

C. 列表框的选项不允许多重选择

D. 列表框的可见性设置为"否"，则运行时显示为灰色

10. 在报表中，(　　)不能通过计算控件实现。

A. 显示页码　　　　B. 显示当前日期　　C. 显示图片　　　　D. 统计数值字段

11. 与 SQL Where 子句功能相当的宏操作是(　　)。

A. MessageBox　　　B. FindRecord　　　C. GotoRecord　　　D. ApplyFilter

12. 下列表达式的值为 True 的是(　　)。

A. 10/4>10\4　　　　　　　　　　　　B. "10">"4"

C. "周"<"刘"　　　　　　　　　　　　D. Int(12.56)=Round(12.56,0)

13. 执行下面程序段后，变量 p,q 的值为(　　)。

```
p = 2
 q = 4
While Not q > 5
 p = p * q
 q = q + 1
Wend
```

A. 20,5　　　　　　B. 40,5　　　　　　C. 40,6　　　　　　D. 40,7

14. 设 Rs 为记录集对象，下面(　　)可以处理记录集中每一条记录。

```
A. Do While Rs.EOF              B. Do While Rs.EOF
   ……                            ……
       Rs.MoveLast                   RS.MoveNext
   Loop                          Loop
C. Do While Not RS.EOF         D. Do While Not RS.EOF
   ……                            ……
       Rs.MoveNext                   Rs.MoveLast
   Loop                          Loop
```

15. Access 2010 加密解密数据库时，必须通过(　　)方式打开数据库才能完成。

A. 直接打开方式　　B. 只读方式　　　　C. 独占方式　　　　D. 独占只读方式

二、操作题(共 5 小题，第 1 小题 10 分，第 2、3 小题各 7 分，第 4 小题 5 分，第 5 小题 6 分，共 35 分)

考试文件夹下的数据库 Acopr04.accdb 中已建立 User、AutoMobile、Lease 各表，各表记录信息如图 11-18 所示。

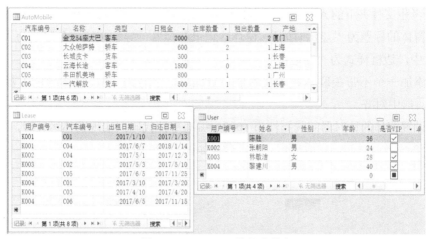

图 11-18　Acopr04 数据库的表

打开 Acopr04.accdb 数据库，完成以下操作。

1. 表的基本操作

(1) 打开 AutoMobile 表，修改表的结构：设置"汽车编号"为主键，设置"类型"字段的有效性规则，只允许输入"轿车""客车"或"货车"，否则提示"请重新输入汽车类型"。

(2) 在 AutoMobile 表添加以下一条记录：

汽车编号	名称	类型	日租金	在库数量	租出数量	产地
C07	宝马	轿车	2000	3	1	德国

(3) 建立 User、AutoMobile、Lease 三张表之间的"参照完整性"关系。

2. 打开 Lease 表，修改表的结构：增加"车辆归还"字段(是/否类型)，以 Lease 表为数据源，创建名为"归还状态更新"的更新查询，如果"归还日期"字段的值小于系统当前日期，则将"车辆归还"字段值设置为勾选状态。

3. 以 User、AutoMobile、Lease 三张表为数据源，创建名为"VIP 用户租车信息"的查询，查询 VIP 用户在 2017 年 5 月 1 日以前的租车情况，查询结果依次显示"用户编号""姓名""名称""出租日期""归还日期"字段。

4. 以 User 表为数据源，使用报表向导创建名为"用户年龄统计"的报表，输出信息包括"用户编号""性别""年龄"，按照"性别"字段分组，统计每组的平均年龄(格式固定，显示 1 位小数)，按"用户编号"升序排序，报表标题为"用户年龄统计"，其他选项默认。

5. 创建一个名为"显示轿车信息"的宏，弹出一个提示信息为"只显示轿车信息吗？"、标题为"询问"的消息框，如图 11-19

图 11-19　消息对话框

所示。单击"确定"按钮时，显示 AutoMobile 表所有类型为轿车的记录信息；单击"取消"按钮时，显示 AutoMobile 表所有车辆的记录信息。

三、设计题(共 4 小题，第 1 小题 7 分，第 2 小题 8 分，第 3、4 小题各 10 分，共 35 分)

1. 窗体设计题 1

打开考生文件夹下的 Access 数据库 Prog0401.accdb，在窗体 ShowTime 中完成如下操作：

(1) 窗体的标题为"显示时间"，窗体的记录选择器、导航按钮、分隔线为"否"，运行自动居中，边框样式为"细边框"。

(2) 添加一个不带关联标签的文本框 TxtTime，字号为 16，字体颜色为蓝色 RGB(0,0,255)，居中对齐。

(3) 设置窗体的计时器间隔属性为 1000，编写事件代码，实现窗体运行时，在文本框动态显示系统当前时间。完成后窗体运行效果如图 11-20 所示。

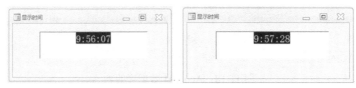

图 11-20　窗体设计题 1 结果

2. 窗体设计题 2

打开考生文件夹下的 Access 数据库 Prog0402.accdb，在窗体 SelectSports 中完成如下操作：

(1) 窗体的标题为"选择运动项目"，窗体的记录选择器、导航按钮、分割线为"否"，运行自动居中。

(2) 添加一个带关联标签的列表框 List1，关联标签标题为"可选项目"，列表框 List1 的"行来源类型"为"值列表"，"行来源"为""足球";"篮球";"排球";"乒乓球";"羽毛球";"游泳""；添加一个带关联标签的列表框 List2，关联标签标题为"选定项目"，列表框 List2 的"行来源类型"为"值列表"。

(3) 命令按钮 Command1 的标题为"选择"，编写和 Command1 的单击事件代码，实现窗体运行时，单击"选择"命令按钮，将列表框 List1 选中的项目添加到列表框 List2 中，并删除列表框 List1 中选中的项目。完成后窗体运行效果如图 11-21 所示。

图 11-21　窗体设计题 2 结果

3. 程序设计题

打开考生文件夹下的 Access 数据库 Prog0403.accdb，在窗体 Cal_Char 中编写"统计"按钮的 Click 事件代码，实现如下功能：

在文本框 Tex1 中输入一串字符，统计该字符串中大写字母、小写字母、数字和其他字符的个数，并将统计结果显示在对应的文本框中。窗体运行效果如图 11-22 所示。

4. ADO 编程题

打开考生文件夹下的 Access 数据库 Prog0404.accdb，含有 Estimate 表和窗体 FormAvg。要求补充窗体 FormAvg 上的组合框 Combo1 的 Change 事件代码，实现如下功能：

在组合框中选择一位教师的姓名，统计该教师的评教分数的平均分，并显示在相应的文本框中。运行结果如图 11-23 所示。

图 11-22　Cal_Char 窗体

图 11-23　FormAvg 窗体

```
Private Sub Combo1_Change( )
'"' 不得删改本行注释
    Dim rs As ADODB.Recordset
    Dim strSQL As String
    Dim average As Single
    【1】                      '本行需要补充代码(补充完毕务必删除【1】)
    strSQL = "SELECT avg(评教分数) as 平均分   from Evalu where 教师姓名='" & 【2】 & "'"
    '本行需要补充代码，实现构造 SQL 语句(补充完毕务必删除【2】)
    rs.Open 【3】, CurrentProject.Connection,2,2
'本行需要补充代码，实现打开记录集(补充完毕务必删除【3】)
    average = 【4】
'本行需补充代码，实现将平均分赋值给 average(补充完毕务必删除【4】)
    Text1.Value = average
    rs.Close
    Set rs = Nothing
End Sub
```

11.5　模拟试卷(五)

全国计算机等级考试二级"Access 数据库程序设计"无纸化考试

考生须知：

1. 考生必须在自己的考生文件夹下进行考试，否则将影响考试成绩；

2. 作答选择题时键盘被封锁，使用键盘无效，考生须使用鼠标答题；

3. 选择题部分只能进入一次，退出后不能再次进入；

4. 选择题部分不单独计时，考试总时间 120 分钟。

一、选择题(每小题 1 分，共 40 分)

1. 下列叙述中正确的是(　　)。

　　A. 栈是"先进先出"的线性表

　　B. 队列是"先进后出"的线性表

　　C. 循环队列是非线性结构

　　D. 有序线性表既可以采用顺序存储结构，也可以采用链式存储结构

2. 支持子程序调用的数据结构是(　　)。

　　A. 栈　　　　　　　　B. 树　　　　　　　　C. 队列　　　　　　　　D. 二叉树

3. 某二叉树有 5 个度为 2 的结点，则该二叉树中的叶子结点数是(　　)。

　　A. 10　　　　　　　　B. 8　　　　　　　　C. 6　　　　　　　　D. 4

4. 下列排序方法中，最坏情况下比较次数最少的是(　　)。

　　A. 冒泡排序　　　　B. 简单选择排序　　　　C. 直接插入排序　　　　D. 堆排序

5. 软件按功能可以分为：应用软件、系统软件和支撑软件(或工具软件)。下面属于应用软件的是(　　)。

　　A. 编译程序　　　　B. 操作系统　　　　C. 教务管理系统　　　　D. 汇编程序

6. 下面叙述中错误的是(　　)。

　　A. 软件测试的目的是发现错误并改正错误

　　B. 对被调试的程序进行"错误定位"是程序调试的必要步骤

　　C. 程序调试通常称为 Debug

　　D. 软件测试应严格执行测试计划，排除测试的随意性

7. 耦合性和内聚性是对模块独立性度量的两个标准，下列叙述中错误的是(　　)。

　　A. 提高耦合性降低内聚性有利于提高模块的独立性

　　B. 降低耦合性提高内聚性有利于提高模块的独立性

　　C. 耦合性是指一个模块内部各个元素间彼此结合的紧密程度

　　D. 内聚性是指模块间互相连接的紧密程度

8. 数据库应用系统中的核心问题是(　　　)。

  A. 数据库设计   B. 数据库系统设计

  C. 数据库维护   D. 数据库管理员培训

9. 有两个关系R、S如下:

R

A	B	C
a	3	2
b	0	1
c	2	1

S

A	B
a	3
b	0
c	2

由关系R通过运算得到关系S，则所使用的运算为(　　　)。

  A. 选择   B. 投影   C. 插入   D. 连接

10. 将E-R图转换为关系模式时，实体和联系都可以表示为(　　　)。

  A. 属性   B. 键   C. 关系   D. 域

11. 在Access中要显示"教师表"中姓名和职称的信息，应采用的关系运算是(　　　)。

  A. 选择   B. 投影   C. 连接   D. 关联

12. 在Access中，可用于设计输入界面的对象是(　　　)。

  A. 窗体   B. 报表   C. 查询   D. 表

13. 在数据表视图中，不能进行的操作是(　　　)。

  A. 删除一条记录   B. 修改字段的类型

  C. 删除一个字段   D. 修改字段的名称

14. 下列关于货币数据类型的叙述中，错误的是(　　　)。

  A. 货币型字段在数据表中占8字节的存储空间

  B. 货币型字段可以与数字型数据混合计算，结果为货币型

  C. 向货币型字段输入数据时，系统自动将其设置为4位小数

  D. 向货币型字段输入数据时，不必输入人民币符号和千位分隔符

15. 在设计表时，若输入掩码属性设置为LLLL，则能够接收的输入是(　　　)。

  A. abcd   B. 1234   C. AB+C   D. Aba9

16. 在SQL语言的SELECT语句中，用于指明检索结果排序的子句是(　　　)。

  A. FROM   B. WHILE   C. GROUP BY   D. ORDER BY

17. 有商品表内容如下:

部门号	商品号	商品名称	单价	数量	产地
40	0101	A牌电风扇	200.00	10	广东
40	0104	A牌微波炉	350.00	10	广东
40	0105	B牌微波炉	600.00	10	广东
20	1032	C牌传真机	1000.00	20	上海
40	0107	D牌微波炉	420.00	10	北京
20	0110	A牌电话机	200.00	50	广东
20	0112	B牌手机	2000.00	10	广东

(续表)

部门号	商品号	商品名称	单价	数量	产地
40	0202	A牌电冰箱	3000.00	2	广东
30	1041	B牌计算机	6000.00	10	广东
30	0204	C牌计算机	10000.00	10	上海

执行SQL命令：

SELECT 部门号,MAX(单价*数量) FROM 商品表 GROUP BY 部门号;

查询结果的记录数是(　　)。

　　A. 1　　　　　　　B. 3　　　　　　　C. 4　　　　　　　D. 10

18. 已知"借阅"表中有"借阅编号""学号""借阅图书编号"等字段，每名学生每借阅一本书生成一条记录，要求按学生学号统计出每名学生的借阅次数，下列SQL语句中，正确的是(　　)。

　　A. SELECT 学号,COUNT(学号) FROM 借阅

　　B. SELECT 学号,COUNT(学号) FROM 借阅 GROUP BY 学号

　　C. SELECT 学号,SUM(学号) FROM 借阅

　　D. SELECT 学号,SUM(学号) FROM 借阅 ORDER BY 学号

19. 创建参数查询时，在查询设计视图条件行中应将参数提示文本放置在(　　)。

　　A. {}中　　　　　B. ( )中　　　　　C. []中　　　　　D. <>中

20. 如果在查询条件中使用通配符"[]"，其含义是(　　)。

　　A. 错误的使用方法　　　　　　　　B. 通配任意长度的字符

　　C. 通配不在括号内的任意字符　　　D. 通配方括号内任一单个字符

21. 因修改文本框中的数据而触发的事件是(　　)。

　　A. Change　　　B. Edit　　　　C. Getfocus　　　D. LostFocus

22. 启动窗体时，系统首先执行的事件过程是(　　)。

　　A. Load　　　　B. Click　　　　C. Unload　　　　D. GotFocus

23. 下列属性中，属于窗体的"数据"类属性的是(　　)。

　　A. 记录源　　　B. 自动居中　　　C. 获得焦点　　　D. 记录选择器

24. 在Access中为窗体上的控件设置Tab键的顺序，应选择"属性"对话框的是(　　)。

　　A. "格式"选项卡　　　　　　　　B. "数据"选项卡

　　C. "事件"选项卡　　　　　　　　D. "其他"选项卡

25. 若在"销售总数"窗体中有"订货总数"文本框控件，能够正确引用控件值的是(　　)。

　　A. Forms.[销售总数].[订货总数]

　　B. Forms![销售总数].[订货总数]

　　C. Forms.[销售总数]![订货总数]

　　D. Forms![销售总数]![订货总数]

26. 图11-24所示的是报表设计视图，由此可判断该报表的分组字段是(　　)。

图 11-24　学生总评成绩报表

　　A. 课程名称　　　　　　B. 学分　　　　　　C. 成绩　　　　　D. 姓名

27. 某学生成绩管理系统的"主窗体"如图11-25左侧所示，单击"退出系统"按钮会弹出图11-25右侧"请确认"提示框；如果继续单击"是"按钮，才会关闭主窗体退出系统，如果单击"否"按钮，则会返回"主窗体"继续运行系统。

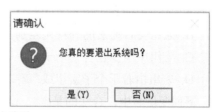

图 11-25　主窗体

　　为了达到这样的运行效果，在设计主窗体时为"退出系统"按钮的"单击"事件设置了一个"退出系统"宏。正确的宏设计是(　　　)。

A.

B.

C.

D.

28. 下列关于宏组的叙述中，错误的是(   )。

A. 宏组中的各个子宏之间要有一定的联系

B. 宏组与普通宏的外观无差别

C. 宏组中至少包含一个子宏

D. 宏组由若干个子宏组成

29. 下列变量名中，合法的是(   )。

A. 4A   B. A-1   C. ABC_1   D. private

30. 下列能够交换变量X和Y值的程序段是(   )。

A. Y=X:X=Y   B. Z=X:Y=Z:X=Y

C. Z=X:X=Y:Y=Z   D. Z=X:W=Y:Y=Z:X=Y

31. 要将一个数字字符串转换成对应的数值，应使用的函数是(   )。

A. Val   B. Single   C. Asc   D. Space

32. 下列不属于VBA函数是(   )。

A. Choose   B. If   C. IIf   D. Switch

33. InputBox函数的返回值类型是(   )。

A. 数值   B. 字符串   C. 变体   D. 视输入的数据而定

34. 若变量i的初值为8，则下列循环语句中循环体的执行次数为(   )。

Do While i<=17

    i=i+2

Loop

A. 3次   B. 4次   C. 5次   D. 6次

35. 在窗体中有一个文本框Text1，编写事件代码如下：

```
Private Sub Form_Click( )
    X = Val(InputBox("输入 x 的值"))
    Y = 1
    If X < > 0 Then Y = 2
    Text1.Value = Y
End Sub
```

打开窗体运行后，在输入框中输入整数12，文本框Text1中输出的结果是(　　)。

　　A. 1　　　　　　B. 2　　　　　　C. 3　　　　　　D. 4

36. 窗体中有命令按钮run34，对应的事件代码如下：

```
Private Sub run34_Enter( )
    Dim num As Integer, a As Integer, b As Integer, i As Integer
    For i = 1 To 10
        num = InputBox("请输入数据：", "输入")
        If Int(num / 2) = num / 2 Then
            a = a + 1
        Else
            b = b + 1
        End If
    Next i
    MsgBox ("运行结果：a=" & Str(A. & ",b=" & Str(b))
End Sub
```

运行以上事件过程，所完成的功能是(　　)。

　　A. 对输入的10个数据求累加和

　　B. 对输入的10个数据求各自的余数，然后再进行累加

　　C. 对输入的10个数据分别统计奇数和偶数的个数

　　D. 对输入的10个数据分别统计整数和非整数的个数

37. 若有以下窗体单击事件过程：

```
Private Sub Form_Click( )
    result = 1
    For i = 1 To 6 Step 3
        result = result * i
    Next i
    MsgBox result
End Sub
```

打开窗体运行后，单击窗体，则消息框的输出内容是(　　)。

　　A. 1　　　　　　B. 4　　　　　　C. 15　　　　　　D. 120

38. 在窗体中有一个命令按钮Command1和一个文本框Text1，编写事件代码如下：

```
Private Sub Command1_Click( )
    For i = 1 To 4
        x = 3
        For j = 1 To 3
            For k = 1 To 2
                x = x + 3
            Next k
        Next j
    Next i
    Text1.Value = Str(x)
End Sub
```

打开窗体运行后，单击命令按钮，文本框Text1输出的结果是(　　)。

　A. 6　　　　　　　B. 12　　　　　　　C. 18　　　　　　　D. 21

39. 窗体中命令按钮Command1，事件过程如下：

```
Public Function f(x As Integer) As Integer
    Dim y As Integer
    x = 20
    y = 2
    f = x * y
End Function
Private Sub Command1_Click( )
    Dim y As Integer
    Static x As Integer
    x = 10
    y = 5
    y = f(x)
    Debug.Print x; y
End Sub
```

运行程序，单击命令按钮，则立即窗口中显示的内容是(　　)。

　A. 10 5　　　　　　B. 10 40　　　　　　C. 20 5　　　　　　D. 20 40

40. 下列程序段的功能是实现"学生"表中"年龄"字段值加1：

```
Dim Str As String
Str=" 【  】 "
Docmd.RunSQL Str
```

括号内应填入的程序代码是(　　)。

　A. 年龄=年龄+1　　　　　　　　　　B. Update 学生 Set 年龄=年龄+1

　C. Set 年龄=年龄+1　　　　　　　　D. Edit 学生 Set 年龄=年龄+1

二、基本操作题(共 18 分)

在考生文件夹下的 samp1.accdb，里面已经设计好了表对象 tDoctor、tOffice、tPatient 和 tSubscribe。试按以下操作要求，完成各种操作。

(1) 分析 tSubscribe 预约数据表的字段构成，判断并设置主键。

(2) 设置 tSubscribe 表中"医生 ID"字段的相关属性，使其接受的数据只能为第 1 个字符为 A，从第 2 个字符开始三位只能是 0～9 的数字；并将该字段设置为必填字段；设置"科室 ID"字段的大小，使其与 tOffice 表中相关字段的大小一致。

(3) 设置 tDoctor 表中"性别"字段的默认值属性，属性值为"男"；并为该字段创建查阅列表，列表中显示"男"和"女"两个值。

(4) 删除 tDoctor 表中"专长"字段，并设置"年龄"字段的有效性规则和有效性文本。具体规则为：输入年龄必须在 18～60 岁，有效性文本内容为："年龄应在 18～60 岁"；取消对"年龄"字段的隐藏。

(5) 设置 tDoctor 表的显示模式，使表的背景颜色为"蓝白"、网格线为"白色"、单元格效果为"凹陷"。

(6) 通过相关字段建立 tDoctor、tOffice、tPatient 和 tSubscribe 四表之间的关系，同时使用"实施参照完整性"。

三、简单应用题(共 24 分)

考生文件夹下存在一个数据库文件 samp2.accdb，里面已经设计好表对象 tDoctor、tOffice、tPatient 和 tSubscribe，同时还设计出窗体对象 fQuery。试按以下要求完成设计：

(1) 创建一个查询，查找姓名为两个字的姓"王"病人的预约信息，并显示病人的"姓名""年龄""性别""预约日期""科室名称"和"医生姓名"，所建查询命名为 qT1。

(2) 创建一个查询，统计星期一(由预约日期判断)某科室(要求按"科室 ID"查)预约病人的平均年龄，要求显示标题为"平均年龄"。当运行该查询时，屏幕上显示提示信息："请输入科室 ID"，所建查询命名为 qT2。

(3) 创建一个查询，找出没有留下电话号码的病人，并显示病人"姓名"和"地址"，所建查询命名为 qT3。

(4) 现在有一个已经建好的 fQuery 窗体。运行该窗体后，在文本框 tName 中输入要查询的医生姓名，然后按下"查询"按钮，即运行一个名为 qT4 的查询。qT4 查询的功能是显示所查医生的"医生姓名"和"预约人数"两列信息，其中"预约人数"值由"病人 ID"字段统计得到，请设计 qT4 查询。

四、综合应用题(共 18 分)

在考生文件夹下有一个数据库文件 samp3.accdb，里面已设计好表对象 tStudent，同时还设计出窗体对象 fQuery 和 fStudent。请在此基础上按照以下要求补充 fQuery 窗体的设计：

(1) 在距主体节上边 0.4 厘米、左边 0.4 厘米位置添加一个矩形控件，其名称为 rRim，矩形宽度为 16.6 厘米、高度为 1.2 厘米、特殊效果为"凿痕"。

(2) 将窗体中"退出"命令按钮上显示的文字颜色改为"棕色"(棕色代码为 128)，字体粗细改为"加粗"。

(3) 将窗体标题改为"显示查询信息"。

(4) 将窗体边框改为"对话框边框"样式，取消窗体中的水平和垂直滚动条、记录选择器、浏览按钮和分隔线。

(5) 在窗体中有一个"显示全部记录"命令按钮 bList，单击该按钮后，应实现将 tStudent 表中的全部记录显示出来的功能。现已编写了部分 VBA 代码，请按照 VBA 代码中的指示将代码补充完整。

要求：修改后运行该窗体，并查看修改结果。

注意：不要修改窗体对象 fQuery 和 fStudent 中未涉及的控件、属性；不要修改表对象 tStudent。

程序代码只能在 "'*******" 与 "'*******" 之间的空行内补充一行语句，不允许增删和修改其他位置已存在的语句。

附录A　教务管理数据库的表结构及记录

1. Stu 表

Stu 表结构如表 A-1 所示。

表 A-1　Stu 表结构

字段名	数据类型	字段大小	备注
学号	文本	8	主键
姓名	文本	4	
性别	文本	1	
是否团员	是/否		格式：真/假
出生日期	日期/时间		格式：短日期
生源地	文本	3	
专业编号	文本	3	
照片	OLE 对象		

Stu 表记录如图 A-1 所示。

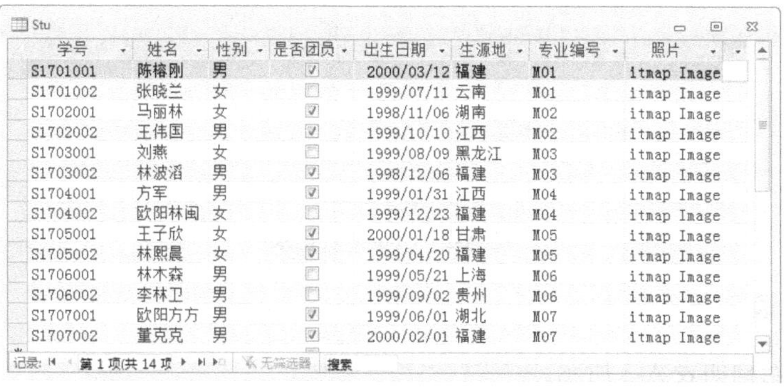

Stu

学号	姓名	性别	是否团员	出生日期	生源地	专业编号	照片
S1701001	陈椿刚	男	☑	2000/03/12	福建	M01	itmap Image
S1701002	张晓兰	女	☐	1999/07/11	云南	M01	itmap Image
S1702001	马丽林	女	☑	1998/11/06	湖南	M02	itmap Image
S1702002	王伟国	男	☑	1999/10/10	江西	M02	itmap Image
S1703001	刘燕	女	☐	1999/08/09	黑龙江	M03	itmap Image
S1703002	林波滔	男	☑	1998/12/06	福建	M03	itmap Image
S1704001	方军	男	☑	1999/01/31	江西	M04	itmap Image
S1704002	欧阳林闽	女	☐	1999/12/23	福建	M04	itmap Image
S1705001	王子欣	女	☑	2000/01/18	甘肃	M05	itmap Image
S1705002	林熙晨	女	☑	1999/04/20	福建	M05	itmap Image
S1706001	林木森	男	☐	1999/05/21	上海	M06	itmap Image
S1706002	李林卫	男	☐	1999/09/02	贵州	M06	itmap Image
S1707001	欧阳方方	男	☑	1999/06/01	湖北	M07	itmap Image
S1707002	董克克	男	☑	2000/02/01	福建	M07	itmap Image

记录: 第 1 项(共 14 项　无筛选器　搜索

图 A-1　Stu 表记录

2. Course 表

Course 表结构如表 A-2 所示。

表 A-2　Course 表结构

字段名	数据类型	字段大小	备注
课程编号	文本	5	主键
课程名称	文本	20	

(续表)

字段名	数据类型	字段大小	备注
学期	数字	字节	格式：常规数字
学时	数字	字节	格式：常规数字
学分	数字	单精度型	格式：固定，小数位数：1
课程类型	文本	2	
教师工号	文本	6	

Course 表记录如图 A-2 所示。

Course

课程编号	课程名称	学期	学时	学分	课程类型	教师工号
C0101	专利代理实务	3	48	3.0	必修	E08
C0102	商标代理实务	5	24	1.5	必修	E08
C0103	知识产权国际保护	6	40	2.5	必修	E10
C0201	微观经济学	2	48	3.0	必修	E02
C0202	国际贸易学	3	48	3.0	必修	E02
C0203	审计学原理	5	56	3.5	必修	E03
C0204	建设项目审计	6	48	3.0	选修	E03
C0301	智能交通系统	4	32	2.0	必修	E12
C0302	测量学	5	64	4.0	必修	E12
C0303	公路勘测设计	6	32	2.0	必修	E13
C0304	交通仿真	7	48	3.0	选修	E13
C0401	新闻学概论	1	48	3.0	必修	E04
C0402	公共关系学	2	32	2.0	必修	E11
C0403	新闻采访与写作	3	64	4.0	必修	E11
C0404	新闻策划学	4	31	2.0	选修	E14
C0405	传播学概论	5	64	4.0	必修	E14
C0406	媒介经营管理	7	32	2.0	选修	E04
C0501	结构力学	4	72	4.5	必修	E05
C0502	弹性力学	5	24	1.5	必修	E05
C0503	地下建筑结构	6	48	3.0	必修	E01
C0601	高级语言程序设计	1	64	4.0	必修	E06
C0602	算法与数据结构	2	64	4.0	必修	E06
C0603	IT创新创业指导	7	16	1.0	选修	E15
C0701	软件工程导论	1	32	2.0	必修	E07
C0702	软件测试与质量	6	40	2.5	必修	E15
C0703	人工智能导论	7	24	1.5	选修	E07

记录: 第 1 项(共 26 项　无筛选器　搜索

图 A-2　Course 表记录

3. Major 表

Major 表结构如表 A-3 所示。

表 A-3　Major 表结构

字段名	数据类型	字段大小	备注
专业编号	文本	3	主键
专业名称	文本	8	
学院代号	文本	2	

Major 表记录如图 A-3 所示。

图 A-3 Major 表记录

4. Emp 表

Emp 表结构如表 A-4 所示。

表 A-4 Emp 表结构

字段名	数据类型	字段大小	备注
工号	文本	6	主键
姓名	文本	4	
性别	文本	1	
入校时间	日期/时间		格式: 短日期
职称	文本	5	
学院代号	文本	2	
办公电话	文本	13	
电子信箱	超链接		
家庭住址	备注		

Emp 表记录如图 A-4 所示。

图 A-4 Emp 表记录

5. Dept 表

Dept 表结构如表 A-5 所示。

表 A-5　Dept 表结构

字段名	数据类型	字段大小	备注
学院代号	文本	2	主键
学院名称	文本	20	
院长工号	文本	6	

Dept 表记录如图 A-5 所示。

6. Grade 表

Grade 表结构如表 A-6 所示。

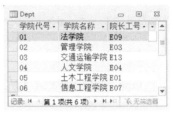

图 A-5　Dept 表记录

表 A-6　Grade 表结构

字段名	数据类型	字段大小	备注
学号	文本	8	主键
课程编号	文本	5	主键
平时成绩	数字	单精度型	格式：固定，小数位数：2
期末成绩	数字	单精度型	格式：固定，小数位数：2

Grade 表记录如图 A-6 所示。

学号	课程编号	平时成绩	期末成绩
S1701001	C0101	76.00	80.00
S1701002	C0101	85.00	75.00
S1701001	C0102	82.50	86.00
S1701002	C0102	90.00	93.00
S1701001	C0103	75.00	80.00
S1701002	C0103	66.00	58.00
S1702001	C0201	77.00	86.50
S1702002	C0201	92.00	85.00
S1702001	C0202	84.00	83.00
S1702002	C0202	55.00	50.00
S1702001	C0203	75.00	78.00
S1702002	C0203	68.00	70.00
S1702001	C0204	87.00	79.00
S1702002	C0204	75.00	80.00
S1703001	C0301	68.00	62.00
S1703001	C0301	85.50	88.00
S1703001	C0302	83.00	77.50
S1703002	C0302	74.50	66.00
S1703001	C0303	73.00	82.50
S1703002	C0303	85.00	78.50
S1703001	C0304	72.00	69.50
S1703002	C0304	90.00	91.00
S1706001	C0304	90.00	90.00
S1704001	C0401	77.50	90.00
S1704002	C0401	85.00	89.00
S1704001	C0402	83.00	76.00
S1704002	C0402	81.50	83.00
S1704001	C0403	93.00	90.00

记录：第 28 项(共 56 项)　无筛选器　搜索

学号	课程编号	平时成绩	期末成绩
S1704002	C0403	90.00	91.50
S1704001	C0404	75.00	56.00
S1704002	C0404	85.00	78.00
S1704001	C0405	86.50	88.50
S1704002	C0405	86.50	88.50
S1704001	C0406	90.00	93.00
S1704002	C0406	90.00	93.00
S1705001	C0501	75.00	78.00
S1705002	C0501	58.00	50.00
S1705001	C0502	87.00	79.00
S1705002	C0502	68.00	70.00
S1705001	C0503	92.00	85.00
S1705002	C0503	75.00	80.00
S1706001	C0601	77.00	67.50
S1706002	C0601	85.50	88.00
S1706001	C0602	86.00	77.50
S1706002	C0602	71.50	86.00
S1706001	C0603	78.00	86.00
S1706002	C0603	85.50	86.00
S1707001	C0603	87.00	89.00
S1707002	C0603	86.00	89.00
S1707001	C0701	83.00	80.00
S1707002	C0701	75.00	86.50
S1707001	C0702	85.00	77.50
S1707002	C0702	87.50	90.00
S1706001	C0703	72.00	68.50
S1707001	C0703	89.00	93.00
S1707002	C0703	75.00	78.00

记录：第 29 项(共 56 项)　无筛选器　搜索

图 A-6　Grade 表记录

附录B　ASCII码表

十进制	十六进制	字符	十进制	十六进制	字符	十进制	十六进制	字符	十进制	十六进制	字符
0	00	NUL	32	20	空格	64	40	@	96	60	`
1	01	SOH	33	21	!	65	41	A	97	61	a
2	02	STX	34	22	"	66	42	B	98	62	b
3	03	ETX	35	23	#	67	43	C	99	63	c
4	04	EOT	36	24	$	68	44	D	100	64	d
5	05	ENQ	37	25	%	69	45	E	101	65	e
6	06	ACK	38	26	&	70	46	F	102	66	f
7	07	BEL	39	27	'	71	47	G	103	67	g
8	08	BS	40	28	(	72	48	H	104	68	h
9	09	HT	41	29	)	73	49	I	105	69	i
10	0A	LF	42	2A	*	74	4A	J	106	6A	j
11	0B	VT	43	2B	+	75	4B	K	107	6B	k
12	0C	FF	44	2C	,	76	4C	L	108	6C	l
13	0D	CR	45	2D	-	77	4D	M	109	6D	m
14	0E	SO	46	2E	.	78	4E	N	110	6E	n
15	0F	SI	47	2F	/	79	4F	O	111	6F	o
16	10	DLE	48	30	0	80	50	P	112	70	p
17	11	DC1	49	31	1	81	51	Q	113	71	q
18	12	DC2	50	32	2	82	52	R	114	72	r
19	13	DC3	51	33	3	83	53	S	115	73	s
20	14	DC4	52	34	4	84	54	T	116	74	t
21	15	NAK	53	35	5	85	55	U	117	75	u
22	16	SYN	54	36	6	86	56	V	118	76	v
23	17	ETB	55	37	7	87	57	W	119	77	w
24	18	CAN	56	38	8	88	58	X	120	78	x
25	19	EM	57	39	9	89	59	Y	121	79	y
26	1A	SUB	58	3A	:	90	5A	Z	122	7A	z
27	1B	ESC	59	3B	;	91	5B	[	123	7B	{
28	1C	FS	60	3C	<	92	5C	/	124	7C	|
29	1D	GS	61	3D	=	93	5D	]	125	7D	}
30	1E	RS	62	3E	>	94	5E	^	126	7E	~
31	1F	US	63	3F	?	95	5F	_	127	7F	DEL

附录C 常用宏操作命令

类型	命令	功能描述	参数说明
窗口管理	CloseWindow	关闭指定的 Access 窗口； 若没指定窗口，则关闭活动窗口	对象类型：要关闭的窗口的类型； 对象名称：要关闭的对象名称； 保存：关闭时是否保存对对象的更改
	MaximizeWindow	活动窗口最大化	无参数
	MinimizeWindow	活动窗口最小化	无参数
	MoveAndSizeWindow	移动并调整活动窗口	右：窗口左上角新的水平位置； 向下：窗口左上角新的垂直位置； 宽度：窗口的新宽度； 高度：窗口的新高度
	RestoreWindow	窗口复原	无参数
宏命令	CancelEvent	中止一个事件	无参数
	RunCode	运行 VB 的函数过程	函数名称：要执行的函数名
	RunDataMacro	运行数据宏	宏名称：所要运行的数据宏名称
	RunMacro	运行一个宏	宏名称：所要运行的宏名； 重复次数：宏运行次数的上限； 重复表达式：重复运行宏的条件
	RunMenuCommand	运行一个 Access 菜单命令	命令：输入或选择要执行的命令
	StopMacro	停止正在运行的宏	无参数
	StopAllMacro	中止所有宏的运行	无参数
	SetLocalVar	将本地变量设为给定值	名称：本地变量的名称 表达式：用于设定次本地变量的表达式
筛选查询搜索	ApplyFilter	在表或窗体中应用筛选、查询或 SQL 的 Where 字句，以选择表或窗体中显示的记录	筛选名称：筛选或查询的名称； Where 条件：有效的 SQL Where 子句或表达式，用以选择表或窗体中显示的记录
	FindRecord	在激活的窗体或数据表中查找符合指定条件的第一条或下一条记录	查找内容：要在记录中查找的数据 匹配：查找的数据的匹配方式，可以选择"字段任何部分""整个字段"或"字段开头"； 区分大小写：查找英文字符时是否区分大小写

(续表)

类型	命令	功能描述	参数说明
筛选/查询/搜索	FindRecord		搜索：查找进行的方向 查找第一个：是否只查找第一条符合条件的记录
	FindNextRecord	查找符合最近的 FindRecord 操作所指定的条件的下一条记录，可以反复查找记录	无参数
	OpenQuery	打开选择查询或交叉表查询，或执行动作查询	查询名称：要打开的查询名称； 视图：用何种视图打开查询； 数据模式：打开查询的数据处理形式，包括"增加""编辑"或"只读"
	Refresh	刷新视图中的记录	无参数
	RefreshRecord	刷新当前记录	无参数
	ShowAllRecords	从激活的表、查询或窗体中删除所有已应用的筛选(显示所有记录)	无参数
数据导入导出	AddContactFromOutlook	添加来自 Outlook 中的联系人	无参数
	ExportWithFormatting	将指定数据库对象中的数据输出为 Microsoft Excel(.xls)、格式文本(.rtf)、MS-DOS 文本(.txt)、HTML(.htm)或快照(.snp)格式	对象类型：选择要输出的对象类型； 对象名称：要输出的指定对象； 输出格式：对象输出的格式类型； 输出文件：对象输出目标文件的完整路径
	SaveAsOutlookContact	将当前记录另存为 Outlook 联系人	无参数
数据库对象	GoToControl	将焦点移到激活的数据表或窗体上指定的字段或控件上	控件名称：将要获得焦点的字段或控件名称
	GoToRecord	使指定的记录成为打开的表、窗体或查询结果中的当前记录	对象类型：当前记录的对象类型； 对象名称：选定对象类型中的具体对象名称； 记录：当前记录移动方向，包括"向前移动""向后移动""首记录""尾记录""定位"和"新记录"； 偏移量：整型数或整型表达式
	OpenForm	打开一个窗体	窗体名称：要打开的窗体的名称； 视图：用何种视图打开窗体； 当条件：有效的 SQL Where 子句，以从数据源中选择记录

(续表)

类型	命令	功能描述	参数说明
数据库对象	OpenForm	打开一个窗体	数据模式：打开窗体的数据处理模式； 窗口模式：打开窗体的窗口模式
	OpenReport	打开一个报表	报表名称：要打开的报表的名称； 视图：用何种视图打开报表； 当条件：有效的 SQL Where 子句，以从数据源中选择记录
	OpenTable	打开一张表	表名称：要打开的表的名称； 视图：用何种视图打开表； 数据模式：打开窗体的数据处理模式
	PrintObject	打印当前对象	无参数
	SetProperty	设置控件属性	控件名称：要设置其属性的控件的名称； 属性：所要设置的属性； 值：要设置的值
数据输入操作	DeleteRecord	删除当前记录	无参数
	SaveRecord	保存当前记录	无参数
系统命令	Beep	使计算机发出嘟嘟声	无参数
	CloseDatabase	关闭当前数据库	无参数
	QuitAccess	退出 Access	无参数
用户界面命令	AddMenu	为窗体或报表添加自定义功能区菜单或快捷菜单	菜单名称：所建菜单名称； 菜单宏名称：用于定义菜单的宏
	MessageBox	显示消息框	消息：将在消息框中显示的消息文本； 发嘟嘟声：显示消息框时是否发出嘟嘟声； 类型：将在消息框中显示的图标类型； 标题：消息框标题栏中显示的文本
	SetMenuItem	设置活动窗口自定义菜单栏中的菜单项状态	菜单索引：从 0 开始输入一个整型值，作为当前自定义菜单栏中所需菜单的索引； 命令索引：输入选中的菜单中所需菜单的索引； 子命令索引：输入子菜单中所需子命令的索引

附录D VBA常用内部函数

1. 数学函数

函数	返回值类型	功能	实例	返回值
Abs(x)	与 x 同类型	x 的绝对值	Abs(-3)	3
Sqr(x)	Double	x 的平方根	Sqr(25)	5
Sin(x)	Double	x 的正弦值	Sin(3.14/180*30)	0.5(近似)
Cos(x)	Double	x 的余弦值	Cos(3.14/180*60)	0.5(近似)
Tan(x)	Double	x 的正切值	Tan(3.14/180*60)	1.7(近似)
Atn(x)	Double	x 的反正切	Atn(1)*4	3.141592
Exp(x)	Double	e(自然对数底)的幂	Exp(1.5)	4.481689
Log(x)	Double	x 的自然对数值	Log(3)	1.098612
Int(x)	Double	取不大于 x 的最大整数	Int(7.5)	7
Fix(x)	Double	取 x 的整数部分	Fix(9.6)	9
Sgn(x)	Single	取 x 的符号	Sgn(-3)	-1
Rnd	Single	产生[0,1)的随机小数	Rnd	[0,1)的某个随机小数

2. 字符串函数

函数	返回值类型	功能	实例	返回值
Len(s)	Integer	取字符串 s 的长度	Len("abcde")	5
Left(s,n)	String	取字符串 s 左边的 n 个字符	Left("abcde",2)	"ab"
Right(s,n)	String	取字符串 s 右边的 n 个字符	Right("abcde",2)	"de"
Mid(s,n1,n2)	String	字符串 s 中从 n1 位起取 n2 个字符	Mid("abcde",2,2)	"bc"
Instr(s1,s2,n)	Integer	求字符串 s2 在 s1 中第 n 次出现的位置	Instr("abcdc","c",2)	5
String(n,s)	String	生成 n 个 s 的首字符组成的字符串	String(3, "abc")	"aaa"
Space(n)	String	生成 n 个空格	Space(3)	3 空格
Ltrim(s)	String	去掉字符串 s 左边的空格	Ltrim(" ab")	"ab"
Rtrim(s)	String	去掉字符串 s 边的空格	Rtrim("ab ")	"ab"
Trim(s)	String	去掉字符串 s 左右两边的空格	Trim(" ab ")	"ab"
Lcase(s)	String	将字符串 s 转成小写字母	Lcase("AbC")	"abc"
Ucase(s)	String	将字符串 s 转成大写字母	Ucase("AbC")	"ABC"
Strcomp(s1,s2)	Integer	比较字符串 s1,s2，并返回一个值	Strcomp("ab","ab")	0

3. 日期时间函数

函数	返回值类型	功能	实例	返回值
Date	Date	返回系统日期	Date 或 Date()	系统当前日期
Time	Date	返回系统时间	Time 或 Time()	系统当前时间
Now	Date	返回系统日期时间	Now	系统当前日期和时间
Year(d)	Integer	返回日期 d 的年份	Year(#2017/10/17#)	2017
Month(d)	Integer	返回日期 d 的月份	Month(#2017/10/17#)	10
Day(d)	Integer	返回日期 d 的日数	Day(#2017/10/17#)	17
Weekday(d)	Integer	返回日期 d 的星期	Weekday(#2017/10/17#)	2
Hour(t)	Integer	返回时间 t 的小时数	Hour(#11:18:25AM#)	11
Minute(t)	Integer	返回时间 t 的分钟数	Minute(#11:18:25AM#)	18
Second(t)	Integer	返回时间 t 的秒数	Second(#11:18:25AM#)	25

4. 类型转换函数

函数	返回值类型	功能	实例	返回值
Val(s)	Double	数字字符串 s 转为数值	Val("123")	123
Str(x)	String	数值 x 转为字符串	Str(56)	"56"
Asc(s)	Integer	字符串 s 首字符的十进制 ASCII 值	Asc("ab")	97
Chr(x)	String	十进制 ASCII 值 x 对应的字符	Chr(65)	"A"
Cint(x)	Integer	数值 x 转成整型数	Cint(23.6)	24
Clng(x)	Long	数值 x 转成长整型数	Clng(23.6)	24
Csng(x)	Single	数值 x 转成单精度数	Csng(23.6)	23.60000
Cdbl(x)	Double	数值 x 转成双精度数	Cdbl(23.6)	23.600
Ccur(x)	Currency	数值 x 转成货币型数	Ccur(23.6)	23.6000

附录E 思考与练习参考答案

第1章 数据库系统概述

1.2.1 选择题

题号	1	2	3	4	5	6	7	8	9	10
答案	B	D	C	C	D	B	D	A	B	A
题号	11	12	13	14	15	16	17	18	19	20
答案	B	D	C	C	A	C	B	B	B	A
题号	21	22	23	24	25	26	27	28	29	30
答案	C	B	A	C	A	C	B	D	B	D

1.2.2 填空题

1. 数据
2. 数据模型，数据模型
3. 患者编号+医生编号，患者编号
4. 多对一
5. 物理独立性，逻辑独立性，逻辑
6. 逻辑结构设计，物理结构设计
7. 多对多
8. 主键或主关键字或主码
9. E-R 图或实体-联系图或 Entity-Relationship 模型
10. 用户与操作系统
11. 查询
12. 传统的集合运算，专门的关系运算

1.2.3 简答题

略

第 2 章　走进 Access

2.2.1　选择题

题号	1	2	3	4	5	6	7	8	9	10
答案	B	D	C	C	A	B	D	A	D	D
题号	11	12	13	14	15	16	17	18	19	20
答案	A	C	B	C	C	A	D	B	B	B

2.2.2　填空题

1. Microsoft Office 2010

2. Alt，F10

3. 文件，开始，创建，外部数据，数据库工具

4. 表，查询，窗体(表单)，报表，宏，模块

5. .accdb，.accde，.accdt

6. 信任中心

7. 禁用

2.2.3　简答题

略

第 3 章　数据库和表

3.2.1　选择题

题号	1	2	3	4	5	6	7	8	9	10
答案	B	B	A	C	A	B	D	C	D	B
题号	11	12	13	14	15	16	17	18	19	20
答案	B	C	A	C	A	D	A	D	C	C

3.2.2　填空题

1. 主键

2. 默认

3. 结构，记录

4. 升序，降序

5. 也，不

6. 无，有(无重复)，有(有重复)

7. 多对多

8. 常规

9. 查找/替换

10. 隐藏列

3.2.3　简答题

略

第4章　查　　询

4.2.1　选择题

题号	1	2	3	4	5	6	7	8	9	10
答案	B	C	C	C	B	A	A	C	C	D
题号	11	12	13	14	15	16	17	18	19	20
答案	C	D	D	D	C	D	D	D	D	A
题号	21	22	23	24	25	26	27	28	29	30
答案	C	D	A	D	C	A	B	D	B	D

【题目解析】

第1题：参数查询是在执行时显示对话框，要求用户输入查询信息，根据输入信息检索字段中的记录进行显示。

第2题：在 Access 查询条件的设置过程中，若要使用文本型数据需要在两端加上双引号，数值型数据可直接使用。

第3题：在 Access 查找数据时，可以利用通配符和 like 函数一起使用。通配符"*"表示与任意字符数匹配；"?"表示与任何单个字母的字符匹配；"#"表示与任何单个数字字符匹配；不存在通配符"$"。

第4题："not 工资额>2000"表示对"工资额>2000"进行取反操作，即"工资额<=2000"。

第5题：OR 逻辑运算符表示"或"操作，在连接的两个表达式中，当两个表达式都为假时，运算结果才为假。因此条件"性别='女' Or 工资额>2000"的含义是性别为女或者工资额大于 2000 的记录。

第6题：like 是在查询表达式的比较运算符中用于通配设定，使用的通配符有"*"和"?"两种。"*"表示由 0 个或任意多个字符组成的字符串，"?"表示任意一个字符。题目中要查找含有"雪"的记录应使用 like "*雪*"。

第7题：like 用于通配设定查询表达式的比较运算符，通配符"*"表示与 0 个或任意多个字符匹配；"?"表示与任何单个字母的字符匹配；"#"表示与任何单个数字字符匹配；

不存在通配符"$"。

第 8 题：选项 A 的条件设置为大于 69 或小于 80，应使用 AND 运算符，而不是 OR；选项 B 将会查找成绩为 70 至 80 分之间(包括 70 和 80)的学生信息；选项 D 将只查找成绩为 70 和 79 的学生信息；选项 C 正确，将查询成绩为 70 至 80 分之间(不包括 80)的学生信息。

第 9 题：在查询中要统计记录的个数应使用的函数是 COUNT(*)，COUNT(列名)是返回该列中值的个数；AVG 是计算值的平均值，利用当前年份减去出生年份可以求得学生的平均年龄。因此统计学生的人数和平均年龄应使用的语句是 SELECT COUNT(*)As 人数，AVG(YEAR(DATE( ))-YEAR(出生年月))AS 平均年龄 FROM Students。

第 10 题：聚集函数 COUNT 用于统计记录个数，MAX 用于求最大值，SUM 用于求和，AVG 用于求平均值。

第 11 题：如果在数据库中已有同名的表，要通过查询覆盖原来的表，应该使用的查询类型是生成表查询。

第 12 题：在 SQL 查询中 GROUP　BY 的含义是将查询的结果按列进行分组，可以使用合计函数。

第 13 题：Access 支持的数据定义语句有创建表(CREATE　TABLE)、修改数据(UPDATE　TABLE)、删除数据(DELETE　TABLE)、插入数据(INSERT　TABLE)。CREATE TABLE 只有创建表的功能不能追加新数据。

第 14 题：在查询时，可以通过在"条件"单元格中输入 like 运算符来限制结果中的记录。与 like 运算符搭配使用的通配符有很多，其中"*"的含义是表示由 0 个或任意多个字符组成的字符串，在字符串中可以用作第一个字符或最后一个字符，在本题中查询"书名"字段中包含"等级考试"字样的记录，应该使用的条件是 Like "*等级考试*"。

第 15 题：选择查询是最常见的查询类型，主要用于浏览、检索和统计数据库中的数据。参数查询是一种交互式的查询，通过人机交互输入的参数，查找相应的数据。操作查询是在操作中更改记录的查询。

第 16 题：创建参数查询方法：在 Access 查询设计区的"条件"行中输入参数表达式(方括号括起来)。

第 17 题：SQL 查询中分组统计使用 Group by 子句，函数 Avg( )是用来求平均值的，所以此题的查询是按性别分组计算并显示不同性别学生的平均入学成绩。

第 18 题：SQL 查询的 Select 语句是功能最强，也是最为复杂的 SQL 语句。SELECT 语句的结构是：SELECT 字段列表 FROM 表名 [WHERE 查询条件] [GROUP BY 要分组的字段名 [HAVING 分组条件]] 。Where 后面的查询条件用来选择符合要求的记录。

第 19 题：所谓查询就是根据给定的条件，从数据库中筛选出符合条件的记录，构成一个数据的集合，其数据来源可以是表或查询。

第 20 题：在查询准则中比较运算符 Between And 用于设定范围，表示"在……之间"，此题在成绩中要查找成绩≥80 且成绩≤90 的学生，表达式应为"成绩 Between 80 And 90"。

第 21 题：在查询准则中比较运算符 In 用于集合设定，表示在……之内。若查找"学号"是 S00001 或 S00002 的记录应使用表达式 In("S00001","S00002")，也可以使用表达式 ("S00001" Or "S00002")。

第 22 题：更新查询可以实现对数据表中的某些数据进行有规律的成批更新替换操作，可以使用计算字段；删除查询可以将一些过时的、用不到的数据筛选出来进行删除；生成表查询可以根据条件对原表进行筛选生成新表(即原表的子表)，也可以直接创建原表的备份，还可以将多表联合查询生成一个新表；追加查询可以将符合查询条件的数据追加到一个已经存在的表中，该表可以是当前数据库中的一个表，也可以是另一个数据库中的表。没有要求这两个表必须结构一致。

第 23 题：在 SQL 查询中，GROUP BY 字句与 SELECT 关键字搭配使用，用于对查询结果进行分组汇总，一般不与 DELETE、INSERT、UPDATE 关键字同时使用。

第 24 题：成绩字段的总计项选择最大值，即最高分。

第 25 题：在"性别"的条件行输入"女"，在"姓名"的条件行输入：LIKE "张*"表示并且关系。

第 26 题：查询年龄的表达式(DATE( )-[出生日期])/365。

第 27 题：通配符"!"的含义是匹配任意不在方括号里的字符，如 b[!ae]ll 可查到 bill 和 bull，但不能查到 ball 或 bell。

第 28 题：CHANGE 不是 SQL 的数据操纵语句。

第 29 题：SELECT 命令中用于排序的关键词是 ORDER BY 。

第 30 题：AVERAGE 不是 SELECT 命令中的计算函数，AVG 是平均函数。

4.2.2　填空题

1. 操作
2. 选择查询，交叉表查询，参数查询，SQL 查询和操作查询
3. 列标题，行标题
4. [成绩] Between 75 and 85 或[成绩]>=75 and [成绩]<=85
5. 计算
6. Like 　" S*" and 　Like "*L"
7. 字段
8. 更新查询
9. 参数查询
10. 运行
11. 数据定义，数据操纵，数据查询，数据控制
12. 查询表中所有字段值
13. 查询的数据来自哪个表
14. 查询条件
15. 分组
16. 排序

17. COUNT( )，SUM( )，AVG( )

18. 全部

19. 字段更新的目标值

20. 删除所有记录

4.2.3 简答题

1. 参考答案：所谓查询，就是根据给定的条件从数据库的一个或多个数据源中筛选出符合条件的记录，构成一个动态的数据记录集合，供使用者查看、更改和分析使用。查询包括选择查询、参数查询、交叉表查询、操作查询和 SQL 查询五种类型。

2. 参考答案：选择查询是根据指定的查询条件，从一个或多个表获取满足条件的数据，并且按指定顺序显示数据；选择查询还可以将记录进行分组，并计算总和、计数、平均值及其他类型的总计。操作查询不仅可以进行查询，而且可以对表中的多条记录进行添加、编辑和删除等修改操作。

3. 参考答案：选择查询是指从一个或多个表获取满足条件的数据，并且按指定顺序显示数据，查询运行不会影响到数据源的数据。操作查询则可以对数据源数据进行添加、更新、删除等修改操作。

4. 参考答案：常用的查询视图有三种方式，分别是数据表视图、设计视图和 SQL 视图。查询的数据表视图是以行和列的格式显示查询结果数据的窗口；查询的设计视图是用来设计查询的窗口，使用查询设计视图不仅可以创建新的查询，还可以对已存在的查询进行修改和编辑；查询的 SQL 视图是一个用于显示当前查询的 SQL 语句窗口，用户可以使用 SQL 视图建立一个新的 SQL 查询，也可对当前的查询进行修改。

5. 参考答案：操作查询分为生成表查询、更新查询、追加查询、删除查询。生成表查询可以利用查询建立一个真正的表，这个表独立于数据源，用户对生成的新表进行任何操作，都不会影响原来的表；更新查询可以成批修改对表中指定的字段值；追加查询可以将一个表中的记录添加到另外一个表的末尾；删除查询可以删除表中满足条件的记录。

6. 参考答案：需要将性质相同的记录划分到一起进行计算时可利用分组。分组的目的是为了制定一个进行计算的单位，即组是一个计算单位。

7. 参考答案：不能，任何一个合计函数只能对某一个字段内的字段值进行计算。

第5章 窗　　体

5.2.1 选择题

题号	1	2	3	4	5	6	7	8	9	10
答案	C	D	D	C	D	D	C	D	A	B

(续表)

题号	11	12	13	14	15	16	17	18	19	20
答案	D	B	A	D	B	C	D	A	D	C
题号	21	22	23	24	25					
答案	B	A	C	A	C					

【题目解析】

第 5 题：本题考查的是控件基本属性的知识。Width 表示控件的宽度，Height 表示控件的高度，Top 表示控件的顶部与它所在容器顶部的距离，Left 表示控件的左边与它所在容器左边的距离。可以通过 Top 属性与 Left 属性来确定一个控件的位置，通过 Width 属性与 Height 属性来确定一个控件的大小。所以，本题选 D。

第 8 题：本题考查的是控件使用的知识。标签常用来显示一些说明性文字，与数据表中的字段没有关系；图像控件用来显示图片，对窗体进行美化，不能与字段绑定；文本框主要用来输入或编辑数据，可以与文本型或数字型字段相绑定。如果在窗体上输入的数据总是取自某一个表或查询中记录的数据，或取自某个固定内容的数据，可以使用列表框或组合框。所以，本题选 D。

第 10 题：本题考查的是文本框控件的"输入掩码"属性的知识。掩码字符"0"表示必须输入数字(0～9)到该位置，不允许输入"+"和"-"符号；掩码字符"9"表示可以输入数字(0～9)或空格到该位置，不允许输入"+"和"-"符号，如果没有输入任何内容，则 Access 将忽略该占位符；掩码字符"#"表示可以输入数字(0～9)、空格或"+"和"-"符号到该位置，如果没有输入任何内容，则 Access 认为输入的是空格。所以，本题选 B。

其他题目解析，略。

5.2.2 简答题

略

第6章 报　　表

6.2.1 选择题

题号	1	2	3	4	5	6	7	8	9	10
答案	B	D	B	D	C	A	D	D	B	B
题号	11	12	13	14	15	16	17	18	19	20
答案	A	C	C	B	C	B	D	B	D	C
题号	21	22	23	24	25	26	27	28	29	30
答案	D	D	A	C	D	D	D	A	C	C
题号	31	32								
答案	B	D								

【题目解析】

第 1 题：报表是 Access 提供的一种对象，用于将数据库中的数据以格式化形式显示和打印输出，不能用于输入。

第 2 题：Access 为报表提供的控件和窗体控件的功能与使用方法相同，不过报表是静态的，在报表上使用的主要控件是标签、图像和文本框控件。

第 3 题：组页脚节中主要显示分组统计数据，通过文本框实现。打印输出时，其数据显示在每组结束位置。因此要实现报表按某字段分组统计输出，需要设置该字段的组页脚。

第 4 题：在报表中添加计算字段应以"="开头，在报表中要显示格式为"共 N 页，第 N 页"的页码，需要用到[Pages]和[Page]这两个计算项，因此正确的页码格式设置是="共"& [Pages] & "页，第" & [Page] & "页"。

第 5 题：布局视图是 Access 2010 新增的视图形式，与窗体的设计视图相似。相比设计视图，布局视图在进行设计方面的更改的同时可以查看数据。布局视图可以方便地设置窗体的外观、控件的位置及大小等，可以轻松地重排字段、列、行或者整个布局。但是，某些任务在布局视图中是完成不了的，需要切换到设计视图。

第 6 题：在报表中，要为控件添加计算字段，应设置控件的"控件来源"属性，并且以"="开头，字段要用"[]"括起来。在此题中要计算数学的最低分，应使用 Min( )函数，故正确形式为"= Min([数学])"。

第 7 题：使用"报表向导"创建报表时，报表向导通过提示选择记录源、字段、分组、排序与汇总、版面格式等对话框设置，根据用户的选择快速地建立报表。

第 8 题：在"设计"选项卡的"主题"组，提供了"主题""颜色"和"字体"3 个按钮，用于设置报表的外观、颜色等格式。

第 9 题：报表页眉是整个报表的开始部分，它位于报表的顶端，一般用大号字体将报表的标题放在报表页眉的一个标签控件中。用户可以在报表页眉中输出任何内容，也可以通过设置改变其显示效果。

第 10 题：在报表的"设计视图"中，选择"报表设计工具"的"页面设计"选项卡，在"页面布局"组中单击"列"按钮，即可设计报表每页显示的列数。

第 11 题：报表页眉中的全部内容只能输出在报表的开始处，一般以大号字体将该份报表的标题放在报表顶端的一个标签控件中。

第 12 题：表格式报表以整齐的行列形式显示记录数据，通常一行显示一条记录，一页显示多行记录，同时可以设置分组字段、显示分组统计数据等。

第 13 题：在实际应用中，将数据以图表的方式呈现，可更好的分析数据之间的关系和数据的发展趋势。Access 2010 提供"图表"控件，以向导的形式帮助用户设计图表报表。

第 14 题：文本框如果位于班级页眉，则按照"班级"分组后，对每一个班级的学生进行统计，输出的是一个班记录的总数。

第 15 题：报表设计中，使用组页眉或组页脚来设置分组信息。

第 16 题：报表中最常见的计算型控件是文本框控件，设置文本框的"控件来源"属性值为计算表达式，Access 2010 会自动计算表达式的值，并将计算结果存储在文本框相应的属性中，此时在输入表达式时要在前面加个 "="。

第 17 题：报表是用来在数据库中获取数据，并对数据进行分组、计算、汇总和打印输出。它是 Access 数据库的对象之一。利用报表可以按指定的条件打印输出一定格式的数据信息，其功能包括：格式化数据、分组汇总功能、插入图片或图表、多样化输出。报表不能输入数据。

第 18 题：Count 函数用于计算指定范围内记录的个数；Max 返回指定范围内多条记录的最大值；Sum 计算指定范围内多条记录指定字段值的和；Avg 在指定范围内，计算指定字段的平均值。

第 19 题： 解析同 18 题。

第 20 题：Access 只提供了纵栏式和表格式报表的自动创建方式。

第 21 题：排序与分组工具是报表相对于窗体而言特有的控件。

第 22 题：报表的数据源可以是表对象或者查询对象，而查询实际上就是 SQL 语句，因此报表的数据源也可以是 SQL 语句。窗体不能作为报表的数据源。

第 23 题：在报表中，主体节用来定义报表中最主要的数据输出内容和格式，将针对每条记录进行处理，也是报表中不可缺少的节。

第 24 题：创建报表的过程中，Access 提供工具箱快速为报表添加控件。

第 25 题：窗体中最多可包含 5 个区域，分别是：窗体页眉、页面页眉、主体、页面页脚和窗体页脚；主体节是一个报表必须包含的节，其他的节依据实际需要进行添加或删减。报表页眉：在报表设计视图中报表页眉位于报表的最顶端，在打印输出时只打印一次。

第 26 题：报表视图包括报表视图、打印预览、布局视图和设计视图。

第 27 题：在窗体中不能设置组页脚，在报表中可以设置组页脚。

第 28 题：Access 为报表提供的控件和窗体控件的功能与使用方法相同，不过报表是静态的，在报表上使用的主要控件是标签、图像和文本框控件，文本框控件常作为绑定控件来显示字段数据。

第 29 题：报表页脚是在所有的主体和组页脚输出完成后才会出现在报表的最后面。

第 30 题：页面页眉中的文字或控件一般输出在每页的顶端，通常显示数据的列标题。

第 31 题：页面页脚中的文字或控件一般输出在每页的底端，通常显示页码或控制项的合计内容。

第 32 题：使用 SetValue 命令可以对窗体或报表上的控件进行属性设置。

6.2.2　简答题

1. 参考答案：报表自上而下由报表页眉、页面页眉、主体、页面页脚和报表页脚五个节组成，如需分组汇总，则增加组页眉和组页脚节。报表页眉：位于报表的最顶端，在打印输出时只打印一次。页面页眉：在打印输出时，页面页眉在每一页的最顶端显示一次。主体：打印多条记录数据信息。页面页脚：在打印输出时，显示每一页的底部需要输出的信息。报表页脚：在打印输出时，报表页脚在报表最后一页的结束处，只显示一次。

组页眉：如果在报表设计过程中增加了分组操作，就会在主体节的前后位置出现组页眉和组页脚。

2. 参考答案：Access 2010 提供了 4 种视图查看方式：报表视图：用于浏览已完成设计的报表，在该视图下可对数据进行筛选、查找等操作。打印预览：模拟显示报表布局与数据在打印机打印输出效果的窗口。布局视图：用于显示数据，并可对报表布局进行调整、修改，类似窗体的布局视图。设计视图：用于创建或编辑报表的结构。

3. 参考答案：报表是 Access 2010 数据库的对象之一，报表可以对数据库中的数据信息进行加工处理并将结果以打印格式输出。报表对象的数据来源可以是表、查询或是 SQL 语句。

4. 参考答案：Access 2010 报表常见有表格式报表、纵栏式报表、标签报表和图表报表 4 种类型。

5. 参考答案：报表的设计和窗体的设计相似，窗体设计中控件的使用方法可以同样应用在报表设计；窗体的主要作用是设计一个用户与系统交互的界面，可以对记录源数据进行增删改查等操作，报表的主要作用是数据库数据加工处理后的打印输出，但不能修改数据来源的数据；报表和窗体对象的数据来源可以是表、查询或是 SQL 语句。

6. 参考答案：单击"设计"选项卡"分组和汇总"组的"排序和分组"按钮(或鼠标右键单击报表空白处，在弹出的快捷菜单选择"排序和分组")，报表设计视图最下方出现"排序、分组和汇总"窗格，单击"添加组"按钮可进行分组操作，单击"添加排序"按钮可进行排序操作，单击"无汇总"下拉列表出现"汇总"窗格，可进行汇总计算设置。

7. 略

8. 略

9. 参考答案：

(1) 创建如图 6-1 所示专业职称交叉表查询。

(2) 单击"创建"选项卡，在"报表"组中单击"报表设计"按钮，打开一张空报表。

(3) 在"设计"选项卡中选择"控件"组中的图表控件，并添加到报表的主体节上。

(4) 在弹出的"图表向导"窗口的"请选择用于创建图表的表或查询"下拉列表框中选择"专业职称"查询。

(5) 单击"下一步"按钮，弹出"可用字段"对话框，选择全部字段(专业名称、副教授、高级工程师、教授、讲师、助教)。

(6) 单击"下一步"按钮，弹出"选择图形类型"，选择"柱形图"图表类型。

(7) 单击"下一步"按钮，将高级工程师、教授、讲师、助教等字段依次拖动到"副教授合计"列表框中。

(8) 单击"下一步"按钮，弹出"图表布局"对话框，使用默认设置，不做任何改变。

(9) 单击"下一步"按钮，弹出对话框，"制定图表的标题"中可输入报表标题"专业职称交叉表查询"并设置显示图例。

(10) 单击"完成"按钮，预览报表。

第 7 章　宏

7.2.1　选择题

题号	1	2	3	4	5	6	7	8	9	10
答案	B	A	C	B	B	B	D	C	B	A
题号	11	12	13							
答案	C	B	D							

【题目解析】

第 1 题：宏中包含的每个操作都有名称，是系统提供、由用户选择的操作命令，名称不能修改。这些命令由 Access 自身定义。

第 5 题：宏组可包含若干个宏，每个宏都需要有一个宏名，可以在控件的事件过程或其他宏调用宏组中的宏，通过"宏组名.宏名"来引用。如果选择执行宏组，则只会运行宏组中的第一个子宏。

第 7 题：嵌入宏是嵌入在窗体、报表或其控件的属性中的宏。这类宏被嵌入到所在的窗体、报表对象中，成为这些对象的一部分，因此在导航窗格的"宏"列表下不显示嵌入宏。

其他题目解析，略。

7.2.2　简答题

1. 参考答案：宏(Macro)指的是能被自动执行的一组宏操作，利用它可以增强对数据库中数据的操作能力。宏中包含的每个操作都有名称，是系统提供、由用户选择的操作命令，名称不能修改。

使用宏的目的是为了实现自动操作，将 Access 中的数据表、查询、窗体和报表对象有机地组织起来，构成一个性能完善、操作简便的数据库系统，实现将已经创建的数据库对象联系在一起的功能。

2. 参考答案：以一个宏名来存储相关的宏的集合。宏组中每一个子宏都有宏名，宏组中的宏使用"宏组名.宏名"来引用。

3. 参考答案：如果要在应用程序的很多位置重复使用宏，则可以建立独立宏，通过其它宏调用该独立宏，可以避免在多个位置重复相同的代码。

嵌入宏是嵌入在窗体、报表或其控件的属性中的宏。这类宏被嵌入到所在的窗体、报表对象中，成为这些对象的一部分，因此在导航窗格的"宏"列表下不显示嵌入宏。运行时通过触发窗体、报表和按钮等对象的事件(如加载 Load 或单击 Click)来运行。

4. 参考答案：Access 在打开数据库时，将查找一个名为 AutoExec 的自动运行宏，如果找到，就自动运行它。

5. 参考答案：方法 1：在宏设计视图中，单击"设计"选项卡"工具"组中的"运行"按钮，可以直接运行已经设计好的当前宏。方法 2：双击导航窗格上宏列表中的宏名可以直接运行该独立宏。方法 3：在 Access 主窗口中运行宏。

嵌入宏：通过触发窗体、报表和按钮等对象的事件(如加载 Load 或单击 Click)来运行。

6. 参考答案：主菜单宏，由若干个 AddMenu 操作组成，每个 AddMenu 操作对应一个主菜单项，并指定一个子菜单宏为该主菜单项定义子菜单。

第8章　VBA 程序设计

8.2.1　选择题

题号	1	2	3	4	5	6	7	8	9	10
答案	C	C	D	C	B	B	A	B	B	C
题号	11	12	13	14	15	16	17	18	19	20
答案	B	A	A	B	B	C	C	D	D	A

【题目解析】

第2题：内存变量名必须以字母开头，由字母、数字或下画线组成，系统关键字不能作为变量名。因此，_xyz 没有以字母开头，x+y 出现其它字符，integer 是整型数据类型名，都不能作为内存变量名。

第4题：数组的下标下界缺省时，默认为 0。因此二维数组 A(4, -1 to 3)相当于 A(0 to 4,-1 to 3)，即有 5 行 5 列，共 25 个数组元素。

第6题：&表示字符的连接运算，即把字符型数据 Date:和日期型数据#10/12/2017#连接起来，此时日期型数据#10/12/2017#会转换成字符型数据 2017-10-12 进行连接。

第9题：表达式中，函数 CInt("12")表示将字符串"12"转换为整型数 12，函数 Month(#8/15/2017#)表示取出日期型数据#8/15/2017#的月份，即 8，因此两者相加的结果是 20。

第12题：循环语句 For i=1 to 9 step -3 中，循环变量 i 的初值为 1，终值为 9，步长为-3，可以通过公式计算出循环次数为(9-1)\(-3)，结果是-2。因此循环语句实际上没有执行。

第18题：过程的调用有两种形式，Call 过程名(实参列表)　或　过程名 实参列表。

其他题目解析，略。

8.2.2　填空题

1. 面向对象
2. 类模块，标准模块
3. 子过程，函数过程
4. Integer，%，Single，!，String，$
5. 局部变量，模块级变量，全局变量
6. 0
7. 6，x(-2)、x(-1)、x(0)、x(1)、x(2)、x(3)
8. x mod y=0

9. True

10. Int(Rnd*101+200)

11. Mid(s,6)

12. Year(Date)−Year(d)

13. Asc(c)

14. Msgbox

15. 顺序，分支(选择)，循环

16. 单行 If 分支语句，多行 If 分支语句，Select Case 情况语句

17. For 循环语句，While 循环语句，Do 循环语句

18. 1

19. 0

20. 按地址传递，按值传递

【题目解析】

第 9 题：逻辑运算的优先级顺序为 Not、And 和 Or，因此表达式 "10/3>3 Or 7<6 And 23+5>30" 中，首先计算表达式 "7<6 And 23+5>30" 的值，结果为 False，再与表达式 "10/3>3" 进行 Or 运算，最终结果为 True。

第 10 题：产生[a,b]范围内的随机整数可以用公式 Int(Rnd*(b−a+1)+a)实现。

第 12 题：计算年龄，可以用函数 Year( )分别取出当前日期和出生日期的年份相减。

第 19 题：While 循环语句执行时首先判断循环条件是否成立，如果条件成立才执行循环体语句，否则循环体语句不会执行。

其他题目解析，略。

8.2.3 简答题

略。

8.2.4 程序设计题

略。

第9章 ADO 数据库编程

9.2.1 选择题

题号	1	2	3	4	5	6	7	8	9	10
答案	A	C	A	D	D	C	A	A	B	A

9.2.2 填空题

1. ODBC，DAO，ADO

　　2. 动态数据对象

　　3. Connection，Recordset，Command

　　4. ConnectionString

　　5. CommandText

　　6. Recordset

　　7. 记录指针指向首记录之前，记录指针指向末记录之后

　　8. Update

　　9. MoveNext

　　10. CurrentProject.Connection

9.2.3　简答题

　　略。

9.2.4　程序设计题

　　略。

第 10 章　数据库应用系统开发案例

10.2.1　选择题

题号	1	2	3	4	5
答案	B	A	D	D	D

10.2.2　填空题

　　1. 客户端数据库，Web 数据库

　　2. 诊断和改正程序中的错误

　　3. 为了发现错误而执行程序，软件开发

　　4. 应用

　　5. 调试

10.2.3　简答题

　　略。

附录F 模拟试卷参考答案

模拟试卷(一)参考答案

一、选择题(30 分)

题号	1	2	3	4	5	6	7	8
答案	D	C	A	B	B	D	B	A

题号	9	10	11	12	13	14	15	
答案	B	C	B	B	C	A	D	

二、操作题(35 分)

1. 表的基本操作。结果如图 F-1 所示。

图 F-1 表的基本操作完成结果

2. "出版社作者" 查询

(1) "作者名" 字段的条件表达式为 "like "张*""。

(2) "出版社名称" 字段的条件表达式为 ""北海工业出版社"",不勾选 "显示",如图 F-2 所示。

3. "订单销售额" 查询

"销售额" 列在字段行表达式为 "销售额:[数量]*[销售单价]",如图 F-3 所示。

4. 报表向导,略。

5. "验证码" 宏的设计,如图 F-4 所示。

图 F-2　出版社作者查询设计视图

图 F-3　订单销售额查询设计视图

图 F-4　"验证码"宏设计

三、设计题(35 分)

1. 窗体设计题 1

```
Private Sub Command1_Click( )
"" 不得删改本行注释
  Text1.FontName = Combo1.Value
  Text1.FontSize = Combo2.Value
End Sub
```

2. 窗体设计题 2

```
Private Sub Command1_Click( )
  Label1.Visible = True
End Sub

Private Sub Command2_Click( )
  Label1.Visible = False
End Sub
```

3. 程序设计题

```
Private Sub Command1_Click( )
  '按分段函数求 y
  Dim x As Single, y As Single
  '*** Code Begin ***
  x = Val(Text1.Value)
  If x <= 0 Then
    y = Abs(x - 5)
  ElseIf x <= 5 Then
    y = Sqr(x * x - 1)
  Else
    y = 3 * x - 2
  End If
  Label3.Caption = Str(y)
  ' *** Code End ***
End Sub
```

4. ADO 编程题

【1】 "Select * From book where 书号=""　&　Combo1.Value　&　"""

【2】 strSQL, CurrentProject.Connection, 2, 2

【3】 Not rs.EOF()

【4】 rs("单价") * rs("数量")

模拟试卷(二)参考答案

一、选择题(30 分)

题号	1	2	3	4	5	6	7	8
答案	C	B	D	D	D	C	C	D
题号	9	10	11	12	13	14	15	
答案	B	A	A	C	D	A	D	

二、操作题(35 分)

1. 表的基本操作。结果如图 F-5 所示。

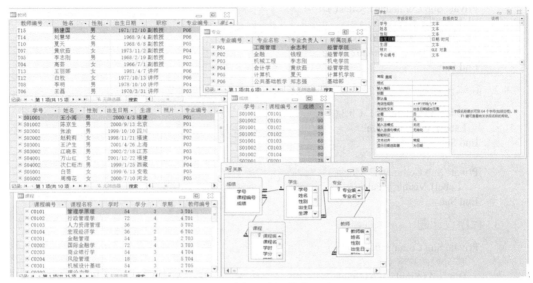

图 F-5　表的基本操作完成结果

2. "王姓讲师情况"查询

(1) "姓名"字段的条件表达式为"like "王*""。

(2) "职称"字段的条件表达式为""讲师"",不勾选"显示"。

(3) 新增字段表达式为"年龄: Year(Date( ))-Year([出生日期])",升序,如图 F-6 所示。

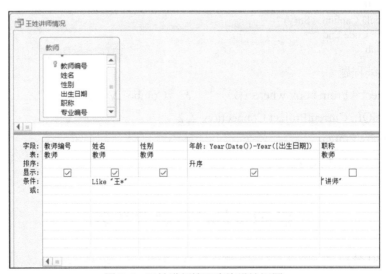

图 F-6　王姓讲师情况查询设计视图

3. "各学期课程统计"查询

(1) 总计行"学期"为 Group By,"课程名称"为计数,"学分"为合计。

(2) 新标题"课程数量: 课程名称","学分总数: 学分"。

(3) "学期" 升序, 如图 F-7 所示。

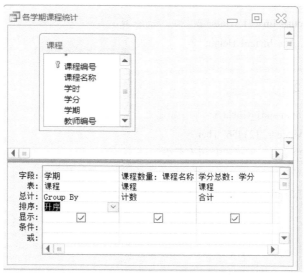

图 F-7　各学期课程统计查询设计视图

4. 报表向导, 略。

5. "显示副教授信息" 宏的设计, 如图 F-8 所示。

图 F-8　"显示副教授信息" 宏设计

三、设计题(35 分)

1. 窗体设计题 1

```
Private Sub Command1_Click( )
    Image1.Picture = CurrentProject.Path    &    "\img001.jpg"
End Sub
```

```
Private Sub Command2_Click( )
    Image1.Width = Image1.Width / 2
    Image1.Height = Image1.Height / 2
End Sub
```

2. 窗体设计题 2

```
Private Sub Command1_Click( )
    If Text1.Value = "123456" Then
        Label2.Caption = "欢迎使用本系统"
    Else
        Label2.Caption = "口令错，请重新输入密码"
    End If
End Sub


Private Sub Command2_Click( )
    Text1.Value = ""
        Label2.Caption = "请输入口令"
End Sub
```

3. 程序设计题

```
Private Sub Command1_Click( )
''' 不得删除本行注释
    Dim i As Integer, m As Integer
    m = Val(Text1.Value)
    For i = 2 To m – 1        '依据数学算法，m-1 可改为 sqr(m)
        If ((m Mod i) = 0) Then
            Exit For
        End If
    Next i
    If (i = m) Then
        Label2.Caption = m & "素数"
    Else
        Label2.Caption = m & "不是素数"
    End If
End Sub
```

4. ADO 编程题

【1】New ADODB.Recordset

【2】Not rs.EOF()

【3】rs("等级") = "良好"

【4】rs.Update

【5】rs.MoveNext

模拟试卷(三)参考答案

一、选择题(30 分)

题号	1	2	3	4	5	6	7	8
答案	B	C	D	A	C	C	A	B
题号	9	10	11	12	13	14	15	
答案	D	C	A	A	A	D	C	

二、操作题(35 分)

1. 表的基本操作。结果如图 F-9 所示。

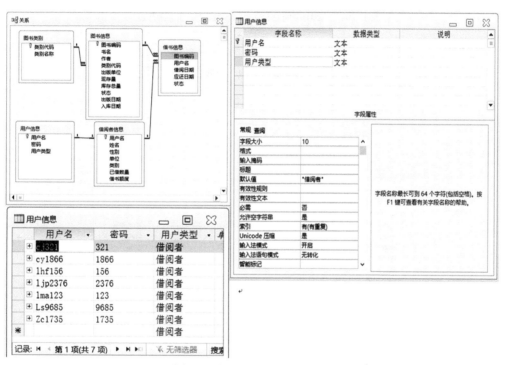

图 F-9　表的基本操作完成结果

2. "2016 年度工业技术类图书"的多表查询

(1) "类别名称"字段的条件表达式为"工业技术"。

(2) "入库时间"字段的排序为"降序"。

(3) "出版时间"字段的条件为"Between #2016/1/1# And #2016/12/31#",不勾选"显示"。如图 F-10 所示。

3. "读者借阅出版社图书次数统计"交叉表查询

(1) 查询类型选择"交叉表"。

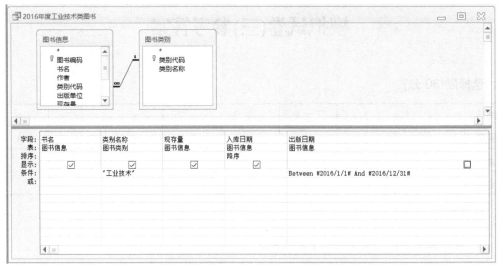

图 F-10 "2016 年度工业技术类图书"的多表查询

(2) "姓名"字段设为行标题，"出版单位"字段设置为列标题。

(3) "用户名"字段总计设置为"计数""值"。如图 F-11 所示。

图 F-11 "读者借阅出版社图书次数统计"交叉表查询

4. 报表向导，略。

5. "查找出版社信息"宏的设计。如图 F-12 所示。

图 F-12 "查找出版社信息"宏设计

三、设计题(35 分)

1. 窗体设计题 1

```
Private Sub Command1_Click( )
Label2.Caption = List1.Value & "的价格是" & Text1.Value & "元/千克"
End Sub
```

2. 窗体设计题 2

```
Private Sub Option1_MouseDown(Button As Integer, Shift As Integer, X As Single, Y As Single)
'''不得删除本行注释
    Box1.BackColor = RGB(255, 0, 0)
End Sub


Private Sub Option2_MouseDown(Button As Integer, Shift As Integer, X As Single, Y As Single)
'''不得删除本行注释
  Box1.BackColor = RGB(0, 255, 0)
End Sub


Private Sub Option3_MouseDown(Button As Integer, Shift As Integer, X As Single, Y As Single)
'''不得删除本行注释
  Box1.BackColor = RGB(0, 0, 255)
End Sub
```

3. 程序设计题

```
Private Sub Command1_Click( )
'" 不得删除本行注释
    Dim x As Single, y As Single, z As Single, c As String
    x = Val(Text1.Value)
    y = Val(Text2.Value)
    c = Combo1.Value
    If c = "+" Then
        z = x + y
        Text3.Value = Str(z)
    ElseIf c = "−" Then
        z = x − y
        Text3.Value = Str(z)
    ElseIf c = "*" Then
        z = x * y
        Text3.Value = Str(z)
    ElseIf c = "/" Then
        If y = 0 Then
            Text3.Value = "除数不能为 0"
        Else
            z = x / y
            Text3.Value = Str(z)
        End If
    End If
End Sub
```

4. ADO 编程题

【1】strSQL = "select * from stock where 股票代码='" & Combo1.Value & "'"

【2】rs.Open strSQL, CurrentProject.Connection, 2, 2

【3】Text1 = (rs("现价") − rs("买入价")) * rs("持有数量")

【4】Set rs = Nothing

模拟试卷(四)参考答案

一、选择题(30 分)

题号	1	2	3	4	5	6	7	8
答案	B	D	B	C	C	D	D	C
题号	9	10	11	12	13	14	15	
答案	A	C	D	A	C	C	C	

二、操作题(35 分)

1. 表的基本操作。结果如图 F-13 所示。

图 F-13　表的基本操作完成结果

2."归还状态更新"查询

(1) 查询类型选择"更新"。

(2)"车辆归还"字段更新到 True。

(3) 条件为　"[归还日期]<date( )",升序,如图 F-14 所示。

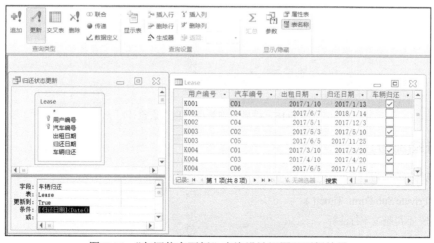

图 F-14　"归还状态更新"查询设计视图及更新结果

3."VIP 用户租车信息"查询

(1)"是否 VIP"字段条件设置为 True,不勾选　"显示"。

(2)"出租日期"字段条件设置为"<#2017-5-1#",如图 F-15 所示。

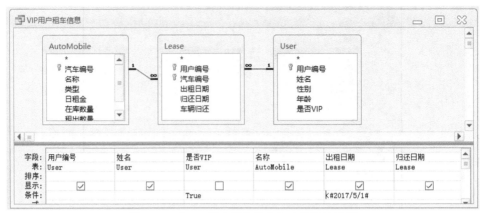

图 F-15　"VIP 用户租车信息"查询设计视图

4. 报表向导，略。

5. "显示轿车信息"宏的设计，如图 F-16 所示。

图 F-16　"显示副教授信息"宏设计

三、设计题(35 分)

1. 窗体设计题 1

```
Private Sub Form_Timer( )
''' 不得删改本行注释
    TxtTime.Value = Time( )


End Sub
```

2. 窗体设计题 2

```
Private Sub Command1_Click( )
''' 不得删改本行注释
```

```
        List2.AddItem (List1.Value)
        List1.RemoveItem (List1.ListIndex)
    End Sub
```

3. 程序设计题

```
    Option Compare Database


    Private Sub Command1_Click( )
      '"不得删除本行注释
      Dim s As String, x As Integer, c As String
      Dim x1 As Integer, x2 As Integer, x3 As Integer, x4 As Integer
      s = Text1.Value
      x = Len(s)
      x1 = 0: x2 = 0: x3 = 0: x4 = 0
      For i = 1 To x
        c = Mid(s, i, 1)
        If Asc(C)>= Asc("A") And Asc(C)<= Asc("Z") Then
            x1 = x1 + 1
        ElseIf Asc(C)= Asc("a") And Asc(C)<= Asc("z") Then
            x2 = x2 + 1
        ElseIf c >= "0" And c <= "9" Then
            x3 = x3 + 1
        Else
            x4 = x4 + 1
        End If
      Next i


      text2.Value = Str(x1)
      Text3.Value = Str(x2)
      Text4.Value = Str(x3)
      Text5.Value = Str(x4)


    End Sub
```

4. ADO 编程题

【1】 Set rs = New ADODB.Recordset

【2】 Combo1.Value

【3】 strSQL

【4】 average = rs("平均分")

模拟试卷(五)参考答案

一、选择题(40 分)

题号	1	2	3	4	5	6	7	8	9	10
答案	D	A	C	D	C	A	B	A	B	C
题号	11	12	13	14	15	16	17	18	19	20
答案	B	A	B	C	A	D	B	B	C	D
题号	21	22	23	24	25	26	27	28	29	30
答案	A	A	A	D	D	D	C	A	C	C
题号	31	32	33	34	35	36	37	38	39	40
答案	A	B	B	C	B	C	B	D	D	B

二、基本操作题(18 分)

本题考点：字段属性主键、输入掩码、字段大小、默认值、有效性规则、查阅列表设置、删除字段、表的显示格式、表间关系的建立。

(1)【操作步骤】

① 选中"表"对象，右键单击 tSubscribe，在弹出的快捷菜单中选择"设计视图"命令。

② 选中"预约 ID"行并右击，在弹出的快捷菜单中选择"主键"命令。

(2)【操作步骤】

① 选中"医生 ID"行，在"常规"选项卡的"输入掩码"文本框中输入"A"000；在"必需"下拉列表中选择"是"选项。

② 根据 toffice 表中"科室 ID"的字段大小，将 tSubscribe 表中"科室 ID"的字段大小设为 8。

③ 按 Ctrl+S 保存修改，关闭设计视图。

(3)【操作步骤】

① 右键单击 tDoctor 表，并选择"设计视图"命令。选择"性别"行，在"默认值"文本框中输入"男"。

② 设置"性别"字段的数据类型为"查阅向导"，在打开的"查询向导"对话框中选择"自行键入所需的值"单选按钮，单击"下一步"按钮，在"第 1 列"中分别输入"男"和"女"，单击"下一步"按钮，再单击"完成"按钮。

(4)【操作步骤】

① 右击"专长"行，在弹出的快捷菜单中选择"删除行"命令，在弹出对话框中选择"是"。

② 设置"年龄"字段的"有效性规则"为>=18 and <=60，"有效性文本"为"年龄应在 18 岁至 60 岁之间"。

③ 按 Ctrl+S 键保存修改，关闭设计视图。

④ 双击打开表 tDoctor，右键任一字段，选择"取消隐藏字段"命令，在打开的"取消隐藏字段"对话框中勾选"年龄"复选框，单击"关闭"，按 Ctrl+S 键保存修改。

(5)【操作步骤】

① 双击打开表 tDoctor，单击【文本格式】组中右下角的"设置数据表格式"，在"背景色"下拉列表选择"蓝色"，在"网格线颜色"下拉列表中选择"白色"，在"单元格效果"列表框中选择"凹陷"选项，然后单击"确定"按钮。

② 按 Ctrl+S 键保存修改，关闭数据表视图。

(6)【操作步骤】

① 单击"数据库工具"选项卡中的"关系"，单击"设计"中"显示表"，在打开的"显示表"对话框中分别双击每个表。

② 通过拖动索引字段建立四个表的关系，并分别勾选"实施参照完整性"复选框。

③ 单击"保存"按钮，关闭"关系"窗口。

三、简单应用题(共 24 分)

本题考点：创建条件查询和参数查询。

(1)【操作步骤】

① 在"创建"选项卡下，单击"查询设计"按钮。在"显示表"对话框中分别双击 tDoctor、tOffice、tPatient 和 tSubscribe 四个表，关闭"显示表"对话框。

② 在 tPatient 表中分别双击"姓名""年龄"和"性别"字段，在 tSubscribe 表中双击"预约日期"字段，在 tOffice 表中双击"科室名称"字段，在 tDoctor 表中双击"医生姓名"字段。

③ 在"姓名"字段的"条件"行输入 like"王？"。

④ 按 Ctrl+S 键保存修改，将查询保存为 qT1，关闭设计视图。

(2)【操作步骤】

① 在"创建"选项卡下，单击"查询设计"按钮。在"显示表"对话框中分别双击 tSubscribe 和 tPatient，然后分别双击"科室 ID""年龄"和"预约日期"三个字段。

② 单击"设计"选项卡中"汇总"，将"年龄"字段改为"平均年龄:年龄"，在"总计"行中选择"平均值"选项；在"科室"字段的"条件"行输入"[请输入科室 ID]"，并取消"显示"行的勾选。将"预约日期"字段改为"weekday([预约日期])"，在"条件"行输入 1，并取消"显示"行的勾选。

③ 按 Ctrl+S 键保存修改，将查询保存为 qT2，关闭设计视图。

(3)【操作步骤】

① 在"创建"选项卡下，单击"查询设计"按钮。在"显示表"对话框中双击tPatient，关闭"显示表"，然后分别双击"姓名""地址"和"电话"字段。

② 取消"电话"字段"显示"行的勾选，在"条件"中行输入Is Null。

③ 按Ctrl+S键保存修改，将查询保存为qT3，关闭设计视图。

(4)【操作步骤】

① 在"创建"选项卡下，单击"查询设计"按钮。在"显示表"对话框中分别双击tPatient、tSubscribe、tDoctor三个表，关闭"显示表"，然后分别双击"医生姓名"和"病人ID"字段。

② 单击"设计"选项卡中"汇总"，将"病人ID"字段改为"预约人数:病人ID"，并在该字段的"总计"行中选择"计数"选项。

③ 在"医生姓名"字段的"条件"行输入[forms]![fQuery]![tName]。

④ 按Ctrl+S键保存修改，将查询保存为qT4，关闭设计视图。

四、综合应用题(共 18 分)

本题考点：窗体中添加矩形控件及其属性设置；命令按钮、窗体属性的设置。

【解题思路】第 1 小题窗体设计视图添加控件，并右键单击该控件选择"属性"，对控件属性进行设置；第 2、3、4 小题直接右键单击"报表选择器"选择"属性"，设置属性；第 4 小题直接右键单击"窗体选择器"选择"事件生成器"，输入代码。

(1)【操作步骤】

① 选中"窗体"对象，右键单击 fQuery 选择"设计视图"。

② 选择"设计"选项卡中"控件"组的"矩形"控件，单击窗体主体节区任一点，右键单击控件"矩形"选择"属性"，在"全部"选项卡的"上边距""左边距""宽度"和"高度"分别输入 0.4cm、0.4cm、16.6cm、1.2cm，在"名称"行输入 rRim，在"特殊效果"行右侧下拉列表中选中"凿痕"，关闭属性表。

(2)【操作步骤】

① 右键单击命令按钮"退出"，选择"属性"。

② 在"前景色"行输入 128，关闭属性表。

(3)【操作步骤】

① 右键单击"窗体选择器"，选择"属性"。

② 在"标题"行输入"显示查询信息"。

(4)【操作步骤】

① 在"边框样式"右侧下拉列表中选中"对话框样式"。

② 分别选中"滚动条""记录选定器""导航按钮"和"分隔线"右侧下拉列表中的"两者均无"或"否"。

(5)【操作步骤】

① 右键单击命令按钮"显示全部记录"，选择"事件生成器"。

② 在空行内输入代码：

```
Private Sub bList Click()
'*** 请在下面双引号内添入适当的 SELECT 语句 ***'
BBB.Form.RecordSource = "select * from tStudent"
'*********************************************'
[Text2] = " "
End Sub
```

③ 按 Ctrl+S 键保存修改，关闭设计视图。

参考文献

[1] 王珊，萨师煊. 数据库系统概论[M]. 5 版. 北京：高等教育出版社，2014.

[2] 〔美〕Jeffrey D Ullman, Jennifer Widom. 数据库系统基础教程[M]. 岳丽华，金培权，万寿红，等译. 北京：机械工业出版社，2009.

[3] 万常选，廖国琼，吴京慧，等. 数据库系统原理与设计[M]. 2 版. 北京：清华大学出版社，2012.

[4] Abraham Silberschatz, Herny FKorth, SSudarshan. 数据库系统概念(第 6 版 影印版)[M]. 北京：高等教育出版社，2014.

[5] 李雁翎. 数据库技术(Access)经典实验案例集[M]. 北京：高等教育出版社，2012.

[6] 李雁翎. Access 2010 基础与应用[M]. 3 版. 北京：清华大学出版社，2014.

[7] 〔美〕Roger Jennings. 深入 Access 2010 (Microsoft Access 2010 in depth)[M]. 李光洁，周姝嫣，张若飞，译. 北京：中国水利水电出版社，2012.

[8] 张强，杨玉明. Access2010 中文版入门与实例教程[M]. 北京：电子工业出版社，2011.

[9] 冯伟昌. Access 2010 数据库技术及应用[M]. 2 版. 北京：科学出版社，2011.

[10] 刘卫国. Access 数据库基础与应用实验指导[M]. 2 版. 北京：北京邮电大学出版社，2013.

[11] 韩湘军，梁艳荣. 二级 Access 2010 与公共基础知识教程[M]. 2 版. 北京：清华大学出版社，2013.

[12] 鄂大伟. 数据库应用技术教程——Access 关系数据库(2010 版) [M]. 厦门：厦门大学出版社，2017.

[13] 鄂大伟. 数据库应用技术实验教程——Access 关系数据库(2010 版) [M]. 厦门：厦门大学出版社，2017.

[14] 教育部考试中心. 全国计算机等级考试教程——Access 数据库程序设计(2013 年版)[M]. 北京：高等教育出版社，2013.

[15] 苏林萍. Access 数据库教程(2010 版) [M]. 北京：人民邮电出版社，2014.

[16] 段雪丽. Access 2010 数据库原理及应用[M]. 北京：化学工业出版社，2014.

[17] 尹静，朱辉. Access 2010 数据库技术与应用[M]. 北京：清华大学出版社，2014.

[18] 王伟. 计算机科学前沿技术[M]. 北京：清华大学出版社，2012.

[19] 全国计算机等级考试命题研究中心，未来教育教学与研究中心.全国计算机等级考试一本通二级 Access[M]. 北京：人民邮电出版社，2017.

[20] 孟强，陈林琳. 中文版 Access 2010 数据库应用实用教程[M]. 北京：清华大学出版社，2013.

[21] 叶恺，张思卿. Access 2010 数据库案例教程[M]. 北京：化学工业出版社，2012.

[22] 黄都培. 数据库应用案例教程[M]. 北京：清华大学出版社，2015.

[23] 曹小震. Access 2010 数据库应用案例教程[M]. 北京：清华大学出版社，2016.

[24] 钱丽璞. Access 2010 数据库管理从新手到高手[M]. 北京：中国铁道出版社，2013.

[25] 吕洪柱，李君. Access 数据库系统与应用[M]. 北京：北京邮电大学出版社，2012.

[26] 罗坚，高志标. Access 数据库应用技术教程[M]. 北京：北京理工大学出版社，2008.

[27] 韩培友. Access 数据库应用(2010 版)[M]. 杭州：浙江工商大学出版社，2014.

[28] 王樵民. Access 2007 数据库开发全局[M]. 北京：清华大学出版社，2008.

[29] 田振坤. 数据库基础与应用 Access 2010[M]. 上海：上海交通大学出版社，2014.

[30] office 交流网[EB/OL]. http://www.office-cn.net/access-tip.html.

[31] 维基百科[EB/OL]. https://en.wikipedia.org/wiki/Main_Page.

[32] Herman Hollerith[EB/OL]. http://www.columbia.edu/cu/computinghistory/hollerith.html.

[33] A First Course in Database Systems[EB/OL]. http://infolab.stanford.edu/~ullman/fcdb.html.

[34] XML 教程[EB/OL]. http://www.w3school.com.cn/xml/index.asp.

[35] Access 软件网[EB/OL]. http://www.accesssoft.com.

[36] Microsoft Office 帮助和培训[EB/OL]. https://support.office.com.

[37] Total Visual SourceBook[EB/OL]. http://www.fmsinc.com/MicrosoftAccess/modules/index.asp.